高职高专规划教材

土木工程概论

TUMU GONGCHENG GAILUN

王 波 主编　张宪江 高 苏 副主编

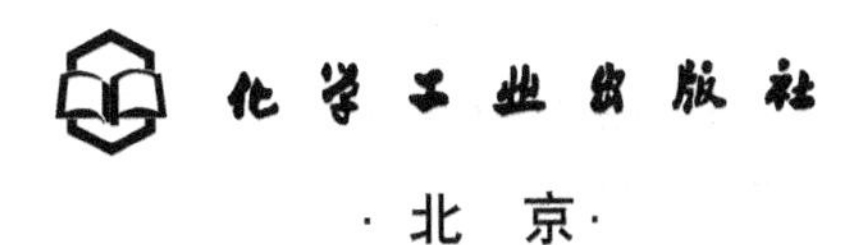

·北 京·

本书着重介绍土木工程专业的基本内容，以简明、新颖、实用的内容帮助学生了解土木工程所涉及的范围、成就和最新发展等情况。全书共十章，分别为绪论、土木工程材料、基础工程、建筑工程、交通土建工程、桥梁工程、隧道工程及地下工程、其他土木工程、土木工程设计及施工、土木工程新领域及发展前景等。

本书在每章均设有能力拓展训练、能力训练题，改变了以往习题以问答题（思考题）为主的练习模式，增加了选择题、判断题、填空题等训练题型，并在内容上紧密结合实际工程实践及操作，强化应用所学理论知识解决工程实际问题的能力，具体各工程还列举了典型案例。

本书可作为高职高专土木工程、水利工程、建筑学、城市规划等专业的教材和教学参考书，也可作为理工类其他专业和人文专业的选修课教材，同时亦可供大学本科、成人高校师生使用。

图书在版编目（CIP）数据

土木工程概论/王波主编．—北京：化学工业出版社，2010.8（2024.2 重印）
高职高专规划教材
ISBN 978-7-122-08624-2

Ⅰ．土…　Ⅱ．王…　Ⅲ．土木工程-高等学校：技术学院-教材　Ⅳ．TU

中国版本图书馆 CIP 数据核字（2010）第 134511 号

责任编辑：李仙华　卓　丽　王文峡　　文字编辑：林　丹
责任校对：王素芹　　装帧设计：尹琳琳

出版发行：化学工业出版社（北京市东城区青年湖南街 13 号　邮政编码 100011）
印　　装：北京虎彩文化传播有限公司
787mm×1092mm　1/16　印张 12½　字数 308 千字　　2024 年 2 月北京第 1 版第 8 次印刷

购书咨询：010-64518888　　售后服务：010-64518899
网　　址：http://www.cip.com.cn
凡购买本书，如有缺损质量问题，本社销售中心负责调换。

定　　价：33.00 元

前　言

为适应高职高专土建类及相关专业教学改革需要，按照以能力为导向，培养高技能型人才的方法和原则，我们编写了《土木工程概论》一书，课程内容属于专业基础课的范畴。

本书主要介绍土木工程的内涵及土木工程专业的宏观内容和相应的主要课程体系，土木工程发展简史及土木工程材料、地基基础、基本结构、设计和施工的一般概念，土木工程的基本建设程序及建设法规的基本轮廓，描述建筑工程、道路工程、桥梁工程、水利工程、环保工程及其他土木工程的基本概念、基本知识，介绍土木工程的防灾减灾、计算机应用等领域以及土木工程的新成果及发展趋势。

本书采用最新资料，内容丰富、系统，图文并茂，概念清晰，语言流畅，通俗易懂，除作为土木工程专业的教材外，尚可作为其他相关专业的教材及相关工程技术人员、科研人员的参考用书。

各编者完成的工作内容分别为：王波（随州职业技术学院）：第一章；石小波（随州职业技术学院）：第二章、第三章、第四章；童伟伟（随州职业技术学院）：第五章、第十章；高苏（南通职业大学）：第六章、第八章、第九章；张宪江（湖州职业技术学院）：第七章。全书由王波整理和统稿。

限于编者水平，书中难免存在疏漏及不妥之处，敬请广大读者及同行批评指正！

本书提供有PPT电子教案，可发信到cipedu@163.com邮箱免费获取。

编　者

前言

目　录

第一章 绪 论

【知识目标】

- 熟悉土木工程的内涵及特点
- 了解土木工程的发展历史
- 掌握土木工程专业的培养目标及人才素质要求
- 掌握土木工程的学习方法

【能力目标】

- 能不断更新土木工程知识，有一定的自学能力
- 能综合运用各种土木工程知识和技能，解决工程应用问题
- 能开拓创新，有解决工程问题的新思路、新方法，会确定新方案

开章语 土木工程指用建筑材料（如土、石、砖、木、混凝土、钢筋混凝土和各种金属材料）修建房屋、道路、铁路、桥梁、隧道、河、港、市政卫生工程等生产活动和工程技术。土木工程专业是运用物理学、化学、数学、力学、材料学等基础学科和各种有关的工程技术知识来研究设计修建土木的一门学科。它具有社会性、综合性、实践性、技术经济和艺术统一性四个基本属性。

第一节 土木工程的内涵及特点

一、土木工程的内涵

土木工程的范围非常广泛，它包括房屋建筑工程（见图 1.1）、公路与城市道路工程（见图 1.2）、铁路工程（见图 1.3）、桥梁工程（见图 1.4）、隧道工程、机场工程、地下工程、给水排水工程、港口码头工程等。国际上，运河、水库、大坝、水渠等水利工程也包括在土木工程之中。人民生活离不开衣食住行，其中“住”是与土木工程直接有关的；而“行”

图 1.1 房屋建筑

图 1.2 公路

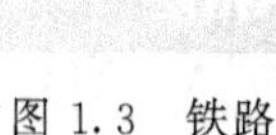

图 1.3 铁路

图 1.4 桥梁

则需要建造铁道、公路、机场、码头等交通土建工程，与土木工程关系也非常紧密；而“食”需要打井取水、筑渠灌溉、建水库蓄水，建粮食加工厂、粮食储仓等；而“衣”的纺纱、织布、制衣，也必须在工厂内进行，这些也离不开土木工程。此外，各种工业生产必须要建厂房，即使是航天事业也需要建发射塔架和航天基地，这些都是土木工程人员可以施展才华的领域。

中国国务院学位委员会在学科简介中把土木工程定义为：“土木工程是建造各类工程设施的科学技术的总称，它既指工程建设的对象，即建在地上、地下、水中的各种工程设施，也指所应用的材料、设备和所进行的勘测设计、施工、保养、维修等技术”。土木工程专业就是为培养掌握土木工程技术人才而设置的专业，土木工程是一个专业覆盖极广的一级学科。

土木工程，英语为“Civil Engineering”，可直译为“民用工程”，它的原意与军事工程“Military Engineering”相对应，即除了服务于战争的工程设施以外，所有服务于生活和生产需要的民用设施均属于土木工程，后来这个界限也不明确了。按照学科划分，军用的地下防护工程、航天发射塔架等也都属于土木工程的范畴。

土木工程随着人类社会的进步而发展，至今已经演变成为大型综合性的学科，它已经分出许多分支，如建筑工程、铁路工程、道路工程、桥梁工程、特种工程结构、给水排水工程、港口工程、水利工程、环境工程等学科。土木工程涉及五个专业：建筑学、城市规划、土木工程、建筑环境与设备工程、给水排水工程。土木工程作为一个重要的基础学科，有其重要的属性：综合性、社会性、实践性、统一性。土木工程为国民经济的发展和人民生活的改善提供了重要的物质技术基础，对众多产业的振兴发挥了促进作用，工程建设是形成固定资产的基本生产过程。因此，建筑业和房地产成为许多国家和地区的经济支柱之一。

对于其他学科而言，土木工程诞生早，其发展及演变历史长，但又是一个“朝阳产业”，其强大的生命力在于人类生活及生存对它的依赖，可以说，只要人类存在，土木工程就有强大的社会需求和广阔的发展空间。随着时代的发展和科学技术的进步，土木工程早已不是传统意义上的砖、瓦、灰、石子，而是由新理论、新材料、新技术武装起来的专业覆盖面和行业涉及面极广的一门学科和大型综合性产业。

二、土木工程的特点

1. 社会性

土木工程随社会不同历史时期的科学技术和管理水平而发展。

2. 综合性

土木工程是运用多种工程技术进行勘测、设计、施工工作的成果。

3. 实践性

由于影响土木工程的因素错综复杂，使土木工程对实践的依赖性很强。

4. 技术、经济和艺术的统一性

土木工程是为人类需要服务的，它必然是每个历史时期技术、经济、艺术统一的见证。

建造一项工程设施一般要经过勘察、设计和施工三个阶段，需要运用工程地质勘察、水文地质勘察、工程测量、土力学、工程力学、工程设计、建筑材料、建筑设备、工程机械、建筑经济等学科和施工技术、施工组织等领域的知识以及电子计算机和力学测试等技术。因而土木工程是一门范围广阔的综合性学科。随着科学技术的进步和工程实践的发展，土木工程这个学科也已发展成为内涵广泛、门类众多、结构复杂的综合体系。

土木工程是伴随着人类社会的发展而发展起来的。它所建造的工程设施反映出各个历史时期社会经济、文化、科学、技术发展的面貌，因而土木工程也就成为社会历史发展的见证之一。

远古时代，人们就开始修筑简陋的房舍、道路、桥梁和沟渠，以满足简单的生活和生产需要。后来，人们为了适应战争、生产和生活以及宗教传播的需要，兴建了城池、运河、宫殿、寺庙以及其他各种建筑物。许多著名的工程设施显示出人类在这个历史时期的创造力。例如，中国的长城、都江堰、大运河、赵州桥、应县木塔，古埃及的金字塔，古希腊的巴台农神庙，古罗马的给水工程、科洛西姆圆形竞技场（罗马大斗兽场），以及其他许多著名的教堂、宫殿等。

产业革命以后，特别是到了20世纪，一方面，社会向土木工程提出了新的需求；另一方面，社会各个领域为土木工程的前进创造了良好的条件，因而这个时期的土木工程得到突飞猛进的发展。在世界各地出现了现代化规模宏大的工业厂房、摩天大厦、核电站、高速公路和铁路、大跨桥梁、大直径运输管道、长隧道、大运河、大堤坝、大飞机场、大海港以及海洋工程等。现代土木工程不断地为人类社会创造崭新的物质环境，成为人类社会现代文明的重要组成部分。

土木工程是具有很强的实践性的学科。在早期，土木工程是通过工程实践，总结成功的经验，尤其是吸取失败的教训发展起来的。从17世纪开始，以伽利略和牛顿为先导的近代力学同土木工程实践结合起来，逐渐形成材料力学、结构力学、流体力学、岩体力学，作为土木工程的基础理论的学科。这样土木工程才逐渐从经验发展成为科学。

在土木工程的发展过程中，工程实践经验常先行于理论，工程事故常显示出未能预见的新因素，触发新理论的研究和发展。至今不少工程问题的处理，在很大程度上仍然依靠实践经验。

土木工程技术的发展之所以主要凭借工程实践而不是凭借科学试验和理论研究有两个原因。一是有些客观情况过于复杂，难以如实地进行室内实验或现场测试和理论分析。例如，地基基础、隧道及地下工程的受力和变形的状态及其随时间的变化，至今还需要参考工程经验进行分析判断。二是只有进行新的工程实践，才能揭示新的问题。例如，建造了高层建筑、高耸塔桅和大跨桥梁等，工程的抗风和抗震问题突出了，才能发展出这方面的新理论和技术。

在土木工程的长期实践中，人们不仅对房屋建筑艺术给予很大注意，取得了卓越的成就，而且对其他工程设施，也通过选用不同的建筑材料，例如采用石料、钢材和钢筋混凝土，配合自然环境建造了许多在艺术上十分优美、功能上又良好的工程。中国的万里长城，现代世界上的许多电视塔和斜拉桥，都是这方面的例子。

(一) 土木工程投入大、工期长、难度高

改革开放以来，尤其是进入 21 世纪后，我国在基本建设固定资产上的投资逐年增长，投资额是空前的。从 GDP 构成和人口的城乡分布变化可知，当前，我国的经济发展正处于工业化和快速城市化阶段，在此背景下，2008 年 1～11 月（累计）固定资产投资行业构成中比重排在前 5 位的行业依次是：①制造业，②房地产业，③交通运输、仓储和邮政业，④水利、环境和公共设施管理业，⑤电力、燃气及水的生产和供应业。

21 世纪，我国在基本建设上的投资规模将继续保持稳定增长的态势，以铁路为例，按照 2004 年国务院审议通过的《中长期铁路网规划》，到 2020 年，初步估算中国铁路投资规模将在 2 万亿元以上，全国铁路营运里程要达到 10 万公里。为此，中国将建设超过 1.2 万公里的客运专线和约 1.6 万公里的其他新线，完成既有线增建二线 1.3 万公里和既有线电气化 1.6 万公里。表 1.1 列出的是“十一五”期间铁路交通的部分工程。

表 1.1 “十一五”期间铁路交通的部分工程

序号	项 目 名 称	投资金额/亿元	建 设 年 限
1	京沪高速铁路	1400	2006～2010 年
2	武汉—广州客运专线	930	2005～2010 年
3	哈尔滨—大连客运专线	820	2006～2010 年
4	上海—南京城际轨道交通	224	2005～2009 年

2004 年 12 月，《国家高速公路网规划》已经国务院审议通过，按照国家高速公路网规划，采用放射线与纵横网格相结合的布局方案，形成由中心城市向外放射以及横贯东西、纵贯南北的大通道，由 7 条首都放射线、9 条南北纵向线和 18 条东西横向线组成，简称为“7918 网”，总规模约 8.5 万公里，其中主线 6.8 万公里，地区环线、联络线等其他路线约 1.7 万公里。

首都放射线 7 条：北京—上海、北京—台北、北京—港澳、北京—昆明、北京—拉萨、北京—乌鲁木齐、北京—哈尔滨。

南北纵向线 9 条：鹤岗—大连、沈阳—海口、长春—深圳、济南—广州、大庆—广州、二连浩特—广州、包头—茂名、兰州—海口、重庆—昆明。

东西横向线 18 条：绥芬河—满洲里、珲春—乌兰浩特、丹东—锡林浩特、荣成—乌海、青岛—银川、青岛—兰州、连云港—霍尔果斯、南京—洛阳、上海—西安、上海—成都、上海—重庆、杭州—瑞丽、上海—昆明、福州—银川、泉州—南宁、厦门—成都、汕头—昆明、广州—昆明。

此外，规划方案还包括：辽中环线、成渝环线、海南环线、珠三角环线、杭州湾环线共 5 条地区性环线，2 段并行线和 30 余段联络线。

要实现这个规划目标，预计需要 30 年的时间。

土木工程的施工工期一般都较长，单个工程短则 1 年左右，长则几年，大型工程项目甚至几十年才能完工。

由于地质条件、使用功能的不同，一般来说没有完全相同的工程，对一些大型工程尤其如此，工程建设有很多技术难关需要攻克，下面以具有重大意义的世纪性工程：2006 年通车的青藏高铁路工程、三峡水利枢纽工程及南水北调工程为例，进一步说明。

(1) 青藏铁路　青藏铁路是世界上海拔最高、线路最长的高原铁路。唐古拉山上铁路最高海拔 5072m，4000m 以上的地段有 960km，连续多年冻土层 550km 以上，是我国实施西部大开发战略中的四大工程中最艰巨的工程之一。青藏高原上修铁路，地质条件复杂、工程难度大、环保要求高。因此，青藏铁路也是四大工程中技术难度最大的工程。多年冻土、高寒缺氧、环境保护是制约青藏铁路的三大技术难题。在中国科学院、铁路科学院、铁路建设部门及有关高校的科研及工程技术人员的联合努力下，顺利地解决了三大难题。

(2) 三峡水利枢纽工程　长江三峡水利枢纽工程，简称三峡工程，是中国长江中上游段建设的大型水利工程项目。分布在我国重庆市到湖北省宜昌市的长江干流上，大坝位于三峡西陵峡内的宜昌市夷陵区三斗坪，并和其下游不远的葛洲坝水电站形成梯级调度电站。它是世界上规模最大的水电站，也是中国有史以来建设的最大型的工程项目，而由它所引发的移民、环境等诸多问题，使它从开始筹建的那一刻起，便始终与巨大的争议相伴。它在水电站总装机，主体建筑物土方挖填、水库总库容量、泄洪闸最大泄洪能力、航运效益、船闸规模及施工难度等方面开创了世界之最。这项工程先后攻克了10多项世界级技术难题。

(3) 南水北调工程　南水北调是缓解中国北方水资源严重短缺局面的重大战略性工程。我国南涝北旱，南水北调工程通过跨流域的水资源合理配置，大大缓解了我国北方水资源严重短缺问题，促进了南北方经济、社会与人口、资源、环境的协调发展，分东线、中线、西线三条调水线。西线工程在最高一级的青藏高原上，地形上可以控制整个西北和华北，因长江上游水量有限，只能为黄河上中游的西北地区和华北部分地区补水；中线工程从第三阶梯西侧通过，从长江中游及其支流汉江引水，可自流供水给黄淮海平原大部分地区；东线工程位于第三阶梯东部，因地势低需抽水北送。

南水北调工程是迄今世界上最大的调水工程，南水北调总体规划推荐东线、中线和西线三条调水线路。规划到2050年调水总规模为448亿立方米，其中东线148亿立方米，中线130亿立方米，西线170立方米，整个工程将根据实际情况分期实施，预计总投资约5000亿元。东线工程分三期，第一期工程主要向山东和江苏两省供水，2002年开工。截至2009年12月底，已累计下达南水北调东、中线一期工程投资621.2亿元（含初步设计工作投资13.7亿元），其中中央预算内投资167.7亿元，中央预算内专项资金（国债）106.5亿元，基金（地方）86.9亿元，贷款260.1亿元。

工程建设项目累计完成投资389.4亿元，占在建设计单元工程总投资697.8亿元的56%，其中东、中线一期工程分别累计完成投资66.3亿元和323.2亿元，分别占东、中线在建设计单元工程总投资的68%和54%。

工程建设项目累计完成土石方40097万立方米，占在建设计单元工程设计总土石方量的62%；累计完成混凝土浇筑890.2万立方米，占在建设计单元工程混凝土总量的50%。

主体工程和治污工程总投资为320亿元。中线工程从丹江口水库提水，经黄淮海平原西部边缘，在郑州以西孤柏嘴处穿过黄河，继续沿京广铁路西侧北上，可基本自流到北京、天津。规划分两期实施，一期工程于2005年开工，预计工期8年，投资920亿元。西线工程在长江上游通天河，支流雅砻江和大渡河上游筑坝建库，开凿穿过长江与黄河的分水岭巴颜喀拉山的输水隧洞，调长江水入黄河上游。西线工程的供水目标主要是解决涉及青、甘、宁、内蒙古、陕、晋6省（自治区）黄河上中流地区和渭河关中平原的缺水问题。

就已经开工的东线和中线工程而言，有四大技术难关。

难关之一：长江水如何穿越黄河是南水北调技术难度最大的工程之一。据悉采用河底隧道施工方案。

难关之二：丹江口水库大坝加高加厚，扩大库容。丹江口水库是南水北调中线的源头，目前丹江口水库大坝高162m，总库容是174.5亿立方米，大坝加高后，将提高至170m，相应库容增加到290.5亿立方米，相当于增加了两个半北京密云水库。

难关之三：南水北调中线输水干线长、温度变化大，由南往北跨越北纬33°～40°，气候由温和区走向寒冷区，中线河南安阳段以北，渠水在冬季会结冰，控制不好，很容易出现流冰、冰塞等威胁，影响输水能力和工程安全。据悉采取控制水流形成冰盖，实行冰盖下输水来解决这一难题。

难关之四：南水北调中线输水总干渠经过的南阳、沙河及邯郸等地均分布有膨胀土，累计长度达300多公里，约占总干渠全长的27%。如何防止膨胀土变形滑坡引起的渠道渗水是一个技术难题。

（二）土木工程可以大幅度拉动国民经济

房地产业历来是衡量国家经济兴衰的重要产业，又是建筑业的主要产业之一，我国建筑成本中70%是材料消耗，由其他部门和行业出售产品配合。我国社会固定资产的投入连年高速增长，这些资金集中用于基础设施和基础产业建设，有效地促进了我国国民经济的快速发展。

从21世纪初大陆年房地产开发建设投资总规模可以看出，我国房地产开发投资规模日益增大，在全社会固定资产投资中所占比重不断提高，7年总投资达7.6万亿元。改革开放以来，人均住房建筑面积已经从1978年的6.7平方米增长到近30平方米。

从住房和城乡建设部获悉，中国建筑业规模日益增大，1952年至2008年，建筑业总产值由57亿元增长到61144亿元，增长了1071倍。中国建筑业的总产值见表1.2。

表1.2　中国建筑业的总产值

年份	2004	2005	2006	2007	2008	2009
总产值/万亿元	3.0	3.5	4.1	5.0	6.1	7

据住房和城乡建设部有关负责人介绍，建筑业从业人数由1952年的99.5万人增加到2008年的3253万人，增长了近32倍。2008年建筑业实现增加值17071亿元，占中国GDP的5.68%，实现利润1756亿元，上缴税金2058亿元。中国建筑企业海外承包业务已发展到180多个国家和地区，累计签订合同额4341亿美元，完成营业额2630亿美元，为国家创造了大量外汇。

土木工程的发展带动了相关行业的发展。水泥是土木工程的主要材料，据国家统计局公布的数据，中国水泥已经连续21年位居世界产量第一位，2006年中国水泥总产量约达到12.4亿吨，创历史新高，占世界水泥总产量的48%。2006年中国粗钢产量达到41878.2万吨，占全球粗钢产量的比重达到33.8%，其中有三分之一用于土木工程。与土木工程直接相关的还有能源、开采、矿山、冶炼、机械、环保等行业和产业，如果涉及间接带动的行业就更多了，此外还有玻璃、陶瓷、铝制品、防水材料等土木工程必不可少的建筑材料，以及与它有关的各行各业。土木工程的规模之大、影响面之广、带动行业之多足以说明其对国民经济的拉动作用。

（三）土木工程社会需求量大

土木工程是国家的基础产业和支柱产业，是开发和吸纳我国劳动力资源的一个重要平台，由于它投入大、带动的行业多，对国民经济的消长具有举足轻重的作用。进入21世纪后，中国经济进入了一个新的增长时期，以接近两位数的年增长速度高速增长，通过对各国GDP的增长历史分析发现，土木工程作为支柱产业，在国民经济发展中——尤其在发展中国家占有更大的比重。2003年我国人均GDP首次突破1000美元（达到1090美元），此后逐年增加，2006年已达到2043美元，根据国家统计局的预测，2020年我国人均GDP将超过 5000 美元，为此人均 GDP 需要保持 6.6%的年均增长率，而要支撑这个速度，固定资产投资就必须保持 30%以上的份额。根据中国未来固定资产投资的状况，对未来建筑行业需求总量做出的预测是：2010 年，建筑业总产值（营业额）超过 90000 亿元，年均增长 7%，建筑业增加值达到 15000 亿元以上，年均增长 8%，占国内生产总值的 7%左右。

2006 年，全国建筑业企业（指具有资质等级的总承包和专业承包建筑业企业，不含劳务分包企业，下同）完成建筑业总产值 40975 亿元，比上年增加 6423 亿元，增长 18.6%；完成竣工产值 26051 亿元，比上年增加 2185 亿元，增长 9.2%；建筑业增加值 8182.4 亿元，比上年增长 18.6%。2007 年，全国建筑业企业完成建筑业总产值 50018.62 亿元，比 2006 年同期增长 20.4%；房屋建筑施工面积 473287.39 万平方米，比 2006 年同期增长 15.4%；签订的合同额为 80274.18 亿元，比 2006 年同期增长 19.5%。到 2007 年底，共有建筑业企业 59256 家，比 2006 年同期下降 1.5%。在金融危机的影响下，普通房建项目由热转冷，制造业出现萎缩。2008 年，全国房屋建筑业完成营业额 940.7 亿美元，同比增长 27.2%。制造业出现负增长，降幅达到 2.3%，实际完成营业额 69.2 亿美元，仅占总营业额的 1.8%。2009 年全社会建筑业增加值 22333 亿元，比上年增长 18.2%。全国具有资质等级的总承包和专业承包建筑业企业实现利润 2663 亿元，增长 21.0%，其中国有及国有控股企业 697 亿元，增长 23.9%。

未来 50 年，中国城市化率将提高到 76%以上，城市对整个国民经济的贡献率将达到 95%以上。都市圈、城市群、城市带和中心城市的发展预示了中国城市化进程的高速起飞，也预示了建筑业更广阔的市场即将到来。

（四）土木工程在学科上属于长线专业、硬专业，不易饱和

说土木工程为长线专业、硬专业，首先是它涵盖的内容和范围很大，而且和人类生活、生产乃至生存都密切相关，一方面，它是个古老的专业；另一方面，随着时代的进步和科技的发展，这个专业会日益成长和壮大，人们对它的依赖会越来越强，且要求也越来越高，可以说时代不断赋予它新的内涵，从这个意义上讲，它又是朝阳专业。土木工程与其他行业的关系日益紧密，它服务于其他行业，随着现代高科技的发展，这些行业会对木土工程提出新的更高的要求，反过来这些行业又为土木工程提供更加坚实的物质基础。其次土木工程难度高，投资多，加之这个专业又涉及较多的数学、力学、结构、地质、材料多门学科，学习起来有一定的难度，这也算得上是“硬专业”的理由，需求量大的长线专业、硬专业是不容易饱和的。

第二节　土木工程的发展历史与展望

土木工程的发展经历了古代、近代和现代三个阶段。

一、古代土木工程

古代土木工程的历史跨度很长，它大致从新石器时代（约公元前 5000 年起）到 17 世纪中叶。这一时间的土木工程说不上有什么设计理论指导，修建各种设施主要依靠经验。所用材料主要取之于自然，如石块、草筋、土坯等，在公元前 1000 年左右开始采用烧制的砖。这一时期，所用的工具也很简单，只有斧、锤、刀、铲和石夯等手工工具。尽管如此，古代还是留下了许多具有历史价值的建筑，有些工程即使从现代角度来看也是非常伟大的，有的

甚至难以想象。

古代土木工程有以下特征：①从选用的材料来看，古代土木工程材料主要是泥土、砾石，稍后有土坯、砖瓦、铜铁等；②从土木工程工艺技术来分析，主要采用的建筑器具为石斧、石刀到随后的铜铁工具到封建社会后期的煅烧加工、打桩机、桅杆起重机等施工机械；③从工程分工分析，古代土木工程已有很清楚的分工，如木工、瓦工、泥工、土工、窑工、雕工、石工等；④从土木工程设计理论和思想来看，古代土木工程缺乏理论依据和指导。

西方留下来的宏伟建筑（或建筑遗址）大多是砖石结构的。如古埃及的金字塔（见图1.5），建于公元前2700至公元前2600年间，其中最大的一座是胡夫金字塔，该塔基底呈正方形，每边长230.5m，高约140m，用230余万块巨石砌成。又如古希腊的帕特农神庙、古罗马斗兽场（见图1.6）等都是令人神往的古代石结构遗址。修建于公元532年至537年间的土耳其伊斯坦布尔的索菲亚大教堂为砖砌穹顶，直径30余米，穹顶高50多米，整体支撑在用巨石砌成的大柱（截面约7m×10m）上，非常宏伟。

图 1.5　古埃及金字塔

图 1.6　古罗马斗兽场

中国古代建筑大多为木构架加砖墙建成。公元1056年建成的山西应县木塔（佛宫寺释迦塔）（见图1.7），塔高67.3m，共9层，横截面呈八角形，底层直径达30.27m。该塔经

图 1.7　山西应县木塔

图 1.8　北京故宫

历了多次大地震，历时近千年仍完整耸立，足以证明我国古代木结构的高超技术。其他木结构如北京故宫（见图 1.8）、天坛，天津蓟县的独特寺观音阁等均是具有漫长历史的优秀建筑。

中国古代的砖石结构也拥有伟大成就。最著名的当数中国万里长城（见图 1.9），它东起山海关，西至嘉峪关，全长 5000 余公里。又如公元 590 年至 608 年间在河北赵县汶河上建成的赵州桥（见图 1.10）为单孔圆弧弓形石拱桥，全长 50.82m，桥面宽 10m，单孔跨度 37.02m，矢高 7.23m，用 28 条并列的石条拱砌成，拱肩上有 4 个小拱，既可减轻桥的自重，又便于排泄洪水，且显得美观，经千余年后尚能正常使用，确为世界石拱桥的杰作。

图 1.9　中国万里长城

图 1.10　赵州桥

我国一直有兴修水利的优秀传统。传说中的大禹因治水有功而成为我国受人敬仰的伟大人物。四川灌县的都江堰水利工程（见图 1.11），由秦昭王（公元前 306 年～公元前 251 年）时蜀太守李冰父子主持修建，建成后使成都平原成为“沃野千里”的天府之乡。这一水利工程，至今仍造福于四川人民。在今天看来，这一水利设施的设计也是非常合理、十分巧妙的，许多国际水利工程专家参观后均十分叹服。隋朝时开凿修建的京杭（北京—杭州）大运河，全长 2500km，是世界历史上最长的运河。至今该运河的江苏、浙江段仍是重要的水运通道。

图 1.11　都江堰水利工程

在交通土建工程方面，古代也有伟大成就。秦朝统一全国后，以咸阳为中心修建了通往全国群县的驰道，主要干道宽 50 步（古代长度单位，1 步等于 5 尺），形成了全国的交通网。在欧洲，罗马帝国也修建了以罗马为中心的道路网，包括 29 条主干道和 322 条联系支线，总长度达 78000km。

这一时期还出现了一些经验总结和描述外形设计的土木工程著作。其中比较有代表性的为公元前 5 世纪的《考工记》，北宋李诫著的《营造法式》，意大利文艺复兴时代贝蒂著的《论建筑》等。

二、近代土木工程

近代土木工程的历史主要指的是从 17 世纪中叶到 20 世纪中叶 300 年间的历史，它具有以下鲜明的特征。

① 有力学和结构理论做指导。

② 砖瓦木石等材料应用广泛，钢材、钢筋混凝土、早期预应力混凝土得到发展。

③ 施工技术进步很大，建筑规模大、建造速度加快。

在近代土木工程历史上具有重大意义的大事有：1683 年意大利学者伽利略发表了“关于两门新科学的对话”，首次用公式表达了梁的设计理论；1687 年牛顿总结出力学三大定律，为土木工程奠定了力学分析的基础；随后，在材料力学、弹性力学和材料强度理论的基础上，法国的纳维于 1825 年建立了土木工程中结构设计的容许应力法。从此，土木工程的结构设计有了比较系统的理论指导。

从材料方面来讲，1824 年波特兰水泥的发明及 1867 年钢筋混凝土开始应用是土木工程史上的重大事件。1859 年转炉炼钢法的成功使得钢材得以大量生产并应用于房屋、桥梁的建筑中。由于混凝土及钢材的推广应用，使得土木工程师可以运用这些材料建造更为复杂的工程设施。在近代及现代建筑中，凡是高耸、大跨、巨型、复杂的工程结构，绝大多数应用了钢结构或钢筋混凝土结构。

这一时期内，产业革命促进了工业、交通运输业的发展，对土木工程设施提出了更广泛的需求，同时也为土木工程的建造提供了新的施工机械和施工方法。打桩机、压路机、挖土机、掘进机、起重机、吊装机等纷纷出现，这为快速高效地建造土木工程提供了有力手段。

在第一次世界大战后，许多大跨、高耸和宏大的土木工程相继建成。其中典型的工程有 1936 年美国旧金山建成的金门大桥（见图 1.12）和 1931 年美国纽约建成的帝国大厦（见图 1.13）。金门大桥为跨越旧金山海湾的悬索桥，桥跨 1280m，是世界上第一座单跨超过千米的大桥，桥头塔架高 277m。主缆直径 1.125m，由 27512 根钢丝组成，其中每 452 根钢丝组

图 1.12　金门大桥

图 1.13　纽约帝国大厦

成1股，由61股再组成主缆索，索重11000t左右。锚固缆索的两岸锚锭为混凝土巨大块体，北岸混凝土锚锭重量为130000t，南岸的小一些，也达50000t。帝国大厦共102层，高378m，钢骨架总重超过50000t，内装67部电梯。这一建筑高度保持世界纪录达40年之久。

这一时期的中国，由于清朝采取闭关锁国政策，土木工程技术进展缓慢。直到清末开始洋务运动，才引进了一些西方先进技术，并建造了一些对中国近代经济发展有影响的工程。例如，1909年詹天佑主持修建的京张铁路，全长200km。当时，外国人认为中国人依靠自己的力量根本不可能建成，詹天佑的成功大长了中国人的志气，他的业绩至今令人缅怀。1934年，上海建成了24层的国际饭店（见图1.14），直到20世纪80年代广州白云宾馆（见图1.15）建成前，国际饭店一直是中国最高的建筑。1937年，茅以升先生主持建造了钱塘江大桥（见图1.16），这是公路、铁路两用的双层钢结构桥梁，也是我国近代土木工程的优秀成果。

图1.14　上海国际饭店

图1.15　广州白云宾馆

图1.16　钱塘江大桥

当今社会发展迅速，建筑行业更是日新月异。新材料、新工艺的运用，使世界高楼一次次的刷新历史纪录，创造了世界高楼史上的一次又一次奇迹。当一座世界第一高楼问世后，会在短短的几年中被另外一座所代替。目前世界第一高建筑物是哈利法塔（见图 1.17），原名迪拜塔，又称迪拜大厦或比斯迪拜塔，是位于阿拉伯联合酋长国迪拜的一栋已经建成的摩天大楼，有 160 层，总高 828m，比台北 101 大楼（见图 1.18）（中国第一高楼）足足高出 320m。迪拜塔由韩国三星公司负责营造，2004 年 9 月 21 日开始动工，2010 年 1 月 4 日竣工启用，同时正式更名哈利法塔。哈利法塔总共使用 33 万立方米混凝土、3.9 万公吨钢材及 14.2 万平方米玻璃。大厦内设有 56 部升降机，速度最高达每秒 17.4m，另外还有双层的观光升降机，每次最多可载 42 人，是世界速度最快且运行距离最长的电梯。

图 1.17　哈利法塔

图 1.18　台北 101 大楼

三、现代土木工程

现代土木工程（20 世纪中叶至今）具有以下特点。

（1）土木工程功能多样化　公共建筑和住宅建筑要求周边环境、结构布置、水电煤气供应、室内温湿度调节控制等与现代化设备相结合，而不仅仅满足于提供“徒有四壁”、“风雨不浸”的房屋骨架。由于电子技术、精密机械、生物基因工程、航空航天等高技术工业的发展，许多工业建筑提出了恒湿、恒温、防微振、防腐蚀、防辐射、防磁、无微尘等要求，并向跨度大、分隔灵活、工厂花园化的方向发展。

（2）城市建设立体化　高层建筑、地下工程、城市高架道路及立交桥。

（3）交通运输高速化　高速公路、电气化铁路、长距离海底隧道。

（4）工程设施大型化　现代土木工程为 20 世纪中叶第二次世界大战结束后至今的土木工程。产业革命后，特别是到了 20 世纪，一方面，社会向土木工程提出了新的需求；另一方面，社会各个领域为土木工程的前进创造了良好的条件，因而这个时期的土木工程得到了突飞猛进的发展。在世界各地出现了现代化规模宏大的工业厂房、摩天大厦、核电站、高速公路和铁路、大跨桥梁、大直径运输管道、长隧道、大运河、大堤坝、大飞机场、大海港及海洋工程等。现代土木工程不断地为人类社会创造崭新的物质环境，成为人类社会现代文明的重要组成部分。

社会经济建设对土木工程提出日益复杂和高标准的要求，更具体的一般表现为以下三个方面。

① 土木工程功能化，即土木工程日益同它的使用功能或生产工艺紧密结合。其中包括公共和住宅建筑物要求各种现代技术设备结合成整体；工业建筑往往要求对各方面破坏有预防作用，并向大跨度、超重型、灵活空间方向发展；发展高技术和新技术对土木工程提出高标准的要求。

② 城市建筑立体化。20 世纪中叶以来，城市建设有三个趋向：高层建筑大量兴起；地下工程高速发展；城市高架公路、立交桥大量涌现。

③ 交通运输高速化。它的标志是高速公路的大规模修建、铁路电气化的形成和大量发展、长距离海底隧道的出现。

由于社会发展出现了以上三方面的要求，使得构成土木工程的三个要素——材料、施工和理论也出现了新的发展趋势。

① 建筑材料的轻质高强化。其中尤其发展迅速的是普通混凝土向轻骨料混凝土、加气混凝土和高性能混凝土方向发展，使混凝土的重度由 $24.0kN/m^3$ 降至 $6.0\sim10.0kN/m^3$，抗压强度从 $20\sim40N/mm^2$ 提高到 $60\sim100N/mm^2$。其他结构性能也得到很大的改善。此外，钢材也向低合金、高强度方向发展。一些轻质高强度材料，如铝合金、建筑塑料、玻璃钢也得到迅速发展。

② 施工过程的工业化、装配化。土木工程施工中出现了在工厂里成批生产房屋、桥梁的各种配件、组合体，再将它们运到建设场地进行拼装的方式。此外，各种先进的施工手段，如大型吊装设备、混凝土自动搅拌输送设备、现场预制模板、土石方工程中的定向爆破也得到了很大的发展。

③ 设计理论的精确化、科学化。它表现为理论分析由线性分析到非线性分析，由平面分析到空间分析，由单个分析到系统的综合整体分析，由静态分析到动态分析，由经验定值分析到随机分析乃至随机过程分析，由数值分析到模拟实验分析，由人工手算、人工做方案比较、人工制图到计算机辅助设计、计算机优化设计、计算机制图。此外，土木工程各理论，如可靠度理论、土力学和岩体力学理论、结构抗震理论、动态规划理论、网络理论等也得到了迅速的发展。

土木工程是具有很强的实践性的学科。在早期，土木工程是通过工程实践，总结成功的经验，尤其是吸取失败的教训发展起来的。从 17 世纪开始，以伽利略和牛顿为先导的近代力学同土木工程实践结合起来，逐渐形成材料力学、结构力学、流体力学、岩体力学，作为土木工程的基础理论学科。这样土木工程才逐渐从经验发展成为科学。在土木工程的发展过程中，工程实践经验常先行于理论，工程事故常显示出未能预见的新因素，触发新理论的研究和发展。至今不少工程问题的处理，在很大程度上仍然依靠实践经验。

以往的总体规划常是凭借工程经验提出若干方案，然后从中选优。由于土木工程设施的规模日益扩大，现在已有必要，也有可能运用系统工程的理论和方法以提高规划水平。特大的土木工程，例如高大水坝会引起自然环境的改变、影响生态平衡和农业生产等，这类工程的社会效果有利也有弊。在规划中，对于趋利避害要作全面的考虑。

近代土木工程有力学和结构理论作为指导，建筑材料更为丰富，施工技术进步很大，且建造规模日益扩大，建造速度也比古代大大加快；现代土木工程日益复杂，标准更高，特别是在社会要求的功能化、城市建设立体化、交通运输高速化等要求下，建筑材料变得轻质高强，施工过程工业化、装配化，施工手段也得到很大的发展，设计理论更为精确化、科学化。

随着土木工程规模的扩大和由此产生的施工工具、设备、机械向多品种、自动化、大型化发展，施工日益走向机械化和自动化。同时组织管理开始应用系统工程的理论和方法，日益走向科学化，有些工程设施的建设继续趋向结构和构件标准化和生产工业化。这样，不仅可以降低造价、缩短工期、提高劳动生产效率，而且可以解决特殊条件下的施工作业问题，以建造过去难以施工的工程。

综观土木工程历史，中国在古代土木工程中拥有光辉成就，至今仍有许多历史遗存，有的已列入世界文化遗产名录。土木工程在近代进展很慢，这与封建时代末期落后的制度有关。在现代土木工程中，我国在近20年来取得了举世瞩目的成就。以往在列举世界有名的土木工工程时，只有长城、故宫、赵州桥等古代建筑，而现在无论是高层建筑、大跨桥梁，还是宏伟机场、港口码头，中国在世界前十名中均有建树，有的已列世界前三名，甚至世界第一名。这些成就均是改革开放以来取得的。土木工程的发展可以从一个侧面反映出我国经济的发展。这一进程仅仅是开始，有志于土木工程建设的同学们是非常幸运的，可望在未来土木工程的建设中贡献才华，缔造亮丽的人生。

四、未来土木工程

土木工程是一门古老的学科，它已经取得了巨大的成就，未来的土木工程发展的前景怎样，首先要弄清目前人类社会所面临的挑战和发展机遇。土木工程目前面临的形势如下。

① 世界正经历工业革命以来的又一次重大变革，这便是信息（包括计算机、通信、网络等）工业的迅猛发展，可以预计人类的生产、生活方式将会发生重大变化。

② 航空、航天事业等高科技事业快速发展，月球上已经留下了人类的足迹，对火星及太阳系内外星空的探索已取得了巨大的进步。

③ 地球上居住人口激增，目前世界人口已经超过60亿，预计到21世纪末，人口要接近百亿。而地球上的土地资源是有限的，且会因过度消耗而日益枯竭。

④ 生态环境受到严重破坏，如森林植被破坏，土地荒漠化，河流海洋水体污染，城市垃圾成山，空气浑浊，大气臭氧层破坏等，随着工业的发展、技术的进步，而人类生存环境却日益恶化。

人类为了争取生存，争取舒适的生存环境，预计土木工程必将有重大的发展。

（一）重大工程项目将陆续兴建

为了解决城市土地供求矛盾，城市建设将向高、深方面发展。例如高层建筑，如前文所述，目前最高的建筑为迪拜的哈利法塔，160层，高828m。目前拟建的其他高层建筑有韩国首都首尔市“乐天世界”，112层，高555m，沙特阿拉伯拟建的1000m高楼超哈利法塔。中国上海的“上海中心”，根据规划，该建筑主体为118层，高580m，比环球金融中心又高了88m。在我国除了修建标志性的大厦以外，还要大量修建商品住房。考虑到我国人口基数巨大，加上城市化进程加速，对住宅的需求压力是很大的。这也为今天的学生、明天的工程师们提供了广泛的就业机会和施展才能的舞台。

目前高速公路、高速铁路的建设仍呈发展趋势，交通土建工程在21世纪将有巨大的进步。已经设想的环球铁道和环球高速公路已有多种方案。这一工程实现以后，人们可以从南美洲阿根廷的火地岛北上，经中美洲、北美洲，从阿拉斯加穿白令海峡到俄罗斯，经中、蒙、俄到东欧、西欧，再从西班牙穿直布罗陀海峡到摩洛哥，经北非，穿撒哈拉大沙漠到南非，直达好望角。其中跨白令海峡和直布罗陀海峡的大桥已有设计方案，并已在土木工程有关杂志上发表。

在中国，交通土建工程也有宏伟的规划。在“十五”期间，我国以“五纵、七横”为骨干建设全国公路网。“五纵”是从南到北的五条干线，一条是从黑龙江的同江南下直达海南省的三亚市，其间要穿越渤海湾、长江口和琼州海峡，所以不仅要筑路，而且要建设多座大桥或隧道。其他几条是：北京到福州，北京到珠海，内蒙古二连浩特到广西河口，重庆到湛江。“七横”是横贯东西的七条主干线，包括：绥芬河到满洲里，丹东到拉萨，青岛到银川，连云港到新疆霍尔果斯，上海到成都，上海到云南瑞丽，衡阳到昆明。这些干线贯通了首都、直辖市和各省市自治区的省会或首府，连接了人口100万以上的大城市和很多50万人口以上的城市。这个系统为各城市间提供了快速、直达、舒适的运输系统。

在铁路建设方面，北京到上海的高速铁路、上海到杭州的磁悬浮铁路正在规划决策之中。普通铁道中江苏北部到福建的南北铁路、四川内江到昆明线、西安到南京线均在建设之中。青藏、川藏的铁路和快速公路或高速公路也在研究中。此外，从中国昆明经缅甸、孟加拉国到印度的铁路，从中国昆明经仰光到曼谷或从仰光经马来西亚到新加坡的国际铁道已经过一些国际会议研究，在技术上已无重大障碍，只要投资及利益分配得到落实，21世纪前半叶建成通车是有希望的。

航空港及海港和内河航运码头的建设也会在不久的将来取得巨大的进步。

（二）土木工程将向太空、海洋、荒漠开拓

地球上的海洋面积占整个地球表面积70%左右，现在陆地上土地太少，首先想到的是可向海洋发展。向海洋开拓近代已经开始。为了防止噪声对居民的影响，也为了节约用地，许多机场已开始填海造地。如中国澳门机场、日本关西国际机场均修筑了海上的人工岛，在岛上建跑道和候机楼。香港大屿山国际机场劈山填海，荷兰Delf围海造城都是利用海面造福人类的宏大工程。现在海上采油平台体积巨大，在平台上建有生活区，工人在平台上一工作就是几个月，如果将平台扩大，建成海上城市是完全可能的。另外，从航空母舰和大型运输船的建造得到启发，人们已设想建立海上浮动城市。海洋土木工程的兴建，不仅可解决陆地土地少的矛盾，同时也将对海底油气资源及矿物的开发提供立足之地。

全世界陆地中约有1/3为沙漠或荒漠地区，千里荒沙、渺无人烟，目前还很少开发。沙漠难以利用主要是缺水，生态环境恶劣，日夜温差太大，空气干燥，太阳辐射太强，不适于人类生存。近代许多国家已开始沙漠改造工程，但大规模改造，首先要解决水的问题。目前设想有以下几种可能：①首先在沙漠地下找水，如利比亚已发现撒哈拉大沙漠下有丰富的地下水，现已部分开始利用；②从南极将巨大的冰山拖入沙漠地区，如沙特阿拉伯曾进行可行性研究，运输不成问题，如何利用冰山才符合成本要求仍有待解决；③进行海水淡化，海水淡化方法有多种，但成本均居高不下，如果随着技术进步，成本降低，这是最有希望成为沙漠水源的。沙漠的改造利用不仅增加了有效土地利用面积，同时还改善了全球生态环境。

向太空发展是人类长期的梦想，在21世纪这一梦想可能变为现实。美籍华裔科学家林柱铜博士利用从月球带回来的岩石烧制成水泥。可以设想，只要将氢、氧带上月球化合成水，则可以在月球上就地制造混凝土。林博士预计在月球上建造一个圆形基地，需水泥100t、水300t和钢筋360t，而除水以外，其他材料均可从月球上就地制造。因为月球上有丰富的矿藏，美国已经计划在月球上建造一个基地。日本设想在月球上建立六角形的蜂房式基地，用钢铁制成，可以拼接扩大，内部造成人工气候，使之适合人类居住。随着太空站和月球基地的建立，人类可向火星进发。与地球相似的是火星，但火星上缺氧，如何使火星地球化，人们设想利用生物工程，将制氧微生物及低等植物移向火星，使之在较短时间内走完地球几亿年才走完的进程，使火星适于人类居住，那时人类便可向火星移民，而火星到地球可用宇宙飞船联系，人们的生活空间将大大扩展。

(三）工程材料向轻质、高强、多功能化发展

近百年以来，土木工程的结构材料主要还是钢材、混凝土、木材和砖石。21 世纪在工程材料方面希望有较大突破。

① 传统材料的改性，混凝土材料应用很广，且耐久性好，但其强度（比钢材）低，韧性差，建造工程笨重而易开裂。目前常用混凝土强度可达 C50～C60（强度为 50～60N/mm^2），特殊工程可达 C80～C100，今后将会有 C400 的混凝土出现，而常用的混凝土可达 C100 左右。为了改善韧性，加入微型纤维的混凝土、塑料混合混凝土正在开发应用之中。对于钢材，主要问题是易锈蚀、不耐火，必须研制生产耐锈蚀（甚至不锈）的钢材，生产高效防火涂料用于钢材及木材。

② 化学合成材料的应用。目前化学合成材料主要用于门窗、管材、装饰材料，今后的发展是向大面积围护材料及结构骨架材料发展。一些具有耐高温、保温隔音、耐磨耐压等优良性能的化工用品，用于制造隔板等非承重构件很理想。目前碳纤维以其轻质、高强、耐腐蚀等优点而用于结构补强，在其成本降低后可望用作混凝土的加筋材料。

(四）设计方法精确化、设计工作自动化

在 19 世纪与 20 世纪，力学分析的基本理论和有关微分方程已经建立，用之指导土木工程设计也取得了巨大的成功。但是由于土木工程结构的复杂性和人类计算能力的局限性，人们对工程的设计计算还比较粗糙，有一些还主要依靠经验。三峡大坝，用数值法分析其应力分布，其方程组可达几十万甚至上百万个，靠人工计算显然是不可能的。快速电子计算机的出现，使这一计算得以实现。类似的海上采油平台、核电站、摩天大楼、地下过海隧道等巨型工程，有了计算机的帮助，便可合理地进行数值分析和安全评估。此外，计算机的进步，使设计由手工走向自动化。目前许多设计部门已经丢掉了传统的制图板而改用计算机绘图，这一进程在 21 世纪将进一步发展和完善。

数值计算机的进步使过去不能计算的带有盲目性的估计可以变为较精确的分析。例如，土木工程中的由各个杆件分析到整体分析；工程结构的定型分析到按施工阶段的全过程仿真分析；工程结构中在灾害荷载作用下的全过程非线性分析；与时间有关的长时间徐变分析和瞬间的冲击分析等。

(五）信息和智能化技术全面引入土木工程

信息、计算机、智能化技术在工业、农业、运输业和军事工业等各行各业中得到了愈来愈广泛的应用，土木工程也不例外，将这些高新技术应用于土木工程将是今后相当长时间的重要发展方向。现举一些例子加以说明。

(1) 信息化施工　所谓信息化施工是在施工过程中所涉及的各部分各阶段广泛应用计算机信息技术，对工期、人力、材料、机械、资金、进度等信息进行收集、存储、处理和交流，并加以科学地综合利用，为施工管理及时准确地提供决策依据。例如，在隧道及地下工程中将岩土样品性质的信息、掘进面的位移信息收集集中，快速处理及时调整并指挥下一步掘进及支护，可以大大提高工作效率并可避免不安全的事故。信息化施工还可通过网络与其他国家和地区的工程数据库联系，在遇到新的疑难问题时可及时查询解决。信息化施工可大幅度提高施工效率和保证工程质量，减少工程事故，有效控制成本，实现施工管理现代化。

(2) 智能化建筑　智能化建筑还没有确切的定义，但有两个方面的要求应予满足。一是房屋设备应用先进的计算机系统监测与控制，并可通过自动优化或人工干预来保证设备运行的安全、可靠、高效。例如有客来访，可远距离看到形象并对话，遇有歹徒可摄像、可报警、可自动关闭防护门等。又如供暖制冷系统，可根据主人需要调至一标准温度，室温高了

送冷风，室温低了送暖风。二是安装了对居住者的自动服务系统。如早晨准点报时叫醒主人，并可根据需要放送新闻或提醒主人今天的主要日程安排，同时早餐自动加工，当你洗漱完毕后即可用餐。总之，这是一个非常温馨的住宅。对于办公楼来讲，智能化要求配备办公自动化设备、快速通信设备、网络设备、房屋自动管理和控制设备。

(3) 智能化交通　智能化交通（ITS），在欧美已于20世纪90年代开始研究，中国也在迎头赶上。智能化交通一般包括以下几个系统：①先进的交通管理系统；②交通信息服务系统；③车辆控制系统；④车辆调度系统；⑤公共交通系统等。它应具有信息收集、快速处理、优化决策、大型可视化系统等功能。

(4) 土木工程分析的仿真系统　许多工程结构是毁于台风、地震、火灾、洪水等灾害。在这种小概率、大荷载作用下的工程结构的性能很难一一去做实验验证，一是参数变化条件不可能全模拟，二是实体试验成本过高，三是破坏实验有危险性，设备达不到要求。而计算机仿真技术可以在计算机上模拟原型大小的工程结构在灾害荷载作用下从变形到倒塌的全过程，从而揭示结构不安全的部位和因素。用此技术指导设计可大大提高工程结构的可靠性。

当然计算机应用于土木工程的例子还有许多，本书难以一一列举。土木工程中引入高新技术后必将会有一个新的飞跃。

（六）土木工程的可持续发展

面对人口增长、生态失衡、环境污染、人类生存环境恶化，一些学者呼吁："我们只有一个地球"，并提出"冻结繁荣，停止发展"的口号。这一口号不仅受到发达国家人士的批评，更是受到发展中国家的一致反对。如果"停止发展"，则发展中国家永远停留在落后状态，这是不能接受的。20世纪80年代提出了"可持续发展"的原则，已被广大国家和人民所认同。"可持续发展"是指"既满足当代人的需要，又不对后代人满足其需要的发展构成危害"。例如，一代人过度消耗能源（如石油）以致枯竭，后代人则无法继续发展，甚至保持原有水平也不可能。这一原则具有远见卓识，我国政府已将"可持续发展"与"计划生育"并列为两大国策，大力加以宣传，土木工程工作者对贯彻这一原则具有重大责任。

建设与使用土木工程的过程与能源消耗、资源利用、环境保护、生态平衡有密切关系，对贯彻"可持续发展"原则影响很大。

从资源方面看，建房、修路大多要占地，而我国土地资源十分紧张，以至于美国学者提出质疑：21世纪谁来养活16亿中国人？因而在土木工程中不占或少占土地，尽量不占可耕地是必须坚持的。另外建材中的黏土砖毁地严重，应予禁止或限制。建材生产、工程施工还少不了消耗能源和水资源，这方面应尽可能采用可再生资源和循环利用已有资源，例如利用太阳能、利用处理过的废水等。

采用落后的生产工艺（如小造纸厂、小化肥厂等）建立工厂，会对环境造成严重污染，切不可因一时一地之利而容许建设，污染环境。我国对新建厂一定要实行环境评价，对环境不利的项目不准上马，这一政策应坚决贯彻。重大工程如有一些对生态不利的地方应采取措施避免。如长江三峡大坝修建将会影响长江鲟回游产卵，而这一鱼种已极为稀少，且只有中国长江才有。对此，建坝专门考虑"鱼道"，来满足生态平衡的要求。

第三节　土木工程专业的培养目标及人才素质要求

一、土木工程专业的培养目标

现在的土木工程专业体现了国家对学校的人才培养提出了更高的要求。我国高等土木工程专业的培养目标是：培养适应社会主义现代化建设需要、德智体全面发展、掌握土木工程学科的基本理论和基础知识、获得土木工程工程师基本训练、具有创新精神的高级工程科学技术人才，毕业后能从事土木工程设计、施工与管理工作，具有初步的工程规划与研究开发能力。

土木工程专业人才的需求已完全趋于市场化，并呈现出明显的多样化的特征。一方面，是人才市场需求量的扩大，用人企业、单位的类型增多，除设计单位、教育部门、规划部门外，房产企业、一般企事业的基建部门等也都需要一定量的高层次专业人才；另一方面，企业综合素质能力的要求在强化，除具有传统教育所注重培养的设计创新能力外，应具备管理、公共关系、社会协调、自我推销、通力合作等能力素质，符合建筑商品化趋势，有较强的经济意识和效益观念及竞争意识；再者，职业范畴及分工在细化，更加层次化、多样化，出现了对专门承接涉外工程项目的设计人员，以及专门从事施工图的设计人才，专门从事方案设计的人才，专门从事 AutoCAD 及效果图制作的人才等；还有，社会对专业人才的业务范畴要求多样，人才类型与职业不再一一对应，更加社会化、市场化，既要求具备一定相关学科背景知识，能够成为拥有宽口径的复合型人才模式，又具有可变性、适应性的潜能，在择业中具有更大的自主度，在社会竞争中有更多的机会。

土木工程专业培养掌握工程力学、流体力学、岩土力学和市政工程学科的基本理论和基本知识，能够面向基层，具有时代气息和开放意识，能在房屋建筑、地下工程、桥梁等设计、施工、管理、投资，开发等部门从事技术或管理工作，并获得工程师基本训练的应用型、复合型的土木工程技术和管理人才。

在校学习期间，学生可获得建筑结构设计能力，施工技术问题解决能力、施工组织与管理能力及工程项目管理能力；掌握工程造价评估能力、工程检测和工程质量鉴定与评价能力、工程监理的初步能力；具有建筑设计的初步能力。学生在校学习期间，经考核可获得社会承认的见习造价工程师资格，参加工作一年后，可转为三级造价工程师。

土木工程专业人才的培养应从教学内容、方法到组织形式与专业实践、工程环境的塑造、职业意识的培养等相匹配，培养出一种新型的、复合型的、具有广泛社会适应性的应用型人才和创造性人才。培养的目标主要包括以下几个方面。

1. 综合分析能力的培养

学生必须应用所掌握的建筑知识，对不同类型的建筑单元和环境规划进行正确的解释、分析与综合，最终设计出既能解决工程实际问题，又充满新意的空间环境。提高学生的综合分析能力，首先需要拓宽学生的知识面，不仅要学习建筑工程科技知识，还要了解哲学、文化、生态等方面的知识；其次要能多角度、多途径地构思空间方案，思维敏捷，目光敏锐，不墨守成规；最后要善于总结经验教训，注重知识积累，加强自信，使学生具备良好的创造性心理品质。

2. 自学能力的培养

21 世纪，新理论新技术日新月异，土木工程专业学生要适应社会发展，所学知识要能同步更新，因此，仅仅学习课本知识是远远不够的，还应培养自学能力，主动通过网络和其他途径掌握建筑理论的最新动向。这样才能开拓知识领域，才能将所学领域的知识融会贯通。

3. 创造性思维和创新能力的培养

江泽民同志指出：“创新是一个民族进步的灵魂”。建筑科技的发展体现了以信息化和国际化为特征的、各国凭借知识资产在世界上进行激烈竞争的这一鲜明的时代特征，土木工程专业的发展离不开创新思维和创新能力的培养。当今时代，各类土木工程专业理论层出不穷，多种设计思潮此起彼伏，新型建筑材料不断发明，先进施工工艺纷纷涌现。建筑科技的发展必须与时俱进，土木工程专业理论必须推陈出新。

土木工程专业学生的创新能力的培养需要深厚的土木工程专业知识做基础，但知识不等于创新能力。创新意识、创造性思维与创造性实践相结合，才能培养出创新能力。土木工程创新意识是指具有敏锐、强烈的空间设计动机；创造性思维是指空间想象丰富，风格新颖独特，能冲破传统模式、独辟蹊径的思维模式；创造性实践是指为了达到预期创造性目标，勤奋探索、刻苦钻研、科学严谨、百折不挠的实践活动。只有将这三者有机地结合在一起，才有利于土木工程专业学生创新能力的培养。

有人认为，21 世纪的工程师至少要做好回答以下四个问题的准备。

① 会不会去做，即能否在科学技术上解决工程中的难题。

② 可不可以做，即能否在政策法规下遵照法律把事办成。

③ 值不值得做，即能否在人、财、物和时空约束条件下经济合理地完成任务。

④ 应不应该做，即能否自觉地考虑生态可行性和工程持续性。

以上的四个问题也给土木工程专业的教学指明了方向，给本专业的学子指明了方向。

二、土木工程专业人才素质能力要求

土木工程专业是一门综合性较强的学科，通过对土木工程专业的学习，学生各种素质都要求到一定的水平，具体表现在以下几个方面。

1. 技术素质

当今世界，科技迅猛发展、信息膨胀、知识爆炸已成为时代的特征。以“因特网”为特征的信息载体发挥巨大作用，新的知识经济以其特有的生命力异军突起。新科技革命的本质是知识革命，其任务是突破人脑的局限性，解放人的智力，加速科技向现实生产力转化。在新科技革命浪潮中出现的主要是知识密集型和技术密集型工业，形成了现代生产具有科学化、智能化的特点。高新技术不断被采用，要求生产者既要有一定的科学文化知识，又要有较高的劳动技能，否则不能进入生产过程，不能够构成现实的生产力。现代生产的特点表明高科技与人的文化技术素质对现代生产的重要作用。由于高科技是人创造发明的，要由人来掌握、运动与推广，这就需要通过教育培训活动，使劳动者从体力型经过文化型向科技型转换，提高劳动者的技术素质以适应高科技发展的步伐。

技术素质是一个综合的概念，包括多种因素，学生可以通过多种途径加强自身的技术素质。首先可以从课程学习上来加强，比如“建筑技术”、“建筑材料”等；其次在教学中则可结合实际工程、组织工地实习或参观建筑材料展览等方式，提高学生的学习兴趣；再次，提高学生的技术素质，增加绘图练习量，让学生基本掌握这门工程师的语言。对另外一些专业课程如“建筑设计”，尤其是高年级的建筑设计，可以结合建筑结构、设备、法律法规等知识对学生进行指导，让学生更全面地认识建筑，这不仅有利于学生将来更快地进入工作角色，也是学生形成科学建筑观的必要手段。由于建筑教育中的技术素质并不仅限于建筑结构、设备等方面的知识，它是一个随着科学技术发展不断变化的范畴，因此，还可以根据实际情况开设一些选修课或聘请校外专家举办专题讲座等，让学生根据自己的职业规划学习相关的知识。

2. 人文素质

为什么土木工程专业学生的培养要加强人文素质教育呢？

首先，当前自然科学与人文科学一体化的发展趋势给高等学校的人才培养提出了新的要求。它要求文科学生应当有必要的自然科学素养，理工科学生则应有必备的人文社会学科知识，学生不但要能掌握所学知识，而且能够把握所学知识的社会意义，进而要求具备了解社会现状，分析社会需求和把握社会发展的一定能力。目前我国理工科学生由于过早的文理分科及知识结构不合理等多种因素，人文素质贫乏，具体表现为文字表达能力差、思维方式片面、心理承受能力脆弱等。因此，应大力加强学生人文素质的培养，尤其是理工科学生。随着知识经济时代的到来，社会更需要既有专业知识又有经济意识，既有科学功底又具备人文素质的通才，而不是只懂一门专业的专才。

其次，土木工程专业学科的特殊性也对人文素质的培养提出了较高的要求。土木工程学科并不是单纯的工科，而是一门具有多元化特性的知识学科系统。

加强学生的人文素质教育具体说来首先应优化学生的知识结构，要从单一型结构转向复合型结构，以便能容纳更多门类的知识，比如可开设一些文学、历史、艺术等人文社会科学方面的选修课，邀请校外的知名专家学者举办讲座等。要从封闭型结构转向开放型结构，改变传统的教学方式，最大限度地发挥学生的主观能动性，让学生从被动地接受知识转变为主动地学习知识，使学生能随着时代的发展自觉地进行知识更新。另外，人文素质的教育还应走出课堂，走进学生的课余生活。与中学生相比，大学生拥有更多的课余时间，学校完全可以把这段时间利用起来作为人文素质培养的阵地。比如，建筑学专业的学生可以结合专业课的学习内容联系当地的历史文化，参观一些历史建筑或做一些相关调研，这样不仅巩固了专业知识，也了解了风土人情和历史文化。

3. 拓宽专业，加强基础和应变能力

当前土木工程专业学科教育要尽快理顺、完善和充实引导性专业目录，在此基础上提出新的建筑专业目录，并且与研究生专业目录相互比照和应对，既与国外建筑本科的专业相呼应，又体现我国教育特色。高校建筑教育要面向世界，要进行国际间的教育合作与科技交流，要更广泛地使用科技信息资源这一无形的宝库，尽可能地使土木工程学科专业设置以及人才的培养具有国际性。

加强基础是指加强建筑课程和技术基础课程的教学及教学改革。首先，可以考虑根据学校特点，加强外语和计算机系列课程的建设，支持从教学条件、教学方法、教学效果等方面加强建设，从而使学生具备扎实的建筑基础知识和技术基础知识；其次，要进一步进行这些课程教学内容和课程体系的改革，以达到拓宽和加强学生基础的目的。例如，建筑本科教学中除了传统的制图课程和 AutoCAD 课程以外，还应增加 3Dmax 和 3DSVIZ 等三维渲染课程，同时应引入网络城市和虚拟建筑等理念。

在土木工程学科的系统学习中，不仅要注意知识的积累，更应注意能力的培养。从成功的土木工程师的实践经验中得出以下几点值得重视。

① 自主学习能力。大学只有四年，每门课从十几个学时到上百个学时，所学到东西总是有限的，土木工程内容广泛，新的技术又不断出现，因而自主学习，扩大知识面，自我成长的能力非常重要。不仅要向老师学，向书本学，而且要注意在实践中学习，善于查阅文献，善于在网上学习。

② 综合解决问题的能力。在大学期间大多数课程是单科教学，有一些综合训练及毕业设计可训练综合解决问题的能力。实际工程问题的解决总是要综合运用各种知识和技能，在学习过程中要注意培养这种综合能力，尤其是设计、施工等实践工作的能力。

③ 创新能力。社会在进步，经济在发展，对人才创新的要求也日益提高。所以在学习的过程中要注意创新能力的培养。大学学习的主要任务是打好理论基础，加强能力的培养。

创新能力的培养可以从事事处处争强、争好做起，同样的图纸要力争画得最好，要培养“扫地我也扫得比你干净”的精神。从大处着眼，从小处着手培养力争上游、开拓创新的精神和能力。

④ 协调、管理能力。现代土木工程不是一个人能完成的，少则几个人，几百人，多则成千上万人共同努力才能成功。为此，培养自己的协调、管理能力非常重要。同学们毕业后，不论参加任何业务部门的工作，总会涉及管理工作。如管理一部分人（当设计组长、项目负责人、工长等）和受人管理（上面有总经理、总工，主管部门有规划局、环境保护局、技术监督局等）。同学们在工作中一定要处理好上下左右的关系，对上级要尊重，有不同意见应当面提出讨论，要努力负责地完成上级交给的任务，使上级对你的工作“放心”；对同事既要竞争又要友好；对下级既要严格要求又要体贴关怀。总之，要有“厚德载物”的包容精神，做事要合理、合法、合情，要有团队精神，这样，工作才能顺利开展，事业才能更上一层楼。

第四节　土木工程学习的建议

一、科学、技术与建筑工程的关系

科学是从英文的 science 翻译而来的，science 源于拉丁文的“知识”。科学是理性地、系统地探索自然，目的是寻求真理、发现新知识。从事基础科学研究的人往往是受好奇心的驱使，不可能预知所研究的东西有没有用，其成果通过发表在同行评议的期刊上得到科学界的承认，有些成果会有意想不到的应用，有些则可能永远也不能应用。

技术译自英文的 technology，由希腊文的“艺术或技巧”和“学问”两个字根构成，technology 是有关实用技艺和工业艺术的学问，研究的是知识的实际应用，目的是发明，其成果往往可以申请专利，也能在研究期刊上发表，但不一定马上能成为产品。一项发明从概念的模型或设计到形成产品，还要经过大量的技术开发工作，包括改进设计、优化制造工艺或程序等。

所以，科学和技术虽联系密切，但毕竟是两个不同的概念。举例来说，科学上已发现，放射性元素（如铀 235）的核裂变可以释放出大量的能量，这便是制造原子弹的科学依据。但是从原理到制造出原子弹还需要解决一系列技术问题，如从铀矿中提纯铀 235、反速度的控制、快速引爆机构等，这是每一个具有原子弹的国家用了较长的时间才得以实现的。而至今尚有一些国家渴望制造原子弹，但因技术不过关而未能如愿。

理工科属于一个大类，选择理科（如数学、物理、化学、生物、力学等）的学生侧重学习科学，当然也要学习技术，以便应用；而选择工科（如土木、机械、电工电子、通信等）的学生在学习中更侧重于学好技术，当然掌握技术的前提是掌握其科学原理。

工程的含义则更为广泛，它是指自然科学或各种专门技术应用到生产部门而形成的各种学科的总称，英文名 engineering，其目的在于利用和改造自然来为人类服务。通过工程可以生产或开发对社会有用的产品。一般来说，工程不仅与科学有关，而且受到经济、政治、法律、美学等多方面影响。例如，利用多空纤维吸附受污染水中的杂质使之可以饮用，这一技术已经成熟，用此技术制成的净水器在一些国家已在野战队中得到应用。但是要在城市供水中大规模的应用，则因其成本太高而未能推广。又如基因工程的克隆技术，发达国家已经掌握了克隆动物的技术，并且克隆羊、克隆牛、克隆鼠等均已问世，但是克隆人，至今则没有一个国家被法律所允许，有的国家还命令禁止。可见，工程是科学技术的应用与社会、经济、法律、人文等因素结合的一个综合实践过程。对于选择了工科（包括土木工程）的同学来讲，必须非常重视这一点。

二、主要教学方法及学习建议

大学的教学和训练与中学相比要多样化一些，主要的教学形式有课堂教学、实验课、设计训练和施工学习。下面对这几个环节作简要介绍。

1. 课堂教学

课堂教学是学校学习的主要的形式，即通过老师的讲授，学生听课而学习。大学的课堂教学与中学也有所区别，一是进度快，内容多，中学时很薄的一册课本讲得很仔细，反复讲反复练，大学中很厚的一本书，很快就讲过去了，要注意适应；二是中学班级小，按班上课，几十个人一个班，老师认识每一个学生，大学许多课按专业甚至按系上课，大课堂有两三个班上课是常事，老师未必熟悉每一个同学，听课效果好坏，主要靠学生自主努力；三是中学的教学内容是成熟的经典理论，变化很小，而大学教学，必须随时代发展而增添新的内容。有时对书本上还未编入的内容教师只能根据资料讲解，这时要注意听讲并作必要的记录。

课堂学习时，学生要注意记住老师讲授的思路、重点、难点和主要结论。大学生一般在课堂上作一些笔记，记下老师讲课的内容，有的学生记得极详细，几乎一字不漏；有的只记要点难点和因果关系。建议采用后者，甚至可在教材的空白处旁记，并用自己约定的符号在书上划出重点和各内容之间的联系。

与大班课堂讲授相配套的可能还有一些小班的讨论课、习题课，以对课程的重点或难点加深理解。参加这样的课时，同学们一定要积极思考，主动参加讨论，这不仅能巩固和加深所学习的知识，也是对表达能力的一种训练。

课堂教学后，要复习巩固，整理笔记，做到能用自己的语言表达所学内容。对于不懂的问题不要放过，可自己思索，也可与同学切磋，再不懂时，可记下来，适当的时候找老师答疑讨论。

2. 实验教学

通过实验手段掌握实验技术，弄懂科学原理。其中，物理、化学等均开设实验课，这与中学差别不大，不过内容更加现代化，方法更加先进。在土木工程专业中还开设材料试验、结构检验的实验课，这不仅是学习基本理论的需要，同时也是同学们熟悉国家有关试验、检测规程，熟悉实验方法及学习撰写试验报告的需要。不要有重理论轻实验的思想，应认真做好每一次试验，并鼓励学生自主设计、规划试验。

3. 设计训练

任何一个土木工程项目确定以后，首先要进行设计，然后才交付施工。设计是综合运用所学知识，提出自己的设想和技术方案，并以工程图及说明书来表达自己的设计意图，在根本上培养学生自主学习、自主解决问题的能力。

设计土木工程项目一定会受到很多方面的约束，而不像单科习题那样只有一两个条件约束，这种约束不仅有科学技术方面的，还有人文经济等方面的。使土木工程项目“满足功能需要，结构安全可靠，成本经济合理，造型美观悦目”是设计的总体目的，要做到这一点必须综合运用各种知识，而其答案也不会是唯一的，这对培养学生的综合能力、创新能力有很大作用。

4. 施工实习

贯彻理论联系实际的原则，让学生到施工现场或管理部门学习生产技术和管理知识。通常一个工地往往很难容纳一个班（几十人）的学生，因此，施工实习通常在统一要求下分散进行。这不仅是对学生能否在实际中学习知识技能的一种训练，也是对学生的敬业精神、劳动纪律和职业道德的综合检验。

主动认真地进行施工实习，虚心向工地工人、工程技术人员请教，可以学习到在课堂上学不到的许多知识和技能，但如马马虎虎，仅为完成实习而走过场，则会白白浪费自己宝贵的时间。能否成为土木工程方面的优秀人才，施工实习至关重要。

小　　结

本章主要学习了土木工程的内涵及特点、土木工程的发展历史与展望、土木工程专业的培养目标及人才素质要求、土木工程的学习建议等，为下一步学习奠定了良好的基础。

能力训练题

一、填空题

1. ________历来是衡量国家经济兴衰的重要产业，又是建筑业的主要产业之一。

2. 中国古代建筑大多为________建成，如北京故宫、天坛，天津蓟县的独特寺观音阁等均是具有漫长历史的优秀建筑。

二、选择题

1. 在近代及现代建筑中，凡是高耸、大跨、巨型、复杂的工程结构，绝大多数应用了（　　）结构。

A. 钢结构　　B. 钢筋混凝土结构

C. 钢结构或钢筋混凝土结构　　D. 砌体结构

2. 面临人口的增长、生态失衡、环境污染、人类生存环境恶化，土木工程将（　　）

A. 停止发展　　B. 可持续发展　　C. 快速发展　　D. 限制发展

三、判断题

1. 在土木工程的发展过程中，工程理论常先行于实践经验，工程事故常显示出未能预见的新因素。（　　）

2. 建筑智能化要求配备办公自动化设备、快速通信设备、网络设备、房屋自动管理和控制设备。（　　）

四、简答题

1. 土木工程在国民经济中占有什么样的地位？

2. 近代土木工程有什么特点？有哪些典型工程？

3. 土木工程专业的培养目标是什么？结合当前的形势，谈谈土木工程专业对人才素养的要求，具体体现在哪些方面？

4. 根据课程中对土木工程的定义，思考身边有哪些属于土木工程，试举例说明。

能力拓展训练

结合土木工程专业作为培养“高技能型”人才的特点，谈一谈学习本课程计划。

第二章　土木工程材料

【知识目标】

- 了解土木工程材料对保证工程质量、工程造价、对工程技术进步的促进作用
- 了解土木工程材料的性质、用途、制备以及使用方法、检测和质量控制方法
- 了解工程材料性质与材料结构的关系以及性能改善的途径

【能力目标】

- 合理选择土木工程材料的能力
- 正确使用土木工程材料的能力

开章语　土木工程材料是土木工程建（构）筑物所使用的各种材料及制品的总称。它们将直接影响建筑物或构筑物的性能、功能、寿命和经济成本，从而影响人们生活空间的安全性、方便性、舒适性。从某种角度讲，建（构）筑物是所选用的土木工程材料的一种“排列组合”。土木工程材料是一切土木工程的物质基础，材料决定了建筑形式和施工方法。因此，土木工程材料的性质、用途、制备以及使用显得尤其重要；同时材料与建筑物结构的关系需作进一步研究，以便更好地保证工程质量、工程造价、工程技术方面的进步。本章将从三个方面研究土木工程材料：传统土木工程材料，近代土木工程材料，现代土木工程材料。

第一节　传统土木工程材料

任何土木工程建（构）筑物（包括高楼、厂房、道路、桥梁、港口、码头、隧道、矿井等）都是用材料按一定的要求建造的，土木工程中所使用的各种材料统称为土木工程材料。

早期使用的土木工程材料主要有砖、瓦、石、灰、木材等。它们至今仍在土木工程中占有重要地位。

一、砖

砖是在西周时期就开始使用在建筑物上的。陕西省宝鸡市文物普查队在陕西岐山县赵家台曾发现一批西周时期的空心砖和条砖，这是迄今为止我国发现的时代最早的砖。空心砖呈长方形，中空，外面拍印细绳纹，制作规范方正，长 1m，宽 0.32m，厚 0.21m，壁厚 0.02m，一端有口，另一端封堵。经考古学家现场勘察鉴定，确认出土空心砖的灰坑为西周时期标准灰坑。

出土的战国时代的砖数量不多，其类型有空心砖、铺地砖、小条砖等。在秦早期都城雍、栎阳、咸阳以及燕下都等战国遗址曾出土了一些铺地砖、大型空心砖等。空心砖中最长的可达 1.5m，这么长的砖只有制成空心才能烧透，同时使重量减轻，便于搬动。在秦都咸阳遗址中发现了多种砖，质地坚硬，颜色多为青灰，制法一般为模压成型，并模印纹饰。根据出土文物看，当时的制坯方法主要有“片作”法和一次成型法。“片作”法是将坯泥拍打成片，铺在与砖坯同大的刻有纹饰的模板上拍打而成。以四块泥片合成一个方筒，再用小块

泥片堵住一端，接缝处用软泥抹合。一次成型制胚法，砖壁壳较厚，用坯泥堆摔垒叠而成。砖角无接缝，砖面的纹饰是坯成之后再刻划上去的。

战国晚期，我国出现了一种空心砖椁墓。1988 年，在陕西临潼东陵发现了两座战国晚期砖室墓，这是我国迄今发现时代最早的砖室墓。两座墓一个由 475 块砖平砌构筑，另一个由 155 块砖立砌而成。砖的规格约长 42cm，宽 15cm，厚 9cm，重 18kg。

砖（图 2.1）是一种常见的砌筑材料。砖瓦的生产和使用在我国的历史比较悠久，有“秦砖汉瓦”之称。制砖的原料容易取得，生产工艺比较简单，价格低，体积小，便于组合，黏土砖还有防火、隔热、隔音、吸潮等优点。所以，至今砖仍然广泛地用于墙体、基础、柱等砌筑工程中。用黏土砖建造的建筑物可长时间使用，有的建筑长达几百年甚至千年。我国古代的宫殿建筑、北方地区传统的四合院，万里长城都是用青砖制造的，至今仍保存完好。而且黏土砖不像石材那样坚硬，作为房屋建筑的墙体材料看上去感觉比较柔和，更容易使人接近。但是由于生产传统黏土砖毁田取土量大、能耗高、砖自重大，施工生产中劳动强度高、功效低，因此有逐步改革并用新型材料取代的必要，现在有的城市已禁止在建筑物中使用黏土砖。

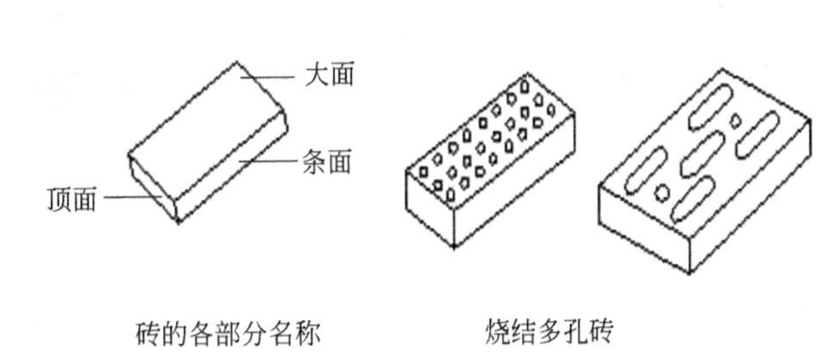

图 2.1　砖

砖按照生产工艺分为烧结砖和非烧结砖；按所用原材料分为黏土砖、页岩砖、煤矸石砖、粉煤灰砖、炉渣砖和灰砂砖等；按有无空洞分为空心砖、多孔砖和实心砖。

常用的工业废料有粉煤灰、煤矸石等，它们的化学成分和黏土相近，但因其颗粒细度不及黏土，故可塑性较差，制砖时常需掺入一定量的黏土或水泥，以增加其可塑性。用这些原料烧成的砖，分别称为烧结粉煤灰砖、烧结煤矸砖等。

近年来国内外都在研制非烧结砖。非烧结黏土砖是利用不适合种田的山泥、废土、砂等，加入少量水泥或石灰作固结剂及微量外加剂和适量水混合搅拌压制成型，自然养护或蒸养一定时间制成的。如日本用土壤、水泥和 EER 液混合搅拌压制成型自然风干而成的 EER 非烧结砖；江西省建材研究院研制成功红壤土、石灰非烧结砖；深圳市建筑科学中心研制成功的水泥、石灰、黏土非烧结空心砖等。可见，非烧结砖是一种有发展前途的新型材料。

二、瓦

瓦是重要的屋面防水材料，它的使用始于西周早期。1976 年，在陕西岐山县凤雏村发现了一组大型建筑基址，其年代，根据对一根炭化木柱所做的放射性碳素测定，结果为公元前 1000 年左右的西周早期。在屋顶堆积中发现少量的瓦，推测当时只用于屋顶重要部位和部分屋脊上。同时，在陕西扶风召陈村也发现了大型西周建筑基址群，从出土陶器判断，上层建筑是在西周中期修建的。在遗址中发现很多类型的板瓦、筒瓦，还有半瓦当（板瓦仰铺在房顶上，筒瓦覆在两行板瓦之间，瓦当是屋檐前面筒瓦的瓦头）。瓦上都有瓦钉和瓦环，用来固定瓦的位置。在陕西沣西客省庄发现一块瓦残片，断面呈人字形，可能是用于屋脊上的脊瓦；还发现有尚未烧制的瓦坯，推测这里有专门烧制瓦的手工业作坊。在河南洛阳王湾、北京琉璃河董家林等处也发现了西周晚期的瓦。据此推测西周早期宫殿建筑开始在房顶局部（可能在屋脊等处）用瓦，西周晚期至东周初期房顶大部分盖瓦。当时的瓦都是用泥条盘筑拍制的，制法是先用泥条盘筑成圆周形的陶坯，然后将坯筒剖开，四剖或六剖为板瓦，对剖为筒瓦，然后入窑烧制。瓦的厚薄不均，反面有手摸痕，表面有粗而乱的绳纹。

春秋末期和战国时期，瓦的使用增多。在列国城市遗址中都遗存了很多瓦件，其中有许多带图案的瓦当。各国瓦当的图案不同，反映出各国独特的文化艺术风格等。如秦国流行各种动物图案的圆瓦当，有奔鹿、立马、四兽、三鹤等；赵国为三鹿纹与变形云纹圆瓦当；燕国主要有饕餮、双龙、双鸟和山云纹等半瓦当。战国时期瓦的结构有了重要改进，就是把瓦钉和瓦身分离，这不仅增强了瓦的固结，而且使瓦坯的制作简化。

秦汉时期是瓦的发展兴盛阶段。瓦当在战国开始从半圆形向整圆形演化，至东汉时全部为圆形。秦汉瓦当图案很丰富，并有很多文字瓦当。如汉长安地区建筑的瓦当，有的以“长乐未央”、“长生无极”等吉语作纹饰；有的宫殿、官署往往用其名称作纹饰，如“上林”、“左弋”等。王莽时期由于谶纬学盛行，而以四神象征四方是谶纬学的内容，故王莽宗庙的四门，一般东门用青龙瓦当，西门用白虎瓦当，南门用朱雀瓦当，北门用玄武瓦当。1986年，辽宁省文物部门在绥中县墙子里村发现了大型秦汉宫殿遗址，发现的瓦当直径有52cm，如此大的瓦当，可以想象当时建筑的宏伟。

西汉中期，开始把轮制技术应用到制瓦业，泥条盘筑法逐渐被淘汰。在洛阳龙虎滩村的一处北魏官府建筑群遗址，出土了大批质密坚实，表面经刮磨，有光泽、制作精细的各种瓦件，包括板瓦、筒瓦、莲花纹瓦当、兽面纹瓦当、扁平菱角形瓦钉、兽面纹脊头瓦、鸱尾等，推测这是北魏官府手工业产品。在瓦上有刻划或捺印的瓦工文字，根据刻划文字可以知道，当时官府制瓦是以隧为单位，隧主是低级武职，隧主之下有技术工和若干种工人。技术工称为匠，并分成轮（用陶轮制瓦坯）、削（分割瓦坯）、昆（打磨瓦）等工序。生产瓦件的匠、工可能是按军事组织编制。

唐代的瓦有灰瓦、黑瓦和琉璃瓦3种。灰瓦质地较为粗松，用于一般建筑。黑瓦质地紧密，经过打磨，多用于宫殿和寺庙。例如唐长安城大明宫含元殿遗址出土的黑色陶瓦，大的直径23cm，大约用于殿顶；小的直径15cm，大约用于廊顶。还有少量的绿琉璃瓦片，大约用于檐脊。南北朝以后由于受佛教艺术的影响，瓦当纹饰多为莲花纹。在唐长安城兴庆宫遗址，发现的莲花纹瓦当种类多达73种。

瓦，一般指黏土瓦，以黏土（包括页岩石、煤矸石等粉料）为主要原料，经泥料处理、成型、干燥和焙烧而成。

黏土瓦的生产工艺与黏土砖相似，但对黏土的质量要求较高，如含杂质少、塑性高、泥料均化程度高等。

由于建筑工业的发展，对屋面材料也提出了新的发展要求。瓦的种类较多，按成分分，有黏土瓦、石棉水泥瓦、钢丝网水泥瓦、聚氯乙烯瓦、玻璃钢瓦、沥青瓦等；按形状分有平瓦、波形瓦两类。根据尺寸偏差，外观质量和物理力学性能将瓦分为优等品、一等品和合格品三个等级，或分成一等品和合格品两个等级。

三、石

天然石材是最古老土木工程材料之一，由于天然石材具有很高的抗压强度，良好的耐磨性和耐久性，资源分布广，蕴藏量丰富，便于就地取材，生产成本低，经加工后表面美观富于装饰性等优点，是古今土木工程中修建城垣、桥梁、房屋、道路及水利工程的主要材料。天然石材经加工后具有良好的装饰性，是现代土木工程的主要装饰材料之一。

石材具有良好的耐久性，用石材建造的结构物具有永久保存的可能。古代人早就认识到这一点，因此许多重要的建筑物及纪念性结构物都是使用石材建造的。

石材的耐水性好，抗强压度高。$1m^2$ 的石材上面可以承受 5000t 重的压力。所以在石块上叠砌石块有可能建成大型的结构物。以石材为主的西方建筑，威严雄浑，给人以庄重高贵的感觉，石材建筑是欧洲文化的象征。许多皇家建筑多采用石材。例如欧洲最大的皇宫——法国凡尔赛宫（1661～1689 年建造），占地面积达 100 多万平方米，其中建筑面积为 11 万平方米，宫殿中建筑物的墙体以及外部的地面全部使用石材建成，如图 2.2 所示。

图 2.2　法国凡尔赛宫

石的种类如下。

1. 毛石

毛石也称片石，是采石场由爆破直接获得的形状不规则的石块。根据平整程度又将其分为乱毛石和平毛石两类。毛石可用于砌筑基础、堤坝、挡土墙等。乱毛石也可用作毛石混凝土的骨料。

2. 料石

料石是由人工或机械开采出的较规则的六面体石块略经凿琢而成的。根据表面加工的平整程度分为毛料石、粗料石、半细料石和细料石四种。料石一般由致密均匀的砂岩、石灰岩、花岗岩加工而成。

3. 饰面石材

用于建筑物内外墙面、柱面、地面、栏杆、台阶等处装修用的石材称为饰面石材。饰面石材从岩石种类分，主要有大理石和花岗岩两大类。所谓大理石是指变质或沉积的碳酸盐岩石；所谓花岗岩是指可开采为石材的各类岩浆岩。饰面石材的外形有加工成平面的板材，或者加工成曲面的各种定型件。表面经不同的工艺可加工成凹凸不平的毛面，或者经过精磨抛光成光彩照人的镜面。

4. 色石渣

色石渣也称色石子，是由天然大理石、白云石、方解石或花岗岩等经破碎筛选加工而成的，作为骨料主要用于人造大理石、水磨石、水刷石、干粘石、斩假石等建筑物面层的装饰工程。

5. 石子

在混凝土组成材料中，砂称为细骨料，石子称为粗骨料。石子除用做混凝土粗骨料外，也常用做路桥工程、铁道工程的路基道渣等。石子分碎石和卵石，由天然岩石或卵石经破碎、筛分而得到粒径大于5mm的岩石颗粒，称为碎石或碎卵石。由于自然条件作用而形成的，粒径大于5mm的岩石颗粒，称为卵石。

四、砂

砂是组成混凝土、砂浆的主要组成材料之一，是土木工程的大宗材料。

砂一般分为天然砂和人工砂两类。由自然条件作用（主要是岩石风化）而形成的，粒径在5mm以下的岩石颗粒，称为天然砂。按其产源不同，天然砂可分为河砂、海砂、山砂。山砂表面粗糙，颗粒多棱角，含泥量较高，有机杂质含量也较多，故质量较差。海砂和河砂表面圆滑，但海砂含盐分比较多，对混凝土和砂浆有一定影响，河砂较为洁净，故应用较广。

砂的粗细程度是指不同粒径的沙粒混合在一起的平均粗细程度。通常有粗砂、中砂、细砂之分。

配制混凝土时，应优先选用中砂。当采用粗砂时，应提高砂率，并保持足够的水泥用量；当采用细砂时，宜适当降低砂率。砌筑砂浆用砂应符合混凝土用砂的技术性质要求。由于砂浆层较薄，对砂子最大粒径有所限制。对于毛石砌体所用的砂，最大粒径应小于砂浆层厚度的1/5～1/4。对于砖砌体以使用中砂为宜，粒径不得大于2.5mm。对于光滑的抹面及勾缝的砂浆则应采用细砂。

五、灰

所谓的灰是指石灰和石膏。石膏、石灰、水泥属无机胶凝材料（工地常将无机胶凝材料俗称为灰）。无机胶凝材料可按照其硬化条件分为气硬性和水硬性两种。只能在空气中硬化的称为气硬性胶凝材料，如石灰、石膏、气硬性胶凝材料一般只适应于地上或干燥的环境，不宜适用于潮湿的环境，更不可用于水中。搅拌后既能在空气中又能在水中硬化的称为水硬性胶凝材料，如水泥。水硬性胶凝材料既适用于地上，也适用于地下或水中。沥青和各种树脂属有机胶凝材料。

1. 石膏

我国石膏资源丰富，已探明天然石膏储量为471.5亿吨，居世界之首。

土木工程中使用最多的石膏品种是建筑石膏，建筑石膏加水后拌制的浆体具有良好的可塑性。建筑石膏的凝结较快，加水后几分钟内即可失去流动性，30min产生强度。凝结硬化时，体积不收缩，而是略有膨胀（膨胀值约为1%左右）。建筑石膏具有很好的防火性能、隔热性能和吸声性能，具有良好的装饰性和可加工性。建筑石膏的应用很广，除用于室内抹面、粉刷外，更主要的用途是制成各种石膏制品。

常见的有：纸面石膏板、石膏装饰板、纤维石膏板、石膏空心条板、石膏空心砌体和石膏夹心砌块等。石膏还可用来生产各种浮雕和装饰品，如浮雕饰线、艺术灯圈、角花等。

石膏制品具有轻质、新颖、美观、价廉等优点。但强度较低、耐水性能差。为了提高石膏的强度及耐水性，近年来我国科研工作者先后研制成功多种石膏外加剂（如石膏专用碱水增强剂），给石膏的应用提供了更广阔的前景。

2. 石灰

石灰是在土木工程中使用较早的矿物胶凝材料之一。石灰的原料石灰石分布很广，生产工艺简单，成本低廉，所以一直应用广泛。石灰石的主要成分是碳酸钙，将石灰石煅烧，碳酸钙将分解成为生石灰。

工程上使用石灰时，通常将生石灰加水，使之消解成消石灰（氢氧化钙），这个过程称为石灰的“消化”，又称石灰的“熟化”。生石灰在化灰池中熟化后，通过筛网流入储灰坑。石灰浆在储灰坑中沉淀并除去上层水分后成为石灰膏。

生石灰熟化为石灰浆时，能自动形成颗粒极细的呈胶体分散状态的氢氧化钙，表面吸附一层厚的水膜。因此用石灰调成的石灰砂浆的突出优点是具有良好的可塑性，在水泥砂浆中掺入石灰浆，也可使可塑性显著提高。

六、木材

木材是一种古老的材料。由于具有一些独特的优点，在出现众多的新型土木工程材料的今天，木材仍在工程中占有重要地位。

木材在大气环境下性能稳定，不易变质，许多木造建筑物可使用上千年。坐落在杭州钱塘江畔的六和塔（见图 2.3），至今已有 1000 多年的历史。

图 2.3　六和塔

另外木材还有很多其他的优点，如：轻质高强；易于加工（如锯、刨等）；有高强的弹性和韧性；能承受冲击和振动作用；导电和导热性能低；木纹美丽；装饰性好等。但木材也有缺点，如构造不均匀，各向异性；易吸湿、吸水，因而产生较大的湿胀、干缩变形；易燃、易腐等。不过，这些缺点经过加工和处理后，可得到很大程度的改善。

木材是由树木加工而成的，树木分为针叶树和阔叶树两大类。

针叶树树干通直而高大，易得大材，纹理平顺，材质均匀，木质较软而易加工，故又称软木材。常用树种有松、杉、柏等。阔叶树树干通直部分一般较短，材质较硬，较难加工，故又称硬木材。常用树种有榆木、水曲柳、柞木等。

木材的构造决定了木材的性能，针叶树和阔叶树的构造不完全相同。为了便于了解木材的构造，将树干切成三个不同的切面。

树木可分为树皮、木质部和髓心三个部分。木材主要使用木质部。木材的纹理（作用力方向与纤维方向平行）强度和横纹（作用力与纤维方向垂直）强度有很大的差别。木材各种强度的关系见表 2.1。

表 2.1　木材各种强度的关系

抗压		抗拉		抗弯	抗剪	
顺纹	横纹	顺纹	横纹		顺纹	横纹
1	1/10～1/3	2～3	1/20～1/3	1.5～2	1/7～1/3	1/2～1

影响木材强度的主要因素为含水率（一般含水率高，强度降低），温度（温度高，强度降低），荷载作用时间（持荷时间长，强度下降）及木材的缺陷（木节、腐朽、裂纹、翘曲、病虫害等）。

工程中木材常分为原木、锯材及各类人造板材。

第二节　近代土木工程材料

一、钢材

从19世纪初，人类开始将钢材用于建造桥梁与房屋。到19世纪中叶，钢材的品种、规格、生产规模大幅度增长，强度不断的提高，相应地钢材的切割和连接等加工技术也大为发展，为建筑结构向大跨重载方向发展奠定了重要基础。与此同时，钢筋混凝土问世，并在20世纪30年代出现了预应力混凝土，使近代土木工程结构的形式和规模发生了飞跃性的进展。

土木工程用的钢材是指用于钢结构的各种型材（如圆钢、角钢、工字钢等）、钢板、管材和用于钢筋混凝土中的各种钢筋、钢丝等（见图2.4）。

图2.4　圆钢

钢筋强度高，与石材、混凝土等材料相比，构件的截面尺寸小。同时金属材料具有光泽，外表华美，给人以明快感。以钢结构为主体的建筑在高层楼房中比比皆是，如香港中银大厦（见图2.5）。

钢材是在严格的技术控制条件下生产的，品质均匀致密，抗拉、抗压、抗弯、抗剪切强度都很高。常温下能承受较大的冲击和振动荷载。钢材具有良好的加工性能，可以铸造、锻压、焊接、铆接和切割，便于装配。

土木工程中使用的钢材可以划分为钢结构用钢材（型材）和钢筋混凝土用钢材（线材）两大类，型钢主要指轧制成的各种型钢、钢轨、钢板、钢管等。线材主要指钢筋或钢丝。土木工程常用的钢筋有粗钢筋和细钢筋。钢丝有碳素钢丝、刻痕钢丝和钢绞线。

二、水泥

水泥从诞生至今的170多年发展历程中，为人类社会进步及经济发展做出了巨大的贡献，与钢材、木材一起并称为土木工程的三大基础材料。由于水泥具有原料资源较易获得、相对较低的成本、良好的工程使用性能以及与环境有较好的相容性，在目前乃至未来相当长

图 2.5　香港中银大厦

的时期内，水泥仍将是不可替代的土木工程主要材料。

1. 水泥的定义和分类

水泥是粉状的水硬性胶凝材料，即加水拌和成塑性浆体，能在空气中和水中凝结硬化，可将砂、石子等材料胶结成整体，并形成坚硬石材的材料。

水泥按其用途及性能分为三大类：通用水泥、专用水泥、特性水泥。水泥按其主要水硬性物质名称分为：硅酸盐水泥、铝酸盐水泥、硫铝酸盐水泥、氟铝酸盐水泥、磷酸盐水泥，以火山灰性或潜在水硬性材料及其他活性材料为主要组分的水泥。

2. 硅酸盐水泥

根据国家标准 GB 175—1999 规定，凡由硅酸盐水泥熟料、0～5％石灰石或粒化高炉矿渣、适量石膏磨细制成的水硬性胶凝材料，称为硅酸盐水泥（波特兰水泥）。

硅酸盐系水泥为干粉状物，加适量的水并拌和后便形成可塑性的水泥浆体，水泥浆体在常温下会逐渐变稠直到开始失去塑性，这一现象称为水泥的初凝。随着塑性的消失，水泥浆开始产生强度，此时称为水泥的终凝。水泥浆由初凝到终凝的过程称为水泥的凝结。水泥浆终凝后，其强度会随着时间的延长不断增长，并形成坚硬的水泥石，这一过程称为水泥的硬化。

3. 其他品种水泥

在实际施工中，往往会遇到一些有特殊要求的工程，如紧急抢修工程、耐热耐酸工程、新旧混凝土搭接工程等。对这些工程，前面介绍的几种水泥均难以满足要求，需要采用其他品种的水泥，如快硬硅酸盐水泥、高铝水泥、白色硅酸盐水泥等。

（1）快硬硅酸盐水泥　凡以硅酸盐水泥熟料和适量石膏磨细制成的，以 3d 抗压强度表示标号的水硬性胶凝材料称为快硬硅酸盐水泥（简称快硬水泥）。其初凝时间不得早于 45min，终凝时间不迟于 10h。由于快硬水泥凝结硬化快，故适用于紧急抢修工程、低温施工工程和高标号混凝土预制件等。但在储存和运输中要特别注意防潮，施工时不能与其他水泥混合使用。另外，这种水泥水化放热量大而迅速，不适合用于大体积混凝土工程。

（2）快凝快硬硅酸盐水泥　以硅酸钙、氟铝酸钙为主的熟料，加入适量石膏、粒化高炉矿渣、无水硫酸钠，经过磨细制成的一种凝结快、小时强度增长快的水硬性凝胶材料，称为快凝快硬硅酸盐水泥（简称为双快水泥）。

双快水泥主要用于军事工程、机场跑道、桥梁、隧道和涵洞等紧急抢修工程。同样不得与其他品种水泥混合使用，并注意放热量大而迅速的特点。

(3) 白色硅酸盐水泥　由白色硅酸盐水泥熟料加入适量石膏，磨细制成的水硬性胶凝材料，称为白色硅酸盐水泥（简称白水泥）。磨制水泥时，允许加入不超过水泥质量5%的石灰石或窑灰作为外加剂。白度是白水泥的一个重要指标。我国白水泥的白度分为四个等级。根据白度及标号，又分为优等品、一等品和合格品。

白水泥强度高，色泽洁白，可配制彩色砂浆和涂料、白色或彩色混凝土、水磨石、斩假石等，用于建筑物的内外装修。白水泥也是生产色彩水泥的主要原料。

(4) 高铝水泥　高铝水泥是一种快硬、高强、耐热及耐腐蚀的胶凝材料。主要特征有早期强度高、耐高温、耐腐蚀。高铝水泥主要用于工期紧急的工程，如国防、道路和特殊抢修工程等，也可用于冬季施工的工程。

(5) 膨胀水泥　由硅酸盐水泥熟料与适量石膏和膨胀剂共同磨细制成的水硬性胶凝材料，称为膨胀水泥。按水泥的主要成分不同，分为硅酸盐、铝酸盐和硫铝酸盐型膨胀水泥；按水泥的膨胀值及其用途不同，又分为收缩补偿水泥和自应力水泥两大类。

前述各种水泥的共同特点是在硬化过程中产生一定收缩，可能造成裂纹、透水和不适用于某些工程的使用。膨胀水泥在硬化过程中不但不收缩，而且有不同程度的膨胀。膨胀水泥除了具有微膨胀性能外，也具有强度发展快、早期强度高的特点，可用于有抗渗要求的工程、要求补偿收缩的混凝土结构、要求早强的工程结构节点浇筑等。

三、混凝土

广义的混凝土包括采用各种有机、无机、天然、人造的胶凝材料与粒状或纤维填充物相混合而形成的固体材料。从远古时代起，中国、古埃及和古罗马的人们就用烧石灰、烧黏土、烧石膏及石灰加火山灰作为胶凝材料配制了混凝土，但以石灰、石膏等气硬性胶凝材料制作的混凝土有不耐水的缺点，而石灰、火山灰虽然具有一定的水硬性，但其力学性能和耐久性等远不能满足人类对包括混凝土在内的土木工程材料的要求。直到1824年Aspdin发明了波特兰水泥（硅酸盐水泥）之后，以水泥作为胶凝材料的混凝土开始问世，随后在1850年和1928年先后出现了钢筋混凝土和预应力混凝土，混凝土从此得到了广泛的应用。目前，它已是世界上用量最大、使用最广泛的土木工程材料。

混凝土是由胶结材料、骨料和水按一定比例配制，经搅拌振捣成型，在一定条件下养护而成的人造石材。混凝土具有原料丰富、价格低廉、生产工艺简单的特点，因而其用量越来越大。同时混凝土还具有抗压强度高、耐久性好、强度等级范围宽等优点。

由于混凝土本身自重大，因此由混凝土材料构成的建筑物具有厚重、坚实、有力的外观效果。

1. 混凝土的种类

混凝土的种类很多。按胶凝材料不同，分为水泥混凝土（又称普通混凝土）、沥青混凝土、石膏混凝土及聚合物混凝土等；按表面密度不同，分为重混凝土（$\rho>2600kg/m^3$）、普通混凝土（$\rho=1950\sim2600kg/m^3$）、轻混凝土（$\rho<1950kg/m^3$）；按使用功能不同，分为结构混凝土、道路混凝土、水工混凝土、耐热混凝土及防辐射混凝土等；按施工工艺不同，又分为喷射混凝土、泵送混凝土、振动灌浆混凝土等。

为了克服混凝土抗拉强度低的缺陷，人们还将水泥混凝土与其他材料复合，出现了钢筋混凝土、预应力混凝土、各种纤维增强混凝土及聚合物混凝土等。

此外，随着混凝土的发展和工程的需要，还出现了膨胀混凝土、加气混凝土、纤维混凝土等各种特殊功能的混凝土。目前，混凝土仍向着轻质、高强、多功能、高效能的方向发展。发展复合材料、不断扩大资源，发展预制混凝土和使混凝土商品化也是今后发展的重要方向。

2. 普通混凝土

普通混凝土是由水泥、粗骨料（碎石或卵石）、细骨料（砂）和水拌和，经硬化而成的一种人造石材。砂、石在混凝土中起骨架作用，并抑制水泥的收缩；水泥和水形成水泥浆，包裹在粗细骨料表面并填充骨料间的空隙。水泥浆体在硬化前起润滑作用，使混凝土拌和物具有良好的工作性能，硬化后将骨料胶结在一起，形成坚强的整体。

3. 特种混凝土

土木工程中，除了使用普通水泥混凝土外，为满足工程的特殊用途，在某些工程中经常使用特种水泥混凝土（采用新型材料、工业废料或采用新的工艺制成）。

（1）轻骨料混凝土（轻质混凝土、轻骨料混凝土） 用轻质粗骨料、轻质细骨料（或普通砂）、水泥和水配制而成的，干表观密度不大于 $1950kg/m^3$ 的混凝土叫轻骨料混凝土。轻骨料混凝土是一种轻质、高强、多功能的新型土木工程材料。

（2）纤维增强混凝土（简称 FRC） 为了克服混凝土抗拉强度低、抗裂性差、脆性大的缺点，各国材料科研工作者近 20 年来进行了大量的研究工作，认为采用以纤维来增强混凝土的方法，能有效克服以上缺点。纤维增强混凝土是由不连续的短纤维均匀地分散于水泥混凝土基材中形成的复合混凝土材料。纤维水泥混凝土中，韧性及抗拉强度较高的短纤维均匀分布于水泥混凝土中，纤维与水泥浆基材的黏结比较牢固，纤维间相互交叉和牵制，形成了遍布结构全体的纤维网。因此纤维水泥混凝土的抗拉、抗弯、抗裂、抗疲劳、抗振及抗冲击能力得以显著改善。

各种纤维水泥混凝土以其优良的性能，使其在土木工程中得到广泛应用。例如飞机场跑道、路面及桥面、基础预制桩、薄层结构、隧道衬砌及覆面、防波堤、海洋工程构筑物、薄壁结构、承受高温或低温的结构、防爆防裂的结构、有较高抗振要求的结构和构件等。

（3）聚合物混凝土 聚合物混凝土是用有机聚合物作为组成材料的混凝土，分为聚合物浸渍混凝土（简称 PIC）、聚合物水泥混凝土（简称 PCC）和聚合物胶结混凝土（简称 PC）等三种。

（4）碾压混凝土 混凝土中水泥和水的用量较普通混凝土显著减少，同时还大量掺加工业废渣。碾压混凝土水灰比小，以及用碾压设备压实，施工效率高。碾压混凝土路面的总造价可比水泥混凝土路面降低 10%～20%，碾压混凝土由于内部结构密实强度高，水泥用量少且胶结能力得以充分发挥、干缩性小、耐久性好、所以它不仅在道路或机场工程中是十分可靠的路面或路面基层材料，在水利工程中是抗渗性和抗冻性良好的筑坝材料、也是各种大体积混凝土工程的良好材料。

（5）自密实混凝土 一般混凝土的成型密实主要靠机械振捣，这不仅劳动强度大，易出质量事故，并且有噪声影响居民的工作和生活，现在已研制出有大流动度的混凝土，可自行密实到每一个角落，硬化后有很高的强度。

除上述之外，还有抗渗能力佳、抗冲、耐磨、抗蚀能力强的硅粉混凝土，已应用于龙羊峡水电站和葛洲坝泄水闸的修补工程。具有环保和经济效益的粉煤灰混凝土，在大体积混凝土、耐腐蚀混凝土、水工混凝土、碾压混凝土、防水混凝土、泵送混凝土、蒸氧混凝土，甚至高强混凝土结构中均有广泛的应用前景，在研究和应用方面居国际领先地位的特细砂混凝土，在就地取材、综合利用当地资源、节省运输费用、降低混凝土成本等方面，具有重要意义。国外最近研制出的透明混凝土，将成为新型建筑装饰的材料。

还有一些特种混凝土，如防水混凝土、耐酸混凝土、耐火混凝土、防辐射混凝土、自应力混凝土等，均有良好的应用。总之，随着科学技术的发展，特种混凝土的品种和质量不断增多和提高，应用前景也越来越广泛。

4. 钢筋混凝土与预应力钢筋混凝土

钢筋混凝土是指配制钢筋的混凝土。为克服混凝土抗拉强度低的弱点，在其中合理的配置钢筋可充分发挥混凝土抗压强度高和钢筋抗拉强度高的特点，使其共同承担荷载并满足工程结构的需要。钢筋混凝土是使用最多的一种结构材料。

预应力钢筋混凝土通过张拉钢筋，产生预应力。采用预应力钢筋混凝土可以提高制品或构件的抗拉能力，防止或推迟混凝土裂缝的出现，因而能使制品或构件的抗裂度、刚度、耐久性都大大提高，减轻自重，节约材料。预应力的产生方法，按张拉钢筋的方法可分为机械法、电热法、化学法；按施加预应力的时间可分为先张法和后张法。

第三节　现代土木工程材料

如果说19世纪钢材和混凝土作为结构材料的出现使土木工程的规模产生了飞跃性的发展，那么20世纪出现的高分子材料、新型金属材料和各种复合材料，使土木工程的功能和外观发生了根本性的变革。

一、沥青、沥青制品

沥青材料是由一些极其复杂的高分子碳氢化合物和其他非金属（氧、硫、氮）衍生物组成的混合物。沥青按其在自然界中获得的方式，可分为地沥青（包括天然地沥青和石油地沥青）和焦油沥青（包括煤沥青、木沥青、页岩沥青等）。以上这些类型的沥青在土木工程中最常用的主要是石油沥青和煤沥青两类，其次是天然沥青。天然沥青在我国亦有较大储量。

沥青除用在道路工程中外，还可以作为防水材料用于房屋建筑，以及用做防腐材料等。沥青混合料是指沥青与矿料、砂石拌和而成的混合料。沥青砂浆是由沥青、矿质粉料和砂所组成的材料。如再加入碎石或卵石，就成为沥青混凝土。沥青砂浆用于防水，沥青混凝土用于路面和车间大面积地面等。

二、防水材料

随着我国新型建筑防水材料的迅速发展，各种防水材料品种日益增多。用于屋面、地下工程及其他工程防水材料，除常用的沥青类防水材料外，已向高聚合物改性沥青、橡胶、合成高分子防水材料方向发展，并在工程应用中取得较好的防水效果。

我国目前研制和使用的高分子新型防水卷材品种有三类：橡胶系防水卷材，主要品种有三元乙丙橡胶、聚氨酯橡胶、丁基橡胶、氯丁橡胶、再生橡胶卷材等；塑料系防水卷材，主要品种有聚氯乙烯、聚乙烯、氯化聚乙烯卷材等；橡塑共混型防水卷材，主要品种有氯化聚乙烯-橡塑共混卷材、聚氯乙烯-橡胶共混卷材等。

新型防水材料还有橡胶类胶黏剂，如聚氨酯防水涂料（又称聚氨酯涂抹防水材料）。新型密封材料，如聚氨酯建筑密封膏（用于各种装配式建筑屋面板、楼地面、阳台、窗框、卫生间等部位的接缝，施工缝的密封，给排水管道储水池等工程的接缝密封，混凝土裂缝的修补）；丙烯酸酯建筑密封膏（用于混凝土、金属、木材、天然石料、砖、砂浆、玻璃、瓦及水泥石之间的密封防水）。

三、玻璃、陶瓷制品

玻璃已广泛地应用于建筑物，它不仅有采光和防护的功能，而且是良好的吸声、隔热及装饰材料。

具有透明性的玻璃用于外墙饰面，使建筑具有现代化气息。当人们走进这种建筑物时，心情就会变得轻快，产生积极的情绪，这就是所营造的气氛和赋予空间的性格。采用玻璃幕墙材料，给人一种现代派的外观效果。

除建筑行业外，玻璃还运用于轻工、交通、医药、化工、电子、航天等领域。各种玻璃的分类、主要特点和用途如表 2.2 所示。

表 2.2 各种玻璃的分类、主要特点及用途

分类		特点	用途
平板玻璃	普通平板玻璃	用引上、平拉等工艺生产，是大宗产品，稍有波筋	普通建筑物
	吸热平板玻璃	有吸热(红外线)功能	防晒建筑等
	磨光平板玻璃	表面平整，无波筋，无光学畸变	制镜、高级建筑等
	浮法平板玻璃	用浮法工艺生产，特性同磨光平板玻璃	制镜、高级建筑等
	夹丝平板玻璃	玻璃中央金属丝网，有安全、防火功能	安全围墙、透光建筑
	压花平板玻璃	透漫射光，不透视，有装饰效果	门窗及装饰屏风
装饰玻璃	釉面玻璃	表面施釉，可饰以彩色花纹图案	装饰门窗、屏风
	镜玻璃	有反射功能	制镜、装饰
	拼花玻璃	用工字铅(或塑料)条拼接图案花纹	装饰、门窗
	磨(喷)砂玻璃	透漫射光，可按要求制成各种图案	装饰、门窗
	颜色玻璃	各种美丽鲜艳的色彩	装饰等
	彩色膜玻璃	各种美丽鲜艳的色彩，可有热反射功能	装饰、节能等
安全玻璃	钢化玻璃	强度高，耐热冲击，破碎后成无尖角小颗粒	安全门窗等
	夹层玻璃	强度高，破碎后玻璃碎片不掉落	安全门窗等
	防盗玻璃	不易破碎，即使破碎无法进入，可带警报器	安全门窗、橱窗等
	防爆玻璃	能承受一定爆破压冲击，不破碎，不伤人	观察窗口等
	防弹玻璃	防一定口径枪弹射击，不穿透	安全建筑、哨所等
	防火玻璃	平时是透明的能防一定等级的火灾，在一定时间内不破碎，能隔焰、隔烟，并可带防火报警器	安全防火建筑
新型建筑玻璃	热反射玻璃	反射红外线，有清凉效果，调制光线	玻璃幕墙、高级门窗
	低辐射玻璃	辐射系数低，传热系数小	高级建筑门窗等
	选择吸收玻璃	有选择的吸收或反射某一波长的光线	高级建筑门窗等
	防紫外线玻璃	吸收或反射紫外线，防紫外线辐射伤害	文物、图书馆、医疗用品等
	光致变色玻璃	在光照下变色	遮阳
	双层中空玻璃	有保温、隔热、隔音、调制光线等效果，采用热反射、吸热、低辐射玻璃制作效果更好	空调室、寒冷地区建筑
	电致变色玻璃	在一定电压下变色	遮阳、广告等
砖玻璃	特厚玻璃	厚度超过 12mm 的玻璃	玻璃幕墙、安全玻璃
	空心玻璃砖	透漫射光，强度高	透光墙面、屋面等
	玻璃锦砖	色彩丰富，可镶嵌成各种图案	内外墙装饰大型壁画等
	泡沫玻璃	体轻、保温、隔热、防霉、防蛀、施工方便	隔热、保温等
玻璃纤维	玻璃棉	包括岩棉和矿渣棉，体轻、保温、吸声、不燃、耐腐蚀	屋面、墙面、吊顶、保温
	玻璃布	强度高、耐腐蚀，可涂塑、涂沥青、印刷等	作玻璃钢、油毡、防水布、贴墙布、包装布、过滤布等
	窗帘	由玻璃纤维交织涂塑而成，耐风化、耐侵蚀、易清洗、强度高、不蛀、不变形、色彩鲜艳	窗帘及防虫通风材料

陶瓷是由适当成分的黏土经成型、烧结而成的较密实材料。尽管我国陶瓷材料的生产和应用的历史很悠久，但在土木工程中的大量应用，特别是陶瓷材料的性能改进只是近几十年的事情，陶瓷材料也可看做土木工程的新型人造石材。

根据陶瓷材料的原料和烧结密实程度不同，可分为陶质、炻质和瓷质三种性能不同的人造石材。陶质材料密实度较差，瓷质材料成品密实度很大，性能介于陶质材料和瓷质材料之间的陶质材料称为炻质材料。

为改善陶瓷材料表面的机械强度、化学稳定性、热稳定性、表面光洁程度和装饰效果，降低表面吸水率，提高表面抗污染能力，可在陶瓷材料表面覆盖一层玻璃态薄层，这一薄层称为釉料。这种陶瓷材料称为釉面陶瓷材料，其基体多为陶质材料。

常用的陶瓷材料品种可分为以下几类：陶瓷锦砖（马赛克）、陶瓷墙地砖、陶瓷釉面砖、卫生陶瓷。

四、塑料和塑料制品

塑料是以有机高分子化合物为基本材料，加入各种改性添加剂后，在一定的温度和压力下塑制而成的材料。塑料具有以下一些性质；表观密度小、导热性低、强度重量比大、化学稳定性良好、电绝缘性优良、消声吸振性良好及富有装饰性。除了上述优点之外，目前建筑塑料尚存在有些有待改进和解决的问题，那就是弹性模量较小、刚度差和容易老化。

塑料在工业和民用建筑中可生产塑料管材、板材、门窗、壁纸、地毯、器皿、绝缘材料、装饰材料、防水及保温材料等。在基础工程中可制作塑料排水板或隔离层、塑料土工布或加筋网等。在其他工程中可制作管道、容器、黏结材料或防水材料等，有时也可制作结构材料，如膜结构。

五、人造板材及新型复合板材

采用小木块、碎木屑、刨花等木质材料为基材，使用胶凝材料、胶黏剂或夹层材料加工而成的各种人造板材，模仿天然木材的纹理和走向，可达到以假乱真的程度。这些板材用作建筑物的地面、内隔墙板、护壁板、顶棚板、门面板以及各种家具等，大大改善了天然木材尺寸有限、材质不均匀、容易变形等缺陷，提高了木材的利用率和功能。

还有完全不使用天然木材的无机材料人造板材，例如采用含水硅酸钙为主要原料，混合高分子有机化合物与玻璃纤维，在 2.5atm（$1atm=1.0133\times10^5Pa$）下，利用特殊过滤器将水分榨出成型的复合材料（硅钙板），不仅可代替天然的木材，解决人类木材资源不足的问题，而且这种人造木材可耐 1000℃高温，吸水、吸湿后，尺寸及质量不变、不开裂、防水、防火、防腐、防酸，不会被虫蛀，隔热性强，可利用木工机械进行裁切、刨削和钻孔等加工，不易产生微细的粉末，密度只有普通木材的一半，可钉入钉子及拧紧螺丝。通常人造板材有：胶合板、纤维板、刨花板、木丝板、木屑板。

新型复合材料是在传统板材基础上产生的新一代材料，它是复合材料的一种。复合材料包括有机材料和无机材料的复合、金属材料和非金属材料的复合以及同类材料之间的复合等，复合材料使得土木工程材料的品种和功能更加多样化。

1. 钢丝网水泥类夹芯复合板材

它是以两片钢丝网将聚氨酯、聚苯乙烯、脲醛树脂等泡沫塑料、轻质岩棉或玻璃棉等芯材夹在中间，两片钢丝网间以斜穿过芯材的“之”字形钢丝相互连接，形成稳定的三维桁架结构，然后再用水泥砂浆在两侧抹面或进行其他饰面装饰。

钢丝网水泥夹芯复合板材充分利用了芯材的保温隔热和轻质的特点，两侧又具有混凝土的性能，因此在工程施工中具有木结构的灵活性和混凝土的表面质量。

泰柏板具有良好的保温功能，具有隔音性好，抗冻融性好，抗震能力强和建造能耗低等优点。

2. 彩钢夹芯板材

彩钢夹芯板材是以硬质泡沫塑料或结构岩棉为芯材，在两侧粘上彩色压型镀锌钢板，其中外露的彩色钢板表面涂以高级彩色塑料涂层，使其具有良好的耐候性和抗腐蚀能力。

六、吸声隔音材料

当前噪声已成为一种严重的环境污染，建筑物的声环境问题越来越受到人们的关注和重视。选用适当的材料对建筑物进行吸声和隔音处理是建筑物噪声控制过程中最常用最基本的技术措施之一。

材料吸声和材料隔音的区别在于，材料的吸声着眼于声源一侧反射声能的大小，目标是反射声能要小。材料隔音着眼于声源另一侧的透射声能的大小，目标是透射声能要小。吸声材料对入射声能的衰减吸收，一般只有十分之几，因此，其吸声能力即吸声系数可以用小数来表示；而隔音材料是透射声能衰减到入射声能的比例，为方便表达，其隔音量用分贝的计量方法表示。

吸声材料的基本特征是多孔、疏松、透气。对于多孔材料，由于声波能进入材料内相互连通的孔隙中，受到空气分子的摩擦阻滞，由声能转变为热能。对于纤维材料，由于引起细小纤维的机械振动而转变为热能，从而把声能吸收掉。

1. 常用的吸声材料

① 无机材料。包括水泥蛭石板、石膏砂浆（掺水泥玻璃纤维）、水泥膨胀珍珠岩板、水泥砂浆等。

② 有机材料。包括软木板、木丝板、穿孔五夹板、三夹板、木质纤维板等。

③ 多孔材料。包括泡沫玻璃、脲醛泡沫塑料、泡沫水泥、吸声蜂窝板、泡沫塑料等。

④ 纤维材料。包括矿渣棉、玻璃棉、酚醛玻璃纤维板、工业毛毡等。

2. 常用的隔音材料

隔音可分为隔绝空气声（通过空气传播的声音）和隔绝固体声（通过撞击或振动传播的声音）。

① 隔绝空气声。主要服从质量定律，即材料的容积密度越大，质量越大，隔音性越好，因此应选用密实的材料作为隔音材料，如砖、混凝土、钢板等。

② 隔绝固体声。最有效的措施是采用不连续的结构处理，即在墙壁和承重梁之间、房屋的框架和墙板之间加弹性衬垫，如毛毡、软木、橡皮等材料或在楼板上加弹性地毯。

七、绝热材料

绝热材料是保温、隔热材料的总称。一般是指轻质、疏松、多孔、松散颗粒、纤维状的材料，而且越是孔隙之间不相连通的，绝热性能就越好。绝热材料应具有较小的传导热量的能力，主要用于建筑的墙壁、屋面保湿热力设备及管道的保湿；制冷工程的隔热。绝热材料按其成分分为无机绝热和有机绝热材料两大类。

1. 无机绝热材料

（1）石棉及制品　石棉及石棉制品具有绝热、耐火、耐酸碱、耐热、隔音、不腐朽等优点。石棉制品有石棉水泥板、石棉保温板，可用作建筑物墙板、天棚、屋面的保温、隔热材料。

（2）矿渣棉及制品　矿渣具有轻质、不燃、防蛀、价廉、耐腐蚀、化学稳定性强、吸声性能好等特点。它不仅是绝热材料，还可以作为吸声、防振材料。

（3）岩棉及制品　岩棉及其制品（各种规格是板、毡带）具有轻质、不燃、化学稳定性好、绝热性能好等特点。

（4）膨胀珍珠岩及制品　膨胀珍珠岩具有质轻、绝热、吸声、无毒、不燃烧、无臭味等特点，是一种高效能的绝热材料。

2. 有机绝热材料

（1）软木板　软木板耐腐蚀、耐水，只能阴燃不起火焰，并且软木中含有大量微孔，所以质轻，是一种优良的绝热、防振材料。

（2）泡沫塑料　泡沫塑料是以各种树脂为基料，加入一定剂量的发泡剂、催化剂、稳定剂等辅助材料，经加热发泡制成的一种新型轻质、保温、隔热、吸声、防振材料。

（3）蜂窝板　蜂窝板是由两块较薄的面板，牢固地黏结在一层较厚的蜂窝状芯材两面而成的板材，亦称蜂窝夹层结构。面板必须用合适的胶黏剂与芯板牢固地黏合在一起，才能显示出蜂窝板的优异特性，即强度重量比大，导热性低和抗震性能好等多种功能。

（4）多孔混凝土　多孔混凝土有泡沫混凝土和加气混凝土两种，上述两种混凝土最高使用温度≤600℃，用于围护结构的保温隔热。

八、装饰材料

装饰材料是集材料、工艺、造型设计、色彩、美学于一身的材料。对建筑物主要起装饰作用的材料称装饰材料，对装饰材料的基本要求是装饰材料应具有装饰功能、保护功能及其他特殊功能。也就是说，其基本要求固然离不开装饰，但同时还可以满足不同的使用要求（如绝热、防火、隔音）以及保护主体结构，延长建筑物寿命。除此以外还应对人体无害。后者往往易被忽视。

装饰材料主要通过材料的装饰性能来装饰美化建筑物，来提高建筑物的艺术效果。而装饰材料的装饰性能主要是通过材料的色彩、线型图案和质感来体现的。

色彩是构成建筑物外观、乃至影响周围环境的重要因素。不同的色彩给人的感觉的也不尽相同。如白色或浅色会给人以明快、清新之感；深色使人感到稳重端庄；暖色（如红、橙、粉等颜色）使人联想到太阳和火，感觉热烈、奔放；冷色（蓝、绿等颜色）使人联想到大海、蓝天和森林，给人以宁静安逸之感。所以，装饰材料的色彩不同，所产生的装饰效果也差异很大。

线型图案是由立面装饰形成的分格缝与凹凸线条构成的装饰效果（如釉面砖），也可通过仿照其他材料来体现线型，如壁纸中的仿木纹、仿织物纹等。装饰材料表面的图案不同也体现出不同的装饰效果。如壁纸表面图案花样有大有小，适用环境就不相同。

质感就是对材料表面质地的真实感觉。是通过材料表面致密程度、光滑程度、线条变化，以及对光线的吸收、反射强弱不一等产生的光感上的不同效果。如有的材料表面光滑如镜；有的凹凸不平；有的纹理细腻；有的粗犷豪放；有的柔软；有的坚硬；有的亮丽；有的晦暗。质感的不同，不仅与材质有关，还与材料的加工和施工方法有关。如同样是花岗岩板材，剁斧板表面粗糙，显得厚重粗犷，而磨光镜面板则表面光滑细腻；再如装饰砂浆经拉条处理或剁斧加工后其质感不同，前者有类似饰面砖的质感，后者似花岗岩的质感效果。

九、绿色建材

人们经常听到绿色食品、绿色消费、绿色照明、绿色建材、绿色家装等新名词。其实，“绿色”这一词，并非中国人发明。1992 年联合国在巴西的里约热内卢召开了全世界环境与发展首脑会议，会议通过了保护环境保护人类健康的《二十一世纪议程》。期间，国际学术界明确提出了绿色材料的定义：绿色材料是指在原料采取、产品制造、使用或者在循环以及废料处理等环节中对地球环境负荷最小和有利于人类健康的材料。绿色是大自然的本色，代表人类对环保的向往，代表对健康的追求。绿色材料又称生态建材、环保建材和健康建材。它是指采用建材卫生生产技术生产的无毒害、无污染、无放射性、有利于环境保护和人体健康、安全的建筑和装饰材料。“绿色”可以归纳为八个字“环保、健康、安全、节能”。

（一）绿色建材的基本特征

建材生产尽量少用天然资源，大量使用尾矿、废渣、垃圾等废弃物；采用低能耗、无污染环境的生产技术；在生产中不得使用甲醛、芳香族、碳氢化合物等，不得使用铅、镉、铬及其化合物制成的颜料、添加剂和制品；产品不仅不损害人体健康，而且有益于人体健康；产品具有多功能，如抗菌、灭菌、除霉、除臭、隔热保温、防火、调温、消磁、放射线、抗静电等功能；产品可循环和回收利用，无污染废弃物以防止造成二次污染。

（二）绿色建材在国外的发展

在欧洲各国均推行了环保绿色建材的认证，要求所采用的建材必须有无毒、无害、防霉等标准，国家明令禁止非绿色建材上市经营，并且制定了各种检测标准。如德国、丹麦、荷兰、法国，对建成的住宅室内空气中建材的有机挥发物（VOC）标准值定为$<0.2mg/m^3$为合格。根据这一规定，室内的装饰材料，如石膏板、地毯、涂料、胶黏剂等要控制有机挥发物的含量。对墙体材料规定以工业废物为主要原材料，不用或少用黏土砖，同时还要测定废渣的放射物含量不得超过允许值。

在美国、加拿大还建成了健康建筑示范工程$20000m^3$，建成后经测定，无放射性污染，室内VOC含量仅有$0.1mg/m^3$，完全达到健康建筑的各项指标。在日本，从1988年就开始推广“绿色建材”，秩文一小野水泥株式会社已建成50t的生态水泥生产线；日本东陶公司已成批生产防霉防菌、保健型陶瓷制品；铃木公司开发生产出可净化空气的预制板；在兵库、九州等地建成一批健康型住宅。为“绿色材料”的发展起到了推动作用。

（三）“绿色材料”在国内的发展

发展“绿色材料”，改变长期以来存在的粗放型生产方式，选择资源节约型、污染最低型、质量效益型、科技先导型的生产方式是21世纪我国建材工业的必然出路。

我国非常重视可持续发展战略，我国在1992年联合国召开的环境与发展首脑会议上作出郑重的承诺，1994年原国家环保局在6类18种产品中首先实行环境标志，设立中国环境标志产品认证委员会，建材首先对水性涂料实行环境标志，制定环境标志的评定标准，上海、北京等地已开展对“绿色材料”的研制、认证和标准的制定。

我国发展“绿色材料”以1992年联合国环境与发展首脑会议为契机，广泛研制“绿色材料”产品，近几年已取得了初步的成果，如以粉煤灰、煤矸石、矿渣、页岩等废弃物为基料研制的实心砖、空心砖、砌块等产品取代黏土砖已趋于成熟，工程中已大量应用。采用化学石膏制板产品，以磷石膏、脱硫石膏、氟石膏代替天热石膏生产“绿色材料”，可减少天然石膏矿藏的大量开采，是我国解决若干地区酸雨问题的措施之一。充分利用白色污染废弃物，经粉碎后，采用刨花板（中密度板）生产技术生产保温板系列产品、复合夹芯板材产品来代替木材，中国建材研究员开发生产的HB彩乐板即属此类。利用稻草或农植秸秆为填料，加水泥蒸压生产水泥草板，有关稻草板的国家行业标准已经制定，各地均有生产。采用高新技术生产有益于人体健康的多功能“绿色材料”，如抗菌、除霉、除臭、灭菌的陶瓷玻璃产品，以及可调湿、防火、远红外无机内墙涂料，不散发有机挥发物的水性涂料，无毒高效黏结剂。水泥生产企业在我国属于高能耗高污染的企业，是环保治理的重点，发展“绿色材料”，水泥应从综合治理寻求出路。如提高水泥标号，生产多功能水泥，以废渣经过加工代替部分水泥，从而降低水泥产量。生产中改进工艺、降能耗、减少排污和排入大气的二氧化碳，尽量达到环境容许程度。我国年产粉煤灰已超过1亿吨，年产矿渣约8000万吨，是水泥工业使用废渣可靠的供应源。

（四）发展绿色建材的意义

20世纪70年代以来，臭氧层破坏、温室效应、酸雨等系列全球性环境问题的日益加剧，人们已逐步认识到保护赖以生存的地球环境已不再只是政府、民间团体、科研机构的事情，每个人都应以自己的行动来直接参与环境保护工作。

对于土木工程材料而言，在生产、使用过程中，一方面消耗大量的能源，产生大量的粉尘和有害气体，污染大气和环境；另一方面，使用中会挥发出有害气体，对长期居住的人来说，会对健康产生影响。鼓励和倡导生产、使用绿色建材，对保护环境，改善人民的居住质量，做到可持续的经济发展是至关重要的。

谈到空气污染，人们往往只意识到大环境中的大气污染，却对居室内空气污染认识不足，其实，居室内的污染对人体的侵害更为直接。室内污染物质有化学物质、放射性物质、细菌等生物性质。据美国环保局对各类建筑物室内空气连续五年的检测结果表明，迄今已在室内空气中发现有数千种化学物质，其中某些有毒化学物质含量比室外绿化区多20倍，已对人体健康造成威胁。新建筑物完工的前6个月空气中有毒物质含量比室外完工后有害物质含量高100倍。因而致使许多人患上“厌恶建筑物综合征”，即眼鼻不适、头痛、疲劳、恶心和其他一些不适症状，甚至致癌。

然而，对人体健康的无害仅是绿色建材内涵的一个方面，绿色建材的发展战略，应从原料采集、产品的制造、应用过程和使用后的再生循环利用等四个方面进行全面系统的研发。土木工程材料与人类的可持续和谐发展是息息相关的。应该以科学发展观来指导土木工程材料的研究、开发与应用。

小　　结

本章主要学习了土木工程传统、近代、现代土木工程材料的性质、用途、制备和使用方法以及检测和质量控制方法，对保证工程质量、优化工程造价有很好的促进作用，本单元的学习也有助于学生了解工程材料性质与建筑结构的关系，促进学生探索如何改善材料性能。

能力训练题

一、填空题

1. 混凝土的种类很多。按胶凝材料不同，分为________、________、________及________等。

2. 水泥按其用途及性能分为三大类：________、________、________。

3. “绿色”可以归纳为八个字“________、________、________、________”。

二、判断题

1. 工程上使用石灰时，通常将生石灰加水，使之消解成消石灰（氢氧化钙），这个过程称为石灰的“消化”。（　　）

2. 沥青材料是由一些极其复杂的高分子的碳氢化合物和其他非金属（氧、硫、氮）衍生物组成的混合物。（　　）

3. 快硬硅酸盐水泥其初凝时间不得早于45min，终凝时间不迟于5h。（　　）

三、简答题

1. 什么是硅酸盐水泥的凝结硬化？水泥品种有哪些？
2. 混凝土组成是什么？
3. 钢材如何防腐？
4. 非黏土砖烧结时主要成分是什么？

能力拓展训练

实地参观学校周边地区的土木工程，分析其材料。

第二章 基础工程

【知识目标】

- 了解工程地质勘察方法
- 掌握基础类型
- 掌握基础处理方法

【能力目标】

- 正确阅读工程地质勘察报告能力
- 识别区分各种基础类型并选择能力
- 具有地基处理方法与方案选择能力

开章语 人们总是希望选择在地质条件良好的场地上从事工程建设，但有时也不得不在地质条件不良的地基上修建工程。另外随着科学技术的发展，结构物的荷载日益增大，对变形要求也越来越严格，因此原来一般可被评价为良好的地基，也可能在特定条件下必须进行地基处理。工程土质、基础工程、地基处理都是土木工程专业知识的重要构成部分，是专业知识大厦的“地基与基础”。

第一节 工程地质勘察概述

一、工程地质勘察

工程地质勘察（engineering geological investigation）是为研究、评价建设场地的工程地质条件进行的地质测绘、勘探、室内实验、原位测试等工作的统称。为工程建设的规划、设计、施工提供必要的依据及参数。工程地质条件通常是指建设场地的地形、地貌、地质构造、地层岩性、不良地质现象以及水文地质条件等。

工程地质勘察是利用各种勘察手段，开展调查、测绘、勘探、试验等各项工作来研究、掌握工程地质资料。基本内容有：地形、地貌；地层特征；地质构造；不良地质现象；水文地质条件；土石成分分析；建筑材料；地震强度。

工程地质勘察的目的主要是查明工程地质条件，分析存在的地质问题，对建筑地区作出工程地质评价。

工程地质勘察的任务按照不同勘察阶段的要求，正确反映场地的工程地质条件及岩土体性状的影响，并结合工程设计、施工条件，以及地基处理等工程的具体要求，进行技术论证和评价，提出岩土工程问题及解决问题的决策性具体建议，并提出基础、边坡等工程的设计准则和岩土工程施工的指导性意见，为设计、施工提供依据，服务于工程建设的全过程。可行性研究勘察应符合确定场地方案要求。初步勘察应符合初步设计或扩大初步设计的要求，详细勘察应符合施工图设计要求。勘察根据勘察对象的不同，其需要达到的要求也不一样。

二、工程地质勘探方法

（1）探槽　在地质勘查或勘探工作中，为了揭露被覆盖的岩层或矿体，在地表挖掘沟槽是坑探工程之一。探槽一般采用与岩层或矿层走向近似垂直的方向，长度可根据用途和地质情况决定。断面形状一般呈倒梯形，槽底宽0.6m，通常要求槽底应深入基岩约0.3m，探槽最大深度一般不超过3m。槽口宽度B取决于槽底宽度b、槽深h和槽壁倾角θ。其计算公式为：$B=b+2h\cot\theta$。在浮土层中，探槽大多采用手工挖掘。在山坡和较硬的岩层中，采用松动爆破或抛掷爆破方法掘进，再用手工清理。探槽施工简便，成本低，应用较广。

（2）探井　探井能直接观察地质情况，详细描述岩性和分层，利用探井能取出接近实际的原状结构土样。探井的种类按照开口形状可分为圆形、椭圆形、方形和长方形等。圆形探井能在水平方向上承受较大的侧压力，比其他形状的探井安全。

（3）钻孔　在工程地质勘探中，钻孔是最广泛的一种勘探手段，可以获取深部土层的资料。钻进方法可分为以下几种。

① 冲击钻进：利用钻具的重心和向下冲击力使钻头冲击钻孔破碎岩体，对于硬层，一般采用孔底全面钻进、钻粒钻进和金刚石钻进。

② 回转钻进：利用钻进回转使钻头切削刃切削或研磨岩土使之破碎。回转钻进可分为孔底全面钻进和孔底环状钻进。

③ 冲击-回转钻进：冲击-回转钻进也称综合钻进，岩土的破碎是在冲击、回转综合作用下发生的。早期工程地质勘察中，冲击-回转钻进较为广泛应用。

④ 振动钻进：振动钻进先将机械动力所产生的振动力，通过连接杆及钻具传达到圆筒形的钻头周围土中，振动钻进切削土层进行钻进。振动钻进的钻进速度较快，但主要适用于粉土、黏性土层及较小粒径的碎石土层。

三、一般工业与民用建筑岩土工程勘察

房屋建筑和构筑物的岩土工程勘察应在了解荷载、结构类型和变形要求的基础上进行，在工程进入设计阶段前要对建筑物区域进行地质勘察，对土壤的类别进行勘察，以为工程设计提出基础设计依据。其主要工作内容应符合下列规定。

① 查明场地地基的稳定性，地层的类别、厚度和坡度，持力层和下卧层的工程特性、应力和地下水条件等。

② 提供满足设计、施工所需要的岩土技术参数。

③ 确定地基承载力，预测地基沉降及其均匀性。

④ 提出地基和基础设计方案建议。

在可行性研究勘察阶段，应对拟建场地的稳定性和适宜性作出评价，并应符合下列要求。

① 搜集区域地质、地形地貌、地震、矿产和附近地区的岩土工程地质资料及当地的建筑经验。

② 在搜集和分析已有资料的基础上，通过踏勘，了解场地的地层、构造、岩石和土的性质、不良地质现象及地下水等岩土工程地质条件。

③ 对岩土工程地质条件复杂、已有资料不能符合要求，但其他方面条件较好且倾向于选取的场地，应根据具体情况进行岩土工程地质测绘及必要的勘探工作。

确定建筑场地时，在岩土工程地质条件方面，宜避开下列地区或地段。

① 地质现象发育且对场地稳定性有直接危害或潜在威胁。

② 地基土性质严重不良的。

③ 对建筑物抗震危险的。

④ 洪水或地下水对建筑场地有严重不良影响的。

⑤ 地下有未开采的有价值矿藏或未稳定的地下采空区。

在初步勘察阶段应对场地内建筑地段的稳定性作出岩土工程评价，应进行下列主要工作：

① 搜集可行性研究阶段岩土工程勘察报告，取得建筑区范围的地形图及有关工程性质、规模的文件。

② 初步查明地层、构造、岩土物理力学性质、地下水埋藏条件及冻结深度。

③ 查明场地不良地质现象的成因、分布、对场地稳定性影响及其发展趋势。

④ 对抗震设防烈度大于或等于 7 度的场地，应判定场地和地基的地震效应。

在详细勘察阶段应按不同建筑或建筑群提出详细的岩土工程资料和设计所需要的岩土技术参数；对建筑地基应作出岩土工程分析评价，并应对基础设计、地基处理、不良地质现象的防治等具体方案作出论证和建议，主要应进行下列工作：

① 取得附有坐标及地形建筑物总平面布置图，拟建建筑物的地面整平标高，建筑物的性质、规模、结构特点，可能采取的基础形式、尺寸、预计埋置深度，对地基基础设计特殊要求等。

② 查明不良地质现象的成因、类型、分布范围、发展趋势及危害程度，并提出评价与整治所需的岩土技术参数和整治方案建议。

③ 查明建筑物范围各层岩土的类别、结构、厚度、坡度和特性，计算和评价地基的稳定性和承载力。

④ 对需进行沉降计算的建筑物，提供地基变形计算参数，预测建筑物的沉降、差异沉降或整体倾斜。

⑤ 对抗震设防烈度大于或等于 6 度的场地，应划分场地土类型和场地类别；对抗震设防烈度大于或等于 7 度的场地，尚应分析预测地震效应，判定饱和砂土或饱和粉土的地震液化，并应计算液化指数。

⑥ 查明地下水的埋藏条件。基坑降水设计时，应查明水位变化幅度与规律，提供地层渗透性资料。

⑦ 判定水环境和土对建筑材料和金属的腐蚀性。

⑧ 判定地基土及地下水在建筑物施工和使用期间可能产生的变化及对工程的影响，提出防治措施及建议。

四、高层建筑岩土工程勘察

我国习惯上将建筑物按层数分为低层建筑、多层建筑、高层建筑。把 8 层以上的建筑统称为高层建筑。高层建筑对地基勘察的要求很高。

① 地基承载力要求：由于高层建筑荷载大，对地基承载力要求高，因此需要选择承载力比较高的土层作为持力层；同时对地基承载力的评价有较高的要求，在地基承载力不满足时，需要进行地基加固或采用桩基础。

② 变形倾斜要求：高层建筑可能产生地基变形较大，因此需要提供地基土的变形性质指标以作变形验算；同时建筑物重心高，容易产生横向整体倾斜，因此要查清地基土在纵横两个方向的不均匀性。

高层建筑往往位于城市中建筑物密布的街道两侧，构成建筑群中心，因此需要考虑对环境的影响问题，包括施工过程中的基坑、人工降低地下水位、打桩和噪声，以及建筑物建成后的地基沉降对相邻建筑物的影响等。在地震烈度大于7度的地区，高层建筑的抗震设计需要提供场地、地基的地震效应，确定场地和场地土的类别，判定砂土液化的可能性及确定地基土的卓越周期等。

1. 勘探点的布设

① 勘探点的平面布设应根据建筑物体型、荷载的大小、地层结构和均匀性来确定，尤其应满足评价建筑物横向整体倾斜的地层均匀性的要求。

② 当建筑物平面为矩形时，可按双排布设；当为不规则形状时，宜按突出部位的角点和中心点布设。

③ 在层数、荷载和建筑体型变化较大处宜布置适量勘探点。

④ 当为高层建筑比较密集的建筑群，可考虑共用钻探点。有时还可按方格网布设，以适应建筑总群的变化。

⑤ 勘探点的间距一般为15～35m，复杂场地可取小值，简单场地可取大值。控制性勘探点的数量宜为全部勘探点总数的1/2以上。

⑥ 在软土地区、岩溶地区或花岗岩残积土地区，尚应该有地区专门规范要求。

2. 原位测试

为了查明地层的均匀性和确切地评价地基承载力，计算地基的最终沉降量或沉降差，需要对地基进行原位测试。高层建筑原位测试包括静力触探、旁压试验、标准贯入试验、十字剪切试验、注水试验等。

3. 室内试验

除了常规的土工试验外，重点的室内试验主要指剪力试验和固结试验。为计算的承载力和验算基坑边坡等结构物的稳定性，或为地下室挡土墙计算、锚杆设计所需要的抗剪强度指标，均要做剪力试验和固结试验。

4. 地基评价和计算

（1）地基均匀性评价　评价标准为：①高层建筑基础必须有一定的埋深，且一般不能以人工填土作为持力层；②地基持力层和第一下卧层在基础宽度方向上，地层厚度的差值不少于0.05b（b为基础宽度）时，该地层可视为均匀地基，当大于0.05b时，应当计算横向倾斜是否满足要求，若不满足，应采取结构或地基处理措施；③衡量地基土的压缩性，可以把压缩层内的各土层的压缩模量作为评价依据。

（2）地基承载力计算和评价　高层建筑地基承载力必须满足两个方面的要求：①将地基底下的局部塑性变形区限制在一定的范围内，以控制地基不产生整体、局部或冲切破坏而丧失稳定性；②地基变形，尤其是整体倾斜要限制在容许的范围内，同时要进行高层建筑地基沉降验算。

五、公路岩土工程勘察

公路岩土工程勘察工作应按照调查测绘、勘探测试和编制岩土工程报告的程序进行。各勘察阶段的工作内容和工作深度应与公路工程的设计阶段相适应。对工程地质条件简单，工程方案明确的中、小型项目，可以进行阶段详细工程地质勘察。

可行性研究阶段应充分收集已有工程地质、环境地质以及岩土工程的材料，当工程地质与岩土条件复杂，并且已有资料不能满足评价场地技术要求时，应根据工程方案研究的需要进行必要的工程地质勘察工作。

工程地质勘察应重视地质理论的应用，综合利用各种勘察阶段，充分利用已有的资料和科研成果，用经济、合理的勘查工作量取得必要的、可靠的勘察成果，应与公路各设计阶段的要求相适应。

1. 勘察要求

工程地质条件要求分为两类。

(1) 简单的　地形简单，地貌单元少；地层结构简单，无特殊岩土层，基岩分化不严重，基岩面起伏不大；区域地质构造较简单，地下水对工程无不良影响，且其场地稳定。

(2) 复杂的　地形复杂，地貌单元多；地层较复杂，有特殊岩土层，基岩分化严重，基岩面起伏大；区域地质构造复杂，地下水对工程有影响，且其场地内有不良地质现象。

在进行勘察工作时，应区别一般工程或大型的、重要的工程，岩土工程条件简单或复杂的工程，采用不同的深度要求。对方案明确的小型工程和岩土工程条件简单的工程，要求可以从简。

对不良地质地段和特殊性岩土地段，应与一般地段不同，分别采取不同的方法和手段及不同的工作深度进行岩土工程勘察，分项作出评价。

应允许收集且注意利用当地已有的有关文献资料及与公路相关工程的地质勘察、设计和施工方面的图样等，进行对比分析与综合论证。

注意运用新技术、新仪器、新设备、新方法，使工程地质勘察技术具有先进性。

2. 勘察阶段与要求

勘察前应广泛收集有关工程地质勘查报告、航拍照片、卫星照片，熟悉所调查地区的有关地质资料（包括区域地质、工程地质、水文地质、室内试验等成果)，并予以充分利用。

可行性研究勘察阶段应对所收集的地质资料和有关路线控制点、走向和大型结构物进行初步研究，并到现场实地核对验证，适当地利用建议勘探方法和物探，必要时可布置钻探以了解沿线地质概况，为优选路线方案提供地质依据。

初步工程地质勘察阶段应配合路线、桥梁、隧道、路基、路面和其他结构物的设计方案及其比较方案的制订，提供工程地质资料，以供技术经济的论证，达到满足方案的优选和初步设计的需要。对不良地质和特殊性岩土地段，应作出初步分析及评价，还应提出处理办法，为满足编制初步设计文件，提供必需的工程地质资料。

详细工程地质勘察阶段应在批准的初步设计方案的基础上，进行详细的岩土工程勘察，以保证施工图设计的需要。对不良地质和特殊性岩土地段，应作出详细分析、评价和具体的处理方案，为满足编制施工图设计提供完整的地质资料。

对岩土工程地质条件复杂、工程规模大、目前缺乏经验的建设项目，应根据初步设计审批意见，在技术设计阶段，根据需要有针对性地进行岩土工程勘察工作。

对工程地质条件特别复杂的，为进一步查明地质情况，在施工期间宜根据具体情况安排有针对性的工程地质勘查工作。

3. 勘察方法

① 勘察方法应根据勘察阶段要求的内容和深度、所勘察的道路等级、工程规模及其工作难易程度的不同而加以选择。

② 初勘察阶段所采用的勘察方法，主要为工程地质调查与测绘及综合勘察。一般情况下，采用物探、钻探、原位测试与室内试验等，以必要的工作量完成本阶段的勘查任务。

③ 详勘阶段的勘察方法，主要是以钻探、原位测试和室内试验为主，必要时进行物探和工程地质测绘工作，以详细查明工程地质条件。

六、桥梁工程地质勘察

1. 初勘阶段

① 桥梁的勘察应根据工程可行性研究报告的审批意见，在工程可行性研究地质勘察资料的基础上进行初勘。对工程地质条件复杂的特大桥和大桥，必要时，增加技术设计阶段勘察（技勘），对初勘做进一步补充勘察工作。

② 根据初勘合同或初勘任务书的要求进行初勘。

③ 初勘阶段，应对各桥位方案进行工程地质勘察，并对建桥适宜性和稳定性有关的工程地质条件作出结论性评价。

2. 调查与测绘

① 在桥位处必须进行工程地质调查。对工程地质条件复杂的特大桥，应进行工程地质测绘，比例尺用 1∶500～1∶2000，编制桥位工程地质平面图：对一般的特大桥、大桥及复杂中桥，可不进行工程地质测绘。

② 调查与测绘范围。调查范围一般包括对桥梁及其附属工程有影响的工程地质现象。测绘范围一般应包括桥轴线纵向的河床和两岸谷坡或阶地（约 500～1000m），以及横向的河流上、下游各 200～500m；如设计有特殊要求，可增加测绘范围。

3. 桥位详勘

① 查明桥位区域地层岩性、地质构造、不良地质现象的分布及工程地质特性。

② 查明桥梁墩台和其他构造物地基的覆盖层及基岩风化层的厚度、墩台基础岩体的风化与构造破碎程度、软弱夹层情况和地下水情况。测试岩石的物理力学、化学特性，提供地基的基本承载力、桩壁摩阻力、钻孔桩极限摩阻力，作出定量评价。对边坡及地基的稳定性、不良地质的危害程度和地下水影响程度作出评价。对地质复杂的桥基或特大的塔墩、锚锭基础，应采用综合勘察并根据设计需要，可现场鉴定岩土地基特性以补充原工程地质勘察工作的不足。

③ 为测定岩土的工程地质特性，提供可靠的设计参数，应进行原位测试。在墩（台）锚、桩位处的钻孔，均应配合原位测试工作。当采用隔墩（桩）钻探时，应在无钻孔的墩（桩）处进行原位测试，探查地基岩土物理力学特性，以取得有关原位地质资料，并与室内试验成果进行分析对比，为设计提供岩土力学参数。

④ 当水文地质条件复杂的大桥或特大桥需提供基坑涌水量时，应进行抽水试验；当地含有承压水时，应进行观测；当工程地质条件复杂，详勘后仍有遗留地质问题需要查清时，可配合施工进行补充勘察。

⑤ 对墩（台）锚、桩等部分的所有钻孔所取的样品，均应送实验室进行试验；岩土试样的数量、规格、质量要求，应按行业标准的有关要求办理。

⑥ 对岩土工程地质测绘、勘探、测试等成果资料，应进行整理分析，编绘图件，提交完整的岩土工程勘查报告。

七、隧道工程地质勘察

1. 隧道初勘

隧道初勘工作一般与设计阶段同步，提供不同隧道方案的工程地址和水文地质资料。但对于特长隧道、控制路线方案的长隧道及水文工程地质条件极复杂的隧道，原则上应安排超前的工程地质、水文地质勘察和定位观测，其勘察阶段可不受设计阶段限制。

（1）一般工程地质地区隧道位置的选择

① 应选择地质结构简单、地层单一、岩性完整、工程地形较好的地段，在倾斜岩层中，以隧道轴线垂直岩层走向为宜。

② 应选择在山体稳定、山形较完整、山体无冲沟、山洼地形切割不大、无软弱夹层、

岩层基本稳定的地段通过。

③ 应选择地下水影响小、无有害气体、无有用矿产和放射性元素的地层通过。

(2) 不良地质地区隧道位置的选择

① 隧道顺褶曲构造布置时，一般避开褶曲部破碎带两侧，从翼部地质情况较好的一侧通过。

② 隧道尽量避开断层破碎带，特别是必须越过含水丰富的破碎带时，隧道应与之垂直或以大角度斜交通过。

③ 隧道洞身不应在滑坡、错落体内通过；如必须通过此类地段时，应使洞身埋置在错落体或滑动面以下一定深度的稳固地层中。

④ 通过岩堆地段时，若经查明岩堆密实稳定，可以修建隧道，但应避免洞身置于岩堆与基岩接触面处。如属不稳定的岩堆，隧道应移于基岩中，并留有足够的安全厚度。

⑤ 隧道穿过泥石流沟床下部时，应使洞身置于基岩中或稳定的地层中，并保证拱顶以上有一定的安全覆盖厚度。如采用明洞方案时，明洞基础应置于基岩或牢固可靠的地基上，明洞洞顶回填应考虑河床下切和上涨及其相互转化的可能情况，并加以不小于0.5m的安全覆盖厚度。

⑥ 尽量避开易溶岩与难溶的接触带，尽量避开流砂地段；无法避开时，应选择其相对稳定地段以短距离通过。隧道尽量避开结构松散的冰碛层；必须通过冰碛层时，隧道宜避免穿越煤系地层和瓦斯含量较高的地带处。

(3) 水下隧道位置的选择

① 应具有良好的工程地质和水文地质条件，尽量选在古老岩浆岩或沉积岩等比较坚硬、连续沉积或相对稳定的岩层中。在选定轴线时，应尽量避开大断裂破碎带及软弱夹层地带等，严禁水下隧道轴线走向和断层走向一致，当避开有困难时，可垂直通过大断层。

② 隧道轴线尽量选在岩体完整、岩性坚硬、无溶洞、无断层带及河床冲刷后淤积的覆盖层较薄而又无大冲沟的地段。

③ 应尽量选择在厚层状隔水层或含水较少的不透水地通过；隧道应避免通过地下水中含有对混凝土有危害的盐类蚀性物质。

④ 水下隧道宜选在河床顺直、河道较窄、河水较浅的地段；若难满足上述条件，则应考虑河幅宽窄与河水深浅的关系，作多方案比较。

⑤ 隧道宜选在两岸山体整齐、河床段引道线形顺直的地段，并根据地质条件作出详细的评价。

2. 详勘内容

① 在初勘的基础上进一步开展深入细致的工程地质勘察工作，着重查明和解决初勘时未能查明的地质问题，补充、核对初勘地质资料。

② 根据地质特征，进一步分析隧道，地质条件极复杂的水下隧道，就初勘提出的重大地质问题和建议，应进行深入调查、勘探，得出可靠结论。

③ 正确评价隧址区的工程地质、水文地质条件及其发展趋势；提供设计施工所需的定量指标、整治措施及注意事项等。

八、工程地质勘察报告

岩土工程勘察报告是建筑地基基础设计和施工的重要依据。在保证实验资料准确可靠的基础上，文字报告和有关图表应按合理的程序编制。要重视现场编录、原位测试和实验资料检查校核，使之相互吻合，相互印证。地基岩土分层是一个重要环节，要根据岩土地质时代、土的成因类型、岩土性质及状态、岩石风化程度和物理力学特征合理划分。岩土的工程力学性质根据原位测试和实验资料的数理统计值综合判定。报告要充分搜集利用相关的工程地质资料，做到内容齐全，论据充足，重点突出，正确评价建筑场地条件、地基岩土条件和特殊问题，为工程设计和施工提供合理适用的建议。

工程地质勘察报告主要包括以下几部分（不同类别的勘察报告略有区别）。

① 工程概况。

② 场地岩土工程条件。

③ 岩土工程分析与评价。

④ 结论与建议。

⑤ 附表。包括钻孔主要地层数据表、钻孔原位测试成果表、土工试验成果总表、各土层主要物理力学性质参数统计表。

⑥ 附图。包括平面布置图、工程地质柱状图、工程地质剖面图。

九、工程勘察发展趋势

我国工程勘察行业是从20世纪50年代参照前苏联模式建立起来的，当时在国务院各部门、各地区陆续建立了工程勘察单位，有一部分是独立的，但更多的是附属在设计院内，作为设计院附属的二级单位。其主要业务是为设计配套服务，提供设计需要的勘察资料，在当时的历史条件下，为我国的工程建设事业作出了不可磨灭的贡献。进入20世纪80年代以来，我国的工程勘察行业不论是从改革原有体制弊端上，还是在技术发展上，都有了显著的进展，特别是作为工程勘察主专业之一的工程地质勘察向岩土工程转化，从原来单一的勘察扩展到包括岩土工程勘察、岩土工程设计、岩土工程监测、岩土工程治理、岩土工程监理与岩土工程咨询五个方面，业务范围有了很大拓展，对工程建设所起的作用也越来越大，工程勘察得到了国家建设主管部门和建筑行业的公认。随着岩土工程体制的逐步形成，勘察行业成为设计与施工之间的一个独立行业，并与设计、施工、监理一起构成了建筑行业的重要组成部分，得到了社会的认可。随着工程勘察行业的进一步发展，我国加入WTO后与国际接轨的需要及国家建设主管部门的政策要求，工程勘察行业面临着一个新的发展阶段，其发展方向和趋势也面临新的调整，以适应社会发展的需要。

1. 服务内容将细分

工程勘察是配合工程设计发展起来的。工程勘察究竟起什么作用呢？勘察大师张苏民总结工程勘察有两个作用：一是认知作用：二是咨询作用。可以说，20世纪80年代以前，套用前苏联模式时，工程勘察体现的主要是认知作用，当时的勘察是通过必要的勘察手段和工作，认识地基岩土的物理力学属性，为设计提供必要的依据。那时勘察报告内容就是论述地质条件，提供地基岩土的物理力学指标、参数以供设计使用。20世纪80年代后期，提倡岩土工程后增加了工程勘察的咨询作用，倡导工程勘察报告体现岩土工程特色，国家收费标准中也规定了体现岩土工程报告特色的增加25%收费，体现了行业引导勘察向岩土工程拓展。这以后勘察报告不光包括了原有的内容，还增加了地基基础的建议、地基处理的建议方案论证甚至具体方案、基坑支护方法的论证甚至方案，以及施工方法等方面内容。一个勘察报告可以说涉及了岩土工程勘察、设计、施工内容，有时甚至涉及检测内容。每个勘察单位大都设有岩土工程公司，也都逐步具备了岩土工程勘察、设计、施工、检测、监测的能力。这对勘察单位开展岩土工程业务、拓宽工程勘察业务范围起到了积极作用。基坑支护、桩基施工、地基处理业务也由建筑施工单位逐步转移到工程勘察单位来进行，这的确是勘察行业一大进步。

2. 原位测试技术将得到重视

岩土工程迄今为止仍是一门半经验半理论的学科，浅基础和深基础承载力仍不能用现有的土力学理论和试验参数计算出符合实际的结果。不同的土层物理力学性质差别也是非常大的。在此情况下，现阶段勘察行业需要重视原位测试试验，需要积累大量的试验资料以揭示地层的规律，以加强土的基本性质的试验研究。在高、重、深工程，在特殊性土、软土地区，原位测试的应用显得特别重要。今后发展的趋势是，将原位测试成果与工程地质条件相同的已有工程反推的有关参数、载荷试验成果进行对比，求得相关关系，以提高提供的设计参数的精度和应用效果。

目前原位测试手段很多，如载荷试验、旁压、静探、标贯、动探、扁铲侧胀仪、十字板剪切等。有些手段在适用的地层也已经积累了一定的经验，达到了工程应用程度。随着经验的不断积累，原位测试技术必将发挥更大的作用，对地层性质的认识也将更加深入。原位测试验技术、试验装置也会在应用中得到发展和进步。

3. 勘察单位面临技术创新的要求

技术创新是企业发展的基础。随着勘察行业业务的拓宽，市场竞争的日益激烈，技术创新将会是每一个勘察单位的追求，要想获得一个好的生存环境，勘察单位必须应用新技术、新工艺，采用新的生产方式和经营管理模式，提高产品质量，开发新技术，提供新的服务，占据市场并实现市价值。

4. 注册岩土工程师制度

企业自律就是要落实国务提出的工程质量终身责任制，勘察设计单位要对工程质量负终身责任，内部建立质量责任制。我国已启动注册岩土工程师制度，今后，针对勘察院来说，法人和执业注册人员对勘察文件和审核签字的文件要负质量责任，这也符合谁勘察谁负责的国际惯例，这将是今后行业的一个发展方向。

注册岩土工程师对一个单位具有非常重要的作用。注册岩土工程师制度启动以后，一个单位如果没有注册岩土工程师，报告的签发就会有问题。一个单位拥有注册岩土工程师的数量将是单位能力和技术水平的体现。

第二节 基础类型

一、浅基础

一般而言，基础多埋置于地面以下，但诸如码头桩基础、桥梁基础、地下室箱形基础等均有一部分在地表之上。通常把位于天然地基上、埋置深度小于 5m 的一般基础（柱基或墙基）以及埋置深度虽超过 5m，但小于基础宽度的大尺寸基础（如箱形基础），统称为天然地基上的浅基础。基础的形式各异，基本可分为以下类型。

1. 按基础刚度分类

（1）刚性基础　刚性基础是由砖、石、素混凝土或灰土等材料做成的基础，可分为砖基础、砌石基础、混凝土基础等类型。

（2）扩展基础　当刚性基础不能满足力学要求时，可以做成钢筋混凝土基础，称为扩展基础。

扩展基础是指柱下钢筋混凝土单独基础和墙下钢筋混凝土条形基础，由于不受刚性角限制，设计上可以做到宽基浅埋，充分利用浅层好土层作为持力层。与刚性基础相比较，钢筋混凝土基础具有较大的抗拉、抗弯能力，能承受较大的竖向荷载和弯矩，因此，钢筋混凝土扩展基础普遍应用于单层和多层结构中，柱下扩展基础和墙下扩展基础一般做成锥形和台阶形。对于墙下扩展基础，当地基不均匀时，还要考虑墙体纵向弯曲的影响。这种情况下，为了增加基础整体性和加强基础纵向抗弯能力，墙下扩展基础可采用有肋的基础形式。

2. 按构造分类

基础竖向尺寸与其平面尺寸相当，侧面摩擦力对基础承载力的影响可忽略不计。包括独立基础、条形基础、筏形基础、箱形基础、壳体基础等。

(1) 独立基础　是柱基础中最常用和最经济的形式。也可分为刚性基础和钢筋混凝土基础两大类。刚性基础可用砖、毛石或素混凝土，基础台阶高宽比（刚性角）要满足规范规定。一般钢筋混凝土柱下宜用钢筋混凝土基础，以符合柱与基础刚接的假定。

(2) 条形基础　是基础长度远远大于宽度的一种基础形式。按上部结构分为墙下条形基础和柱下条形基础，基础的长度大于或等于10倍基础宽度。

条形基础的特点一，布置在一条轴线上且与两条以上轴线相交，有时也和独立基础相连，但截面尺寸与配筋不尽相同。

条形基础的特点二，横向配筋为主要受力钢筋，纵向配筋为次要受力钢筋或者是分布钢筋，主要受力钢筋布置在下面。

墙下条形基础和柱下条形基础（单独基础）统称为扩展基础。扩展基础的作用是把墙或柱的荷载侧向扩展到土中，使之满足地基承载力和变形的要求。扩展基础包括无筋扩展基础和钢筋混凝土扩展基础。

(3) 筏形基础　用于多层与高层建筑，分平板式和梁板式。由于其整体刚度相当大，能将各个柱子的沉降调整得比较均匀。

(4) 箱形基础　由钢筋混凝土底板、顶板和纵横墙体组成的整体结构，其抗弯刚度非常大，只能发生大致均匀的下沉，但要严格避免倾斜。箱形基础是高层建筑广泛采用的基础形式。但其材料用量较大，且为保证箱基刚度要求设置较多的内墙，墙的开洞率也有限制，故箱基作为地下室时，对使用带来一些不便。因此要根据使用要求比较确定。

(5) 壳体基础　烟囱、水塔、贮仓、中小型高炉等各类筒形构筑物基础的平面尺寸较一般独立基础大，为节约材料，同时使基础结构有较好的受力特性，常将基础做成壳体形式，称为壳体基础。其常用形式有正圆锥壳、M型组合壳、内球外锥组合壳等。

二、深基础

位于地基深处承载力较高的土层上，埋置深度大于5m或大于基础宽度的基础，称为深基础，如桩基、地下连续墙、墩基和沉井等。

桩可根据桩身材料、施工方法、成桩过程中挤土效应、承载性状及使用功能等进行分类。

(1) 按桩身材料分类　按桩身材料不同，可将桩划分为木桩、混凝土桩、钢筋混凝土桩、钢桩、其他组合材料桩。

(2) 按施工方法分类　按施工方法可分为预制桩、灌注桩两大类。

(3) 按成桩过程中挤土效应分类　随着桩的设置方法（打入或钻孔成桩等）的不同，桩周土所受的排挤作用也很不相同。挤土作用会引起桩周土天然结构、应力状态和性质的变化，从而影响土的性质和桩的承载力。

(4) 按设置效应分类　分为三类：挤土桩、小量挤土桩和非挤土桩。

(5) 按承载性状分类

1) 摩擦型桩

摩擦桩：在极限承载力状态下，桩顶荷载由桩侧阻力承受；

端承摩擦桩：在极限承载力状态下，桩顶荷载主要由桩侧阻力承受。

2) 端承型桩

端承桩：在极限承载力状态下，桩顶荷载由桩端阻力承受；

摩擦端承桩：在极限承载力状态下，桩顶荷载主要由桩端阻力承受。

第三节　基础处理

地基处理技术是伴随人类文明起源而兴起的。大量考古发现表明，古埃及曾用石灰、石膏和砂子来加固金字塔的地基和尼罗河河堤；古印度也用石灰和黏土来建造挡水坝；古罗马帝国那波里居民曾用当地大量堆积的火山灰掺入不同比例的生石灰制成一种称为罗马水泥的固化剂，用来进行建筑处理地基。我们的祖先在春秋战国时期以前就用石灰、泥土和砂拌和成三合土修筑驿道。现代地基处理技术起源于欧洲。1853 年，法国工程师设计了最早的砂石柱；1934 年，前苏联阿别列夫教授首创了土桩挤密法；1936 年，德国工程师 S. Steuerman 提出振冲法原理；20 世纪 60 年代，法国 Menard 技术公司首创了强夯法处理地基（也称动力固结法，Dynamic Consolidation Method）。20 世纪 70 年代日本最早将高压喷射技术用于地基加固和防水帷幕，即 CCP 工法。随着地基处理技术的发展和地基处理工程的大量开展，地基分析计算理论也得到很大提高。复合地基理论就是在地基处理技术长足发展的形势下诞生的。复合地基理论第一次提出桩土共同承担上部荷载的思想，非常符合处理后的地基承载的事实。最初人们以不同的地基处理方法来区分复合地基。随着地基处理新技术的不断涌现和人们对问题认识的加深，现今分类开始涉及各种复合地基承载的本质区别，逐渐走向合理化。

近 40 年来，国外在地基处理技术方面发展十分迅速，旧方法得到改进，新方法不断涌现。在 20 世纪 60 年代中期，从如何提高土的抗拉强度这一思路中，发展了土的“加筋法”；从如何有利于土的排水和排水固结这一基本观点出发，发展了土工合成材料、砂井预压和塑料排水带；从如何进行深层密实处理的方法考虑，采用加大击实功的措施，发展了“强夯法”和“振动水冲法”等。另外，现代工业的发展对地基工程提供了强大的生产手段，如能制造重达几十吨的强夯起重机械；潜水电机的出现，带来了振动水冲法中振冲器的施工机械；真空泵的问世，才能建立真空预压法；生产了大于 200 个大气压的压缩空气机，从而产生了“高压喷射注浆法”。

随着地基处理工程实践和发展，人们在改造土的工程性质的同时，不断丰富了对土的特性研究和认识，从而又进一步推动了地基处理技术和方法的更新，因而地基处理成为土力学基础工程领域中的一个较有生命力的分支。当前国际土力学及基础工程学会下有专门的地基处理学术委员会。1984 年中国土木工程学会土力学基础工程学会下也成立了相应的地基处理学术委员会，并组织编写了《地基处理手册》，同时发行了《地基处理》期刊，提供了推广和交流地基处理新技术的园地；住房和城乡建设部也组织编写了《建筑地基处理技术规范》(JGJ 79)，由此可见，地基处理技术在国内外都处于发展与创新的重要时期。

一、地基处理的对象

地基处理的对象是软弱地基和特殊土地基。我国的《建筑地基基础设计规范》(GB 50007—2002)中明确规定:"软弱地基系指主要由淤泥、淤泥质土、冲填土、杂填土或其他高压缩性土层构成的地基"。特殊土地基带有地区性的特点,它包括软土、湿陷性黄土、膨胀土、红黏土和冻土等地基。天然地基上的浅基础埋置深度较浅,用料较省,无需复杂的施工设备,在开挖基坑、必要时支护坑壁和排水疏干后对地基不加处理即可修建,工期短、造价低,因而设计时宜优先选用天然地基。当这类基础及上部结构难以适应较差的地基条件时才考虑采用大型或复杂的基础形式,如连续基础、桩基础或人工处理地基。

地基处理的目的是采用各种地基处理方法以改善地基条件,主要措施包括以下五个方面的内容。

(1) 改善剪切特性　地基的剪切破坏表现在建筑物的地基承载力不够,使结构失稳或土方开挖时边坡失稳,使邻近地基产生隆起或基坑开挖时坑底隆起。因此,为了防止剪切破坏,就需要采取增加地基土的抗剪强度的措施。

(2) 改善压缩特性　地基的高压缩性表现在建筑物的沉降和差异沉降大,因此需要采取措施提高地基土的压缩模量。

(3) 改善透水特性　地基的透水性表现在堤坝、房屋等基础产生的地基渗漏;基坑开挖过程中产生流沙和管涌。因此需要研究和采取使地基土变成不透水或减少其水压力的措施。

(4) 改善动力特性　地基的动力特性表现在地震时粉、砂土将会产生液化;由于交通荷载或打桩等原因,使邻近地基产生振动下沉。因此需要研究和采取使地基防止液化,并改善振动特性以提高地基抗震性能的措施。

(5) 改善特殊土的不良地基的特性　这主要是指消除或减少黄土的湿陷性和膨胀土的胀缩性等地基处理的措施。

二、地基处理方法与方案选择

1. 地基处理方法

(1) 换填垫层法　当建筑物基础下持力层为较软弱或湿陷性土层,不能满足上部荷载对地基强度或变形的要求时,常采用换土垫层来处理地基。先将基础下的软弱土、湿陷性黄土、杂填土或膨胀土等的一部分或全部挖掉,然后换填密度或水稳性好的土或灰土、砂石、矿渣等材料,并分层夯实或碾压使其密实。

换土垫层的作用如下:①提高持力层的承载能力;②减少地基变形量;③砂石垫层能加速地基排水固结,而灰土垫层能促进其下土层含水量均衡转移,从而减少土性的差异。

(2) 强夯法　强夯是松软地基的一种有效的加固方法,利用夯锤自由落下的巨大冲击能和所产生的冲击波反复夯击地基土,以提高地基的承载力和土体的稳定性,降低压缩性,消除黄土地基的湿陷性和砂土的震动液化。由于夯击的能量大,加固深度也很大。强夯不仅对湿陷性黄土、粉土和砂土有效,而且对饱和软黏土和黏土也有效。这是由于强夯时发出的冲击能造成一系列的压缩波使体内出现排水网络,土的渗透性骤然增加,空隙水迅速排出,空隙水压力很快消散,从而产生很大瞬间沉降,使土体加密,强度大幅度提高。

(3) 挤密桩法　挤密桩法主要包括砂桩挤密加固、土或灰土桩挤密加固、爆破挤密桩,具体内容如下。

① 砂桩挤密加固　砂桩常用于挤密松散杂填土、砂性较大的黏性土或松散砂地基,提高地基的密实程度和承载能力,并能有效地防止砂土地基的震动液化。但对于黏性大的饱和软土地基、软弱的高湿黄土地基,由于土地渗透性少,抗剪强度低,灵敏度较高,在加固过

程中空隙水不能及时排除，超孔隙水压力难以很快消散，其挤密效果不显著。砂桩还能用于湿陷性黄土地基。砂桩的作用：一是挤密地基，二是排水，加速一般黏性土的排水效果。

② 土或灰土桩挤密加固　土或灰土桩挤密加固地基是一种人工复合地基，属于深层加密处理地基的一种方法。其主要作用是提高地基承载能力，减少地基变形，对湿陷性黄土则有稍浅部或深部的部分或全部湿陷性的作用。以提高地基承载力为主要目的时，或既要提高其承载力，又要消除地基湿陷性时，应采用灰土挤密桩；若仅为消除地基的湿陷性，则以采用土桩挤密为经济。

③ 爆破挤密桩　爆破挤密桩是先用洛阳铲或钻孔机打孔，然后在孔内进行爆破，以扩大坑径并在下端形成一扩大孔，其作用是利用爆破来挤密土层，并利用混凝土桩大头支撑在下部较密实土层上。

(4) 振冲法　利用振动和水冲加固土体的方法叫做振冲法。振冲法最早是用来振密松砂地基的，工程上振冲法首先在黏性土地基中得到应用。在黏性土中制造一群以石块、砂砾等散粒衬料组成柱体，这些柱与原地基一起构成所谓的复合地基，使用承载力提高，沉降减少。为此，有人把这一方法称为“碎石桩法”。

振冲挤密法加固砂层的原理是：一方面依靠振冲器的强力振动使饱和砂层发生液化，砂颗粒重新排列，孔隙减少；另一方面依靠振冲器的水平振动力，在加回填料情况下还通过填料使砂层挤压加密。在振冲器的重复水平振动和侧向挤压作用下，砂土的结构逐渐破坏，孔隙水压力迅速增大。由于结构破坏，土粒有可能向低势能位置转移，这样土体由松变密。

(5) 深层搅拌法　我国地域广大，有各种成因的软土层（如东海、黄海、渤海的滨海相沉积土；长江、珠江、闽江中下游的三角洲相沉积土；洞庭湖、太湖、洪泽湖、滇池的湖相沉积土等)，其分布范围广、土层厚度大。这类软土的特点是含水量高、孔隙比大、抗剪强度低、压缩系数高、渗透系数低、沉降稳定时间长。

近年来，根据工业布局或城市发展规划，常需在软土地基上进行建筑，以往通常采取挖除置换、桩基穿越或人工加固等措施。但要挖除深厚的软土层，已经不易，还要大量运入本地缺乏的良质土砂更是困难。软土就地加固的出发点则是最大限度地利用原土，经过适当的改性后作为地基，以承受相应的外荷载，所以软土的各种加固技术日益受到人们的重视。常用的方法都是基于脱水、压密、固结、加筋等原理的。

在软土地基中掺加各类固化剂，使之固化起来是一种通用的地基加固方法。常用的固化剂有：①水泥类，普通硅酸盐水泥、石膏等；②石灰类，生石灰、消石灰；③沥青类，地沥青、沥青乳剂、煤焦油、柏油等；④化学材料类，水玻璃、氯化钙、尿素树脂、甲醛缩化物、丙烯酸盐等。

深层搅拌法可用于增加软土地基的承载力，减少沉降量，提高边坡的稳定性，适用于以下情况：①作为建筑物或构筑物的地基、厂房内具有地面荷载的地基、高填方路堤下的基层等；②进行大面积地基加固，以防止码头岸的滑动，深基坑开挖时边壁坍塌、坑底隆起，减少软土中地下构筑物的沉降等；③其他：作为海水（水中）堤体的地基；作为地下防渗墙以阻止地下渗透水流等。

(6) 高压喷射注浆法　高压水射流技术应用到灌浆工程中，逐步发展为新型的地基加固和防渗止水施工法。高压喷射注浆的出现是经济建设发展的需要，是科学技术进步和现代化生产相结合的产物。

所谓高压喷射注浆，就是利用钻机把带有喷嘴的注浆管钻进至土层预定深度后，以 20～

40MPa 压力把浆液或水由喷嘴中喷射出，形成喷射流冲击破坏土层。当能量大、速度快和射流的动能大于土层结构强度时，土颗粒便从土层中剥落下来，一部分细颗粒随浆液或水冒出地面；其余土粒在射流的冲击力、离心力和重力等力的作用下，与浆液搅拌混合，并按一定的浆土比例和质量大小，有规律地重新排列。浆液体凝固后，便在上层中形成一个固结体，固结体为条形。当喷射流作顺、逆时针方向小于 180°往复摆喷时，固结体呈扇形。

高压喷射注浆施工由下而上进行，首先需要钻孔把带有喷嘴的注浆管送到预定深度，然后从下向上喷射注浆加固地基。

2. 地基处理方法的选择原则

进行地基设计时，应最大限度地发挥天然地基的潜在能力，尽可能地采用天然地基方案，当采用简易的处理措施或通过加强上部结构的整体刚度措施后，仍难满足建筑工程要求时，再考虑采用地基处理方案。

在选择地基处理方案时，要结合当地环境和经济技术条件、材料来源、地基土层的埋藏条件、土的特殊性能指标、处理目的、工程造价、工程进度等多方面的因素综合考虑。较为常用的地基处理方法是换土垫层法，该法适用条件比较广泛，造价低廉，施工简便，材料来源也很充裕。换土垫层的处理深度要根据建筑物要求和开挖的可能性决定。

挤密桩可用于挤密度较大深度范围的砂土、松散杂填土、湿陷性黄土地基等，但对于饱和度过大的黏性土地基就不一定适用。挤密砂桩适用于一般黏性土，但对于某些地区的软弱饱和土，其效果并不好。

振冲碎石桩最适合用于粉土和松散砂土地基的加固，特别是在防止地基液化方面更为有效。但在用于提高特别松软的高湿度黄土（包括饱和黄土在内）和软黏性土的承载力方面，其技术经济效果就很值得研究。

强夯法对湿陷性黄土效果明显，但对高湿度黄土，由于土中的孔隙水压力难以迅速消散，其效果也不理想。

高压旋喷水泥桩加固适用于软弱黏性土、砂中的连续墙和地基加固，也适用于对已有建筑物地基的强度加固，以及形成防水帷幕，防止基底隆起以便基坑深开挖等。但对于倾斜严重的危房，由于旋喷初期对土体的破坏，很有可能加速建筑物的倾斜，因此使用这种方法要慎重选择。

地基处理方法的选择，还应考虑上部结构的特点，对需要进行大面积填方的工程，应在建筑物施工前完成填方工作，使地基得到预压。在建筑物施工后进行填方，会使建筑物产生不均匀和较大的附加沉降。建筑物的上部结构和地基是共同工作而又相互影响的。因此，当地基不能满足设计要求时，不要只限于考虑地基加固，有的可以通过加强上部结构的措施而得到解决，或者两者兼施。

在防止砂土液化的地基处理方法上，则有提高砂土密度的振密法、挤密砂桩法、动力压实法以及调整土质的换土法和预压、灌浆法等。有时还可选择允许液化为前提的结构设计，即采用保证结构物在有液化的情况下仍能正常使用的设计方案。例如采用桩基穿透液化土层，支撑在非液化土层上，即使上部土层液化，也不会造成建筑物损坏；另外还可以采取加强建筑物整体结构强度的办法等。

三、地基处理技术的发展

由于新的材料发展，随着技术的进步和时代的发展，土木工程不断注入新鲜血液，显示出勃勃生机。其中，工程材料的变革和力学理论的发展起着最为重要的推动作用。现代土木工程早已不是传统意义上的砖、瓦、灰、砂、石，而是由新理论、新材料、新技术、新方法武装起来的，为众多领域和行业不可缺少的一个大型综合性学科。

我国地基处理技术起步较晚，但发展很快，从解决一般工程地基处理向解决各类超软、深厚、高填方等大型地基处理和多种方法联合处理方向发展，现已接近国际先进水平。同时在天然地基的合理利用方面，开发了复合地基和复合桩基技术、深基坑及边坡支护技术。这些技术都是集岩土工程和结构工程为一体，包括挡土、支护、防水、降水、挖运土、监测和信息化施工的系统工程等方面，具有适应复杂多变、区域性和个性强的工程地质环境的特点。随着测试技术信息化水平的提高，应及时有效地利用其他学科的技术成果推动我国地基处理测试技术的发展。

由于我国地质条件相当复杂，随着全国“城镇化”建设的快速推进，不必进行现代地基处理的自然地基越来越少，致使现代地基处理技术有着更加广泛的应用前景，如高层建筑、高速公路、港口、机场建设等。当今国内外地基处理技术取得了飞快的发展，而且还有超软土地基、山区高等级公路地基、重大工程地基处理、高速公路软基础处理等新技术。近 20 年来，我国建筑地基基础技术发展迅猛，特别在桩基技术、地基处理技术、基坑及边坡支护技术方面，取得了显著成绩和突破性进展，有些技术已接近国际水平。

第四节　典型案例——水泥粉喷桩在地基处理中的应用

1. 粉喷桩简介

粉喷桩是在学习引进国外高压喷射注浆桩的基础上创新发展的新桩型，我国自行创新研制了成套施工机具设备和工艺。这种桩的优点是可加固改良地基，提高地基承载力（2～3 倍）和水稳性，对环境无污染，无噪声，对相邻建筑物无影响，机具设备简单液压操纵，技术易于掌握，成桩效率高（8m 长桩，每台桩机每天可完成 100 根），加固所需费用较低，造价比灌注桩低 40%。粉喷桩适用于 7 层以下的民用建筑以及在有地下水或土的含水量大于 25%的黏性土、砂土、软土，淤泥质土地基中进行浅层（深 14m）加固，但是这种桩不适用于杂填土（垃圾土）地基（会使承载力不均匀），同时要求土的含水率不低于 23%，否则会造成桩体疏松。

2. 工程实例

（1）工程概况　本工程为南堡盐场沿街商住楼，地基开挖后局部出现大量淤泥质土，土层深度范围有少量厚度达到 3.5m。地质勘查部门对该建筑场地的评价是：场地为软弱场地，属三类场地土，地下水位在地表以下 0.9m。

（2）地基处理要求　该建筑的特点是上部荷载较大，而场地土比较软弱；住宅楼图纸中基础形式为筏板基础，要求地基承载力标准值为 150kPa，场地地基承载力达不到施工条件，实测地基承载力标准值为 110kPa；允许沉降量≤200mm；业主要求在尽可能的情况下降低地基处理造价。

（3）处理方案的选择　南堡地区对这类地基常采用预制桩或灌注桩，勘察单位也建议采用灌注桩，项目部作出地基处理的方案。经过甲方、设计、监理及建设主管部门的多方论证、调查研究及方案造价的比较表明，水泥粉喷桩加固处理这种土质是适用的。采用搅拌桩比灌注桩更经济，且对周围环境的影响更小。

（4）粉喷桩复合地基设计　设计有效桩长 $L=5.5$m，桩径 0.5m，加固体室内抗压强度为 2MPa（经室内试验确定水泥掺入比为 15%）。由相关公式算出单桩承载力 $R_{ke}=140kN$；住宅楼置换率 $m=0.3$，按此进行桩的布置，布桩采用矩形形式。

（5）施工方法　喷粉使用的固化剂为 P. O32. 5 普通硅酸盐水泥，采用国产 PH-5A 型喷粉桩机施工。

① 施工前应整平场地，定出桩位并编号，组装架立喷粉桩机，检查主机及其他各系统工作是否正常。

② 根据桩位平面布置图，排桩号和施工流水段，移动搅拌主机对准设计桩位。

③ 开动搅拌机钻进 50cm 后，随钻随喷气，注意防止堵塞喷粉孔，随钻杆钻进，加固土体在原位被搅动切碎，钻至设计深度时停钻。

④ 钻杆钻到设计深度后反向旋转，启动水泥发送装置，将钻杆边搅拌边提升，提升速度宜小于 1m/min，强制喷出的粉体与原位土体进行搅拌。待钻头提升到距桩顶约 2m 时，宜降低提升速度。提升到超过设计高度 30～50cm 后，关闭水泥发送装置，钻机原位旋转 1min 后继续提升到地面。桩体喷粉要求一气呵成，不得中断，喷粉压力控制在 0.5～0.8N/mm^2。为提高桩体强度及承载力，避免搅拌不均，再在原桩位全长范围内进行搅拌 1 次，桩体即告完成。

（6）确保桩体的强度及完整性　关键在于喷粉量的控制和搅拌是否均匀，针对这种情况，施工中采取了以下措施。

① 采用“一喷四搅”工艺，其流程如下。测量放线—桩机就位—开机钻进到底（喷气）—反转提升到顶（喷粉）—正转复搅到底—反转提升到顶（喷气）—桩机移位。

② 在正式施工前选取一定数量的桩进行试打，从而确定桩机在本工程地质条件下的施工技术参数（桩机钻进速度、提升喷搅速度和复搅速度、刮灰器转速与喷搅提升速度的配合、空压机风压和风量等）。

③ 控制桩位偏差≤5cm，桩垂直度偏差≤1.5%，桩径偏差＜4%，桩长偏差＜50mm，每米水泥喷入量与设计值偏差＜3%。

④ 采取 24h 质监员跟班检查服务业，重点检查每米的喷粉量、桩长、桩位垂直度及桩机下钻、上提速度。此外，采用电子秤（计量装置）对每根桩的喷粉量进行控制，并每米记录一次喷粉量，以准确跟踪每根桩从下到上的质量情况，一旦在某个深度出现灰量不足或断灰情况，可以准确地进行补喷。

⑤ 若在钻进或喷粉过程中发生堵钻头、堵管或机械故障，应立即停喷提钻，待处理完毕再进行复钻、复喷。

⑥ 水泥必须经过复检合格后方能使用。

（7）成桩质量检验　本工程共施打水泥粉喷桩 13587 根，总延长 118880m。经业主同意，采用以下 4 种成桩检测方法。

① 轻便触探：在成桩后 7d 内用轻型动力触探进行桩体强度检验，检验数量为 2%，对发现有问题的桩及时进行补桩处理。共检测 280 根桩，发现问题并补桩 20 根。

② 桩头开挖：成桩 7d 后，抽取 2%桩开挖约 60cm 深，检查桩体直径、灰土拌和均匀性及桩身密实性，共检验 250 根桩，桩身成型情况良好。

③ 钻芯抗压试验：成桩 28d 后，抽取 6 根桩进行钻芯检查，并取样养护测定桩身抗压强度、抗剪强度。检测结果表明：桩体已达设计深度，成型良好，采芯率≥75%；桩身试样抗压强度值约为 3.1～4.6MPa，黏聚力为 1.9MPa，内摩擦角 ϕ 为 22.1°，均满足设计要求。

④ 载荷试验：成桩 28d 后选取 4 组进行单桩复合地基荷载试验，根据《建筑地基处理技术规范》（JGJ 79—2002）所规定的试验方法，确定住宅楼粉喷桩复合地基承载力标准值 $f_k \geqslant 180\text{kPa}$，满足设计要求。随着龄期增长，地基承载力仍有一定程度的提高。

（8）效果评价　本工程采用水泥喷粉桩处理软弱地基，地基承载力由 110kPa 提高到 180～200kPa，强度增长 1 倍左右。该建筑物自工程竣工验收三年来，未发现地基不均沉降和上部结构裂缝，加固效果良好，该工程获得南堡开发区优质工程。

采用这种方案具有设备简单、施工方便快速、无振动、无污染等优点，造价低廉，费用比采用灌注桩降低了 40%，为甲方节约资金 40 万元。

3. 注意问题

（1）粉喷桩不是桩基粉喷桩可以称为“基桩”，但与桩基中的“基桩”并不完全一样。二者的具体区别如下。

① 材料不同。粉喷桩由胶凝材料与原状土和天然水硬结形成，基桩不掺加粗细骨料。

② 强度不同。由于组成材料的区别，粉喷桩强度较低。

③ 承载性状不同。桩基中的桩为刚性桩，直接承担建筑物主体结构荷载。粉喷桩在受压时产生一定的（压缩）变形，因而属塑性桩，与桩间土共同作用，通过建筑物基础间接承担主体结构荷载。

④ 单桩承载力的决定因素不同。决定粉喷桩承载力的因素除土对桩的支撑约束外，还有桩身强度。

⑤ 确定标准强度试件的龄期的试件强度，粉喷桩标准强度则采用 90d 龄期的试件强度。

（2）复合地基中的土不可忽视　粉喷桩作为地基中的一部分，与地基土组成复合地基共同承担上部荷载。因此在桩设计和桩检测中不能忽视复合地基中的土。

（3）应区别对待复合地基承载力　复合地基承载力一般根据单桩和桩间土承载力之和来确定。复合地基承载力并不是单桩与土承载力简单的相加，应根据桩所处地层土质情况区别对待。当桩身和桩底处于较好土层时，复合地基在一定荷载下沉降较小，粉喷桩承担大部分荷载。

小　　结

本章主要学习了解工程地质勘察方法，掌握基础类型，掌握基础处理方法，对基础工程有一定认识，对学习各种土木工程的基础打下良好基础。

能力训练题

一、填空题

1. 工程地质勘探方法有________、________、________。

2. 房屋建筑和构筑物的岩土工程勘察应在________、________、________的基础上进行。

3. 我国习惯上将建筑物按层数分为________、________、________。把________层以上的建筑统称为高层建筑。

二、判断题

1. 高层建筑勘探点的平面布设应根据建筑物体型、荷载的大小、地层结构和均匀性来确定，尤其应满足评价建筑物横向整体倾斜的地层均匀性的要求。（　）

2. 岩土工程勘察报告是建筑地基基础设计和施工的重要依据。（　）

3. 强夯法对湿陷性黄土效果不明显，对高湿度黄土，由于土中的孔隙水压力难以迅速消散，其效果也不理想。 （ ）

三、简答题

1. 工程地质勘察方法有哪些？
2. 基础类型有哪些形式？
3. 基础处理方法有哪些？

能力拓展训练

实地参观学校周边地区的土木工程基础，分析其形式。

第四章　建筑工程

【知识目标】

- 了解建筑工程基本构件及作用
- 了解单层与多层建筑，高层建筑与超高层建筑，特种建筑，未来建筑

【能力目标】

- 正确区分各种建筑能力
- 识别建筑工程结构及基本构件作用

开章语　建筑工程是土木工程的主要组成部分，主要内容是建造各种类型的房屋，包括各种工业建筑和各种民用建筑，对建筑工程的基本要求：实用、美观、经济、环保。建筑结构是建筑物的骨架，下面将简要介绍形成建筑结构的基本构件及建筑工程的主要类型。

第一节　建筑工程概述

最初的建筑物是人类为了躲避风雨和野兽侵袭的需要而建造的。当初人们利用树枝、石块这些较易获得的天然材料，粗略加工后盖起了树枝棚、石头屋等原始建筑物。当然，为了满足人们精神上的需求，还建造了石柱、石台等的原始纪念和宗教性建筑物。随着社会生产力的不断发展，人类对建筑物的要求也日益复杂多样化，出现了大量不同的建筑类型。石柱群如图 4.1 所示。

图 4.1　石柱群

我国的城市建设与城市规划是具有悠久历史传统的。当西方城市科学尚处于粗放阶段，我国早在公元前 11 世纪，已建立了一套较为完备的、富有华夏文化特色的城市规划体系。

其中包括城市规划理论、建设体制、规划制度及规划方法。随着社会的演进，这套体系传统不断得到革新与发展。因此，历代名城辈出，如商都“殷”、西周“洛邑”、汉“长安”、隋唐“长安”与“洛阳”、宋“东京”与“临安”、元“大都”与明“北京”等，都是当时居于世界前列的大城市。其规划之先进，城市之宏伟与绚丽多姿，一直为世人所称颂。从不同时代的一些外国人士的记述中便可窥知一二，例如唐时日本僧人圆仁对当时扬州城市之赞许，元时意大利人马可波罗认为杭州（南宋临安）城市之庄严秀丽，堪为世界之冠。

在原始社会漫长岁月中，人类过着依附于自然的采集经济生活，当时以家居、巢居为主要形式，还没有形成固定的居民点。随着生产力的发展，在长期与大自然的斗争中，人类才逐渐形成了原始群居的居民点，具有了城市的某些要素。

概括地说：我国古代城市经历了过渡阶段，即约公元前三千世纪中叶，出现了城堡式聚落，可视为“城”之原始型。第二个过程为奴隶社会初期，即约公元前21世纪左右，诞生了正式的“城”。第三个过程为封建社会初期，即约公元前5世纪左右，形成了“城市”。由城堡式聚落到正式的“城”，再进化为真正的“城市”历时千年之久。此后漫长的封建社会时期，也是我国城市规划与建设传统的继续与发展。

我国的城市建筑可谓洋洋大观，美不胜收，比如上海外滩的建筑群，浦西外滩建筑大部分建于20世纪初期，主要由英、美、俄、日、法及我国建造，用料考究、装饰丰富、施工地道、独具特色，在建筑规模、空间布局、施工技术与建筑风格上反映了当时西方同类建筑的水平。哥特式的尖顶、古希腊式的穹窿、巴洛克式的廊柱、西班牙式的阳台，处处散发着异国的情调，这些风格迥异的各国建筑协调并存，构成了浦西外滩的整体轮廓，美观与使用的完美结合，因而被喻为“万国建筑博览群”。上海浦东陆家嘴是中国改革开放、经济腾飞的象征之一，与繁华的浦西外滩隔江相望。其中陆家嘴金融中心占地1.7km^2，规划建筑面积400万平方米，468m高的东方明珠电视塔破空而立，94层的环球金融中心和88层的金茂大厦比踵并肩，超高层建筑此起彼伏，位于浦东滨江大道上，无论是极目远眺，或是徜徉其间，都能感受到一种刚健、华贵的气势，其意境宛如一部不同凡响、恢弘壮阔的交响史诗(见图4.2)。

图4.2 浦西外滩

如今，高楼林立的城市、庞大的工厂、标志性的纪念碑，都是现代化建筑工程的体现。

随着我国改革开放的不断深入，特别是近年来安居工程的启动、土地批租政策的实施、房地产业的兴起、住房改革方案的推行，极大地推动了我国建筑业的发展。

建筑物按照它们的使用性能，通常可以分为工业建筑、农业建筑和民用建筑。其中，民用建筑又可分为居住建筑和公共建筑两大类。建筑物若按层数可分为单层建筑、多层建筑、高层建筑和超高层建筑。

第二节　基本构件

建筑物的基本构件可分为板、梁、柱、拱。

一、板

板指平面尺寸较大而厚度较小的受弯构件，通常水平放置，但有时也斜向设置（如楼梯板）或竖向设置（如墙板）。板在建筑工程中一般用于楼板、屋面板、基础板、墙板等。

板按受力形式可分为单向板和双向板。单向板指板上的荷载沿一个方向传递到支撑构件上的板，双向板指板上的荷载沿两个方向传递到支撑构件上的板。当矩形板为两边支撑时为单向板；当有四边支承时，板上的荷载沿双向传递到四边，则为双向板。但是，当板的长边比短边长得多时，板上的荷载主要沿短边方向传递到支撑构件上，而沿长边方向传递的荷载则很少，可以忽略不计，这样四边支承板仍认定其为单向板。

二、梁

梁是工程结构中的受弯构件，通常水平放置，但有时也斜向设置以满足使用要求，如楼梯梁。梁的截面高度与跨度之比一般为1/16～1/8，高跨比大于1/4的梁称为深梁；梁的截面高度通常大于截面的宽度，但因工程需要，梁宽大于梁高时，称扁梁；梁的高度沿轴线变化时，称为变截面梁。

梁按截面形式可分为矩形梁、T形梁、倒T形梁、L形梁、Z形梁、槽形梁、箱形梁、空腹梁、叠合梁等。按所用材料可分为钢梁、钢筋混凝土梁、预应力混凝土梁、木梁以及钢与混凝土组成的组合梁等。

梁按支撑方式可分为简支梁、悬臂梁和连续梁。简支梁，即梁的两端搁置在支座上，但支座仅使梁不产生垂直移动，但可自由转动。为使整个梁不产生水平移动，在一端加设水平约束，该处的支座称为铰支座，另一端不加水平约束的支座为滚动支座。悬臂梁是梁的一端固定在支座上，使该端不能转动，也不能产生水平和垂直移动，称为固定支座；另一端可以自由转动和移动，称为自由端。连续梁是有两个以上支座的梁。

梁按其在结构中的位置可分为主梁、次梁、连梁、圈梁、过梁等。次梁一般直接承受板传来的荷载，再将板传来的荷载传递给主梁。主梁除承受板直接传来的荷载外，还承受次梁传来的荷载。连梁主要用于连接两榀框架，使其成为一个整体。圈梁一般用于砖混结构，将整个建筑围成一体，增强结构的抗震性能。过梁一般用于门窗洞口的上部，用以承受洞口上部结构的荷载。

三、柱

柱是工程结构中主要承受压力，有时也同时承受弯矩的竖向构件。柱按截面形式可分为方柱、圆柱、管柱、矩形柱、工字形柱、H形柱、L形柱、十字形柱、双肢柱、格构柱；按所用材料可分为石柱、砖柱、砌块柱、木柱、钢柱、钢筋混凝土柱、劲性钢筋混凝土柱、钢管混凝土柱和各种组合柱；按柱的破坏特征或长细比可分为短柱、长柱及中长柱。实腹柱指截面为一个整体，常用截面为工字形截面。格构柱指柱由两肢或多肢组成，各肢间用缀条或缀板连接。

钢筋混凝土柱是最常见的柱，广泛应用于各种建筑。钢筋混凝土柱按制造和施工方法可分为现浇柱和预制柱。

劲性钢筋混凝土柱是在钢筋混凝土柱的内部配置型钢，与钢筋混凝土协同受力，可减小柱的断面，提高柱的刚度。

钢管混凝土柱是用钢管作用外壳，内浇混凝土，是劲性钢筋混凝土柱的另一种形式。

钢柱常用于大中型工业厂房、大跨度公共建筑、高层房屋、轻型活动房屋、工作平台、栈桥和支架等。钢柱按截面形式可分为实腹柱和格构柱。实腹柱指截面为一个整体，常用截面为工字形截面。格构柱指柱由两肢或多肢组成，各肢间用缀条或缀板连接。

四、拱

拱为曲线结构，主要承受轴向压力，广泛应用于拱桥，在房屋建筑中应用较少，其典型应用为砖混结构中的砖砌门窗圆形过梁，并有拱开的大跨度结构。拱按铰数可分为三铰拱、无铰拱、带拉杆的双铰拱。

第三节　单层与多层建筑

一、单层建筑

单层建筑按使用目的可分为民用单层建筑和单层工业厂房。

民用单层建筑一般采用砖混结构，即墙体采用砖墙，屋面板采用钢筋混凝土板。

单层工业厂房一般采用钢筋混凝土或钢结构，屋盖采用钢屋架结构。按结构形式可分为排架结构和刚架结构。排架结构指柱与基础为刚接，屋架与柱顶的连接为铰接，刚架结构也称框架结构，即梁或屋架与柱的连接为刚性连接。

单层工业厂房通常由下列构件组成：屋盖结构、吊车梁、柱子、支撑、基础和维护结构。屋盖结构用于承受屋面的荷载，包括屋面板、天窗架、屋架或屋面梁、托架。屋面板目前广泛采用重量很轻的压型钢板。天窗架主要为车间通风和采光的需要而设置，架设在屋架上。屋架（屋面梁）为屋面的主要承重构件，多采用角钢组成桁架结构，亦可采用变截面的H型钢作为屋面梁。托架仅用于柱距比屋架的间距大，由托架支撑屋架，再将其所受的荷载传给柱子。吊车梁用于承受吊车的荷载，将吊车荷载传递到柱子上。柱子为厂房中的主要承重构件，上部结构中的荷载均由柱子传给基础。基础将柱子和基础梁传来的荷载传给地基。围护结构多由砖砌筑而成，现亦有墙板采用压型钢板。

轻型钢结构（见图4.3）建筑，因施工方便，施工周期短，跨度大，用钢量经济，在单层厂房、仓库、候机厅、体育馆及别墅中已有越来越广泛的应用。

金属拱形波纹屋盖结构（见图4.4）建筑，是由预涂层卷板经轧制后形成的一种外形呈拱形的屋盖结构体系。我国于1992年通过引进美国的施工设备引进了金属拱形波纹屋盖结构体系。由于这种结构具有用省料、自重轻、工期短、造价低、防水性能好等突出的优点，很适合我国经济尚不发达，但却持续高速增长的国情，因此在建筑市场极具竞争力，表现出了空前的发展势头。

二、大跨度建筑

大跨度建筑是指跨度大于60m的建筑。它常用于展览馆、体育馆、飞机机库等，其结

图 4.3　轻型钢结构

图 4.4　金属拱形波纹屋盖结构

构体系有很多种，如网架结构、网壳结构、悬索结构、充气结构、薄壳结构、应力蒙皮结构等。

（一）网架结构

网架结构为大跨度结构最常见的结构形式，因其为空间结构，故一般称为空间网架（见图 4.5）。其杆件多采用钢管或型钢，现场安装。首都体育馆平面尺寸 99m×112.2m，为我国矩形平面屋盖中跨度最大的网架。上海体育馆平面为圆形，直径 110m，挑檐 7.5m，是目前我国跨度最大的网架结构。1999 年新建成的厦门机场太古机库，平面尺寸 (155＋157)m×70m。

我国网架、网壳结构生产制造厂已超过 100 家，如徐州飞虹网架集团公司、杭州大地网架制造有限公司、常州网架厂等，逐步形成了一个新兴的空间钢结构制造行业，可进行批量规模生产。

图 4.5　网架结构

（二）网壳结构

网壳结构是以钢杆件组成的曲面网格结构。网壳与网架的区别在于曲面与平面。网壳结构由于本身特有的曲面而具有较大的刚度，因而有可能做成单层，这是它不同于平板型网架的一个特点。从构造上来看，网壳可分为单层和双层两大类，其外形虽然相似，但计算分析与节点构造截然不同。单层网壳是刚接杆件体系，必须采用刚性节点，双层网壳是铰接杆件体系，可采用铰接体系。其实，双层网架与双层网壳还是有些差别的，之所以定义为“壳”，是因为其外表面（或者也包括内表面）是刚性的，只是连接内外壳的杆件节点是铰接的，对于曲面网架，内外表面的节点也可以为铰接的。

大型体育馆的挑篷采用空间网壳结构有日益增多的趋势。1998 年初建成的长春体育馆，平面为 120m×166m 枣形，连同支架的平面为 146m×192m。图 4.6 为一直径约 40m 的拱形网壳，材料使用铝合金。

图 4.6　网壳结构

在电厂煤棚工程中采用网壳结构是近几年发展起来的。1998 年建成的扬州第二发电厂干煤棚（跨度 103.6m，长度 120m）是我国矩形平面最大跨度的一幢三心圆柱面网壳结构。1999 年建成的漳州后石电厂干煤棚，采用了直径 125m 的超过半球的球面网壳。电厂干煤棚采用网壳结构的平均用钢量比以往采用门式刚架或拱结构的平均用钢量降低了 40%以上，其经济效益是十分明显的。

（三）悬索结构

悬索结构是将桥梁的悬索“移植”到房屋建筑中，可以说是土木工程中结构形式互通互用的典型范例。悬索结构发展的特点是在许多工程中运用了各种组合手段。主要的方式是将两个以上的索网或其他悬索体组合起来，并设置强大的拱或刚架等结构作为中间支撑，形成各种形式的组合屋盖结构。例如四川省体育馆和青岛体育馆的屋盖是由两片索网和作为中间支撑的一对钢筋混凝土拱组合起来的，丹东体育馆则是由强大的钢筋混凝土中央刚架和两片单层平行索系组合而成的。北京朝阳体育馆由两片索网和被称为“索拱体系”的中央支撑结构组成，索拱体系本身也是一种组合结构。朝阳体育馆采用的中央索拱体系由两条悬索和两个连杆两两相连，构成桥梁形式的立体预应力体系。索拱体系的工作性能显示了索和两种构件相互配合、相互补充的特点。与单纯的悬索比较，索拱体系具有较大的稳定性和刚度。尤其是在抵抗集中或局部荷载时变形较小，与单纯的拱比较，索拱体系中的拱由于同张紧的索相连，其整体稳定性较好，因而不需要强大的截面。这种索拱体系的概念是一种有意义的创新。

（四）悬吊结构

与悬索结构一样有很好表现力还有悬吊结构和索膜结构。1992 年塞维利亚工业世博会的德国馆，为一巨型结构式大柱，穿屋面而上，利用悬索将巨大的轻型屋盖吊于空中，成为一大奇观，是悬吊结构的一种创新。

（五）索膜结构

伴随着新型高分子膜材料的使用，索膜结构和充气结构大量出现，精彩纷呈，为建筑结构的创新提供了更多的发展空间。如意大利热拉亚 1992 年海洋与船舶世博会露天广场的巨型屋顶。

中东阿拉伯联合酋长国迪拜 340m 高的标志性膜建筑物——阿拉伯塔酒店，酒店外形好似一枚位于发射平台上的火箭。

（六）充气结构

充气结构又称充气薄膜结构，是向玻璃丝增强塑料薄膜或尼龙布罩内部充气形成一定的形状，作为建筑空间的覆盖物。由村田丰设计的 1970 年日本大阪世博会的富士集团厅也是一个充气结构，其张拉索在相交点处相互固定，用乙烯树脂涂覆的玻璃纤维编织的外缘从下面附在索下，编织物的连接全是用同样的树脂进行热封。

由五合国际（北京）设计的深圳龙岗商业中心（见图 4.7）可能成为中国乃至世界上第一个有充气悬浮结构的建筑。它位于深圳最大的城市广场东侧，鉴于其显赫的位置与市中心地标性建筑的要求，建筑师与世界著名膜结构集团公司合作，构思设计了椭圆形飞艇式造型充氦气空间膜结构。

（七）薄壳结构

薄壳结构常用的形状为圆顶、筒壳、折板、双曲扁壳和双曲抛物面壳等。圆顶可为光滑的，也可为带肋的。我国最大直径的混凝土圆顶为新疆某金工车间圆顶屋盖，世界最大混凝土圆顶为美国西雅图金郡圆球顶，直径 202m。

钢筋混凝土壳结构用料省且覆盖面积大，同时能做到横向曲率不变，使模板施工大为便

图 4.7 深圳龙岗商业中心

利，具有良好的技术表现力和低廉的造价。悉尼歌剧院（见图 4.8）是世界著名的建筑之一，由丹麦建筑师乌特松主持设计，屋顶像一艘整装待发的航船，整个壳体结构用自然流畅的线条勾勒出悉尼歌剧院如天鹅般的高雅的外形。它于 1973 年建成，作为澳大利亚的标志性建筑与印度泰姬陵和埃及金字塔齐名。

图 4.8 悉尼歌剧院

（八）应力蒙皮结构

应力蒙皮结构一般是用金属薄板做成很多块各种板片单元焊接而成的空间结构。考虑结构构件的空间构件整体作用时，利用蒙皮抗剪可以大大提高结构整体的抗侧刚度，减少侧向支撑的设置；利用面板的蒙皮效应，可以减少所连杆件的计算长度，既充分利用板面材料的强度，又对骨架结构起辅助支撑的作用，对结构的平面外刚度又大大提高（即可大大减小承受面外横向荷载下的挠度）等。

铝质应力蒙皮穹顶是美国 Temcor 公司的里克特在 20 世纪 60 年代开发的，其基本原理是将预应力铝板加工成钻石形的结构板块，沿板边缘镶固在钢框架上，组成结构单元，根据穹顶的分格作成尺寸不同的单元，只由这些单元组成穹顶，不需要网架的杆件、节点。采用这种结构形式的工程有美国艾尔迈拉学院体育中心，跨度 71m，高 19m；美国海军南极站，跨度 50m，高 15.2m。

三、多层建筑

我国以 8 层为界限，低于 8 层者称为多层结构。多层结构主要运用于居民住宅、商场、办公楼、旅馆等，常用结构形式为混合结构、框架结构。

混合结构指用不同的材料建造的房屋，通常墙体采用砖砌体，屋面和楼板采用钢筋混凝土结构，故亦称砖混结构。目前，我国的混合结构最高已达到 11 层，局部已经达到 12 层。框架结构指由梁和柱刚性连接而成骨架的结构。框架结构的优点是强度高自重轻、整体性和抗震性能好。多层建筑可采用现浇，也可采用装配式或装配整体式结构，其中，现浇钢筋混凝土结构整体性好，适用于各种有特殊布局的建筑；装配式和装配整体式结构采用预制构件，现场组装，其整体性较差，但便于工业化生产和机械化施工。随着泵送混凝土的出现，混凝土的浇筑变得方便快捷，机械化施工程度已较高，多层建筑已逐渐趋向于采用现浇混凝土。

第四节　高层与超高层建筑

在喧嚣拥挤的城市中巍然升起或在蓝天白云的背景前亭亭玉立，高层建筑——特别是摩天大楼，紧紧地吸引着公众的视线和注意力，唤起了人们无限的遐想。摩天大楼诞生在芝加哥、成长在纽约，建筑师路易斯·沙利文曾说过“摩天大厦是经济力量合乎逻辑的结果”。随着经济发展和经济力量的驱使，把建筑高度看作公司、城市甚至国家经济实力的象征，引发了一场持久的高度竞赛。芝加哥、纽约自 19 世纪末就开始的拉锯式竞高大赛，如今转到了亚洲。现在，环太平洋地区的许多城市，个个不甘落后，幢幢高楼拔地而起。高度竞争的积极方面是促进高层建筑技术和艺术的发展、创造人类文明奇迹；负面影响是资金与资源的浪费。

联合国 1972 年国际高层建筑会议将高层建筑按高度分为四类：①9～16 层（最高为 50m）；②17～25 层（最高到 75m）；③26～40 层（最高到 100m）；40 层以上（即超高层建筑）。我国规定超过 100m 为超高层。无疑，现代超高层建筑从一定意义上是城市现代化的标志。

截至 2002 年，上海已建成的高层建筑已达 4000 幢以上，其中智能建筑约 500 幢，总建筑面积近 7500 万平方米，远远超过香港，数量上已达到世界第一。发展速度最快时，每年建成 600 幢以上，到 2005 年，上海高层建筑已超过 7000 幢。因上海高层建筑发展过快，住房和城乡建设部、上海市政府相继发表意见，要严格控制高层建筑的高度和容积率。

截止 2009 年，世界最高的建筑为台北 101 大楼（见图 4.9），位于中国台北，2004 年建成，共 101 层，楼高 1671 英尺（509 米）。石油双子星座大厦、马来西亚首都吉隆坡的双子塔、芝加哥西尔斯大厦（见图 4.10）依次位于其后。上海金茂大厦高 1380 英尺（421 米），共 88 层，于 1998 年落成，是中国大陆最高的建筑。

图 4.9　台北 101 大楼

图 4.10　芝加哥西尔斯大厦

值得注意的是：高楼大厦虽然体现了繁荣、活力与发展，但也有许多弊病。这些高楼都是集宾馆、办公、购物中心、餐饮和娱乐为一体的综合建筑，在亚洲多数城市，道路、水电、排污等基础设施尚不完善，给市政带来巨大的压力。很多大楼其实是攀比的产物，无助于经济发展。同时，由于楼内部管道竖井多，敞开通道多，用水用电多，聚集人员多“四多”的特点，使超高层建筑灭火合格值得关注。从这方面说明，应实事求是地开发建设功能齐全且有安全保障的高层建筑。

高层与超高层结构的主要结构形式有：框架结构、框架-剪力墙结构、剪力墙结构、框支剪力墙结构、筒体结构等。

一、框架结构

框架结构受力体系由梁、柱组成，用以承受竖向荷载是合理的，在承受水平荷载方面能力很差，因此仅适用于房屋高度不大、层数不多时采用。当房屋层数不多时，风荷载的影响很小，竖向荷载对结构的设计起控制作用，但当层数较多时，水平荷载将起很大的影响，造成梁、柱的截面尺寸很大，在技术经济上不如其他结构体系合理。如北京长城饭店主楼（见图 4.11），地下 2 层，地上 22 层，地上总高度为 82.85m。

二、框架-剪力墙结构

剪力墙即一段钢筋混凝土墙体，因其抗剪能力很强，故称为剪力墙。在框架-剪力墙结构中，框架与剪力墙协同受力，剪力墙承担绝大部分水平荷载，框架则以承担竖向荷载为主，这样可以大大减小柱子的截面。

剪力墙在一定程度上限制建筑平面布置的灵活性。这种体系一般用于办公楼、旅馆住宅以及某些工业用房。如 1997 年建成的广州中天大厦（见图 4.12）为 80 层、322m 高的框架-剪力墙结构。

三、剪力墙结构

当房屋的层数更高时，横向水平荷载对结构设计起控制作用，如仍采用框架-剪力墙结构，剪力墙将需布置得非常密集，这时宜采用剪力墙结构，即全部采用纵横布置的剪力墙。剪力墙不公承受水平荷载，亦承受垂直荷载。

图 4.11　北京长城饭店

图 4.12　广州中天大厦

图 4.13　广州白云宾馆

剪力墙结构因其空间分隔固定，建筑布置极不灵活，所以一般用于住宅、旅馆等建筑。如广州白云宾馆（见图 4.13），地上 33 层，地下 1 层，高 112.4m，采用钢筋混凝土剪力墙结构，是我国第一座超过 100m 的高层建筑。

四、框支剪力墙结构

现代城市的土地日趋紧张，为合理利用土地，建筑商常常采用上部建设住宅楼或办公楼，而下部设商店的组合方式。这两种建筑的功能完全不同，上部住宅楼和办公楼需要小开间，比较适合采用剪力墙结构，而下部的商店则需要大空间，适合采用框架结构。为满足这种建筑功能的要求，必须将这两种结构组合在一起。为完成这两种体系的转换，需在其交界位置设置巨型的转换大梁，将上部剪力墙的力传至下部柱子上。这种结构体系，称之为框支剪力墙体系。

框支剪力墙结构中的转换梁的高度一般较大，常接近于一个层高。因此，该层常常用做设备层。上部的剪力墙刚度较大，而下部的框架结构刚度较弱，其差别一般较大，这对整幢建筑的抗震是非常不利的，同时，转换梁作为连接节点，受力亦非常复杂，因此设计时应予以充分考虑，特别是在抗震设防的地区应慎用。如北京兆龙饭店（见图 4.14）为地上 22 层，地上总高度为 71.8m 的框支剪力墙结构。

图 4.14　北京兆龙饭店

五、筒体结构

筒体结构是由一个或多个筒体作承重结构的高层建筑体系，适用于层数较多的高层建筑。在侧向风荷载的作用下，其受力类似刚性的箱型截面的悬臂梁，迎风面将受拉，而背风面将受压。

筒体结构可分为框筒体系、筒中筒体系、桁架筒体系、成束筒体系等。

（1）框筒体系　指内芯由剪力墙构成，周边为框架结构，如深圳的华联大厦（建于 1989 年），地上 26 层，地下 1 层，高 88.8m。

（2）筒中筒体系　当周边的框架柱布置较密时，可将周边框架视为外筒，而将内芯的剪力墙视为内筒，则构成筒中筒体系。如广东的国际大厦（建于 1990 年），地上 63 层，地下 4 层，高 199m。

（3）桁架筒体系　在筒体结构中，增加斜撑来抵抗水平荷载，以进一步提高承受水平荷载的能力，增加体系的刚度，这种结构体系称为桁架筒体系。如由著名华裔建筑师贝聿铭设计的香港中银大厦，平面为 52m×52m 的正方形，72 层，高 315m，至天线顶高为 367.4m，上部结构为 4 个巨型三角形桁架，斜腹杆为钢结构，竖杆为钢筋混凝土结构，钢结构楼面支撑在巨型桁架上，4 个巨型桁架支撑在底部三层高的巨大钢筋混凝土框架上，由 4 根巨型柱将全部荷载传至基础，4 个巨型桁架延伸到不同的高度，只有一个桁架到顶。

（4）成束筒体系　成束筒体系是由多个筒体组成的筒体结构。最典型的成束筒体系的建筑应为美国芝加哥的西尔斯大厦，地上 110 层，地下 3 层，高 443m，包括两根 TV 天线高 475.18m，采用钢结构成束筒体系。1～50 层由 9 个小方筒连组成一个大形筒体，在 51～66 层截去一条对角线上的两个筒，67～90 层又截去另一条对角线上的另外两个筒，91 层及以上只保留两个筒［为了减少剪切力，只在每一处向里收缩的下层处（设备层）设置斜角撑］，形成立面的参差错落，使立面富有变化和层次，简洁明快。

第五节　特种建筑

特种结构是指具有特种用途的工程结构，包括高耸结构、海洋工程结构、管道结构、容器结构和核电站结构等。本节介绍工业中常用的几种特种结构。

一、烟囱

烟囱是工业中常用的构筑物，是将烟气排入高空的高耸结构，能改善燃烧条件，减轻烟气对环境的污染。烟囱按建筑材料可分为砖烟囱、钢筋混凝土烟囱和钢烟囱三类。

砖烟囱的高度一般不超过 50m，多数呈圆截锥形，用普通黏土砖和水泥石灰砂浆砌筑。其优点是：可以就地取材，节省钢材、水泥和模板；砖的耐热性能比普通钢筋混凝土好；由于砖烟囱体积较大，重心较其他材料建造的烟囱低，稳定性较好。但其缺点是：自重大，材料数量多，整体性和抗震性较差；在温度应力作用下易开裂；施工较复杂，手工操作多，需要技术较熟练的工人。

钢筋混凝土烟囱多用于高度超过 50m 的烟囱，外形多为圆锥形，一般采用滑模施工。其优点是自重较小，造型美观，整体性、抗风、抗震性好，施工简便，维修量小。按内衬布置方式的不同，可分为单筒式、双筒式和多筒式。

目前，我国最高的单筒式钢筋混凝土烟囱为 210m。最高的多筒式钢筋混凝土烟囱是秦岭电厂 212m 高的四筒式烟囱。现在世界上已建成的高度超过 300m 烟囱达数十座，例如米切尔电站的单筒式钢筋混凝土烟囱高达 368m。

钢烟囱自重小，有韧性，抗震性能好，适用于地基差的场地，但耐腐蚀性差，需经常维护。钢烟囱按其结构可分为拉线式（高度不超过 50m）、自立式（高度不超过 120m）和塔架式（高度超过 120m）。

随着我国城市的不断发展和环保意识加强，近年来有很多早期的大型烟囱需要拆除，但是由于场地限制和工期紧迫，在建筑工程中需要采用爆破。武汉阳逻化肥厂内一座 100m 高的烟囱采用了国内首例折叠式爆破。沈阳冶炼厂三座百米高的巨型烟囱被同时实施定向爆破拆除，在同一场地同时起爆三座百米巨型烟囱，这在亚洲是第一次，在世界上也属罕见。

二、水塔

水塔是储水和配水的高耸结构，是给水工程中常用的构筑物，用来保持给水管网中的水量和水压。水塔由水箱、塔身和基础三部分组成。

水塔按建筑材料分为钢筋混凝土水塔、钢水塔、砖石塔身与钢筋混凝土水箱组合的水塔。水箱也可用钢丝网水泥、玻璃钢和木材建造，过去欧洲曾建造过一些具有城堡式外形的水塔。法国有一座多功能的水塔，在最高处设置水箱，中部为办公用房，底层是商场。我国也有烟囱和水塔建在一起的双功能构筑物。

水箱的形式分为圆柱壳式和倒锥壳式（见图 4.15），在我国这两种形式应用最多，此外还有球形、箱形、碗形和水珠形等多种。

塔身一般用钢筋混凝土或砖石做成圆筒形，塔身支架多用钢筋混凝土刚架或钢构架。

水塔基础有钢筋混凝土圆板基础、环板基础、单个锥壳与组合锥壳基础和桩基础。当水塔容量较小、高度不大时，也可用砖石材料砌筑的刚性基础。

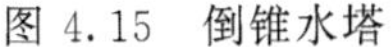

图 4.15 倒锥水塔

图 4.16 阿尔及利亚水塔

由我国援建的阿尔及利亚的 2500m 水塔（见图 4.16），其总高度为 47.46m，球壳外径 18.6m。采用了三种不同的厚度，上半球为 0.35m，半球至梯形圈梁处为 0.55m，圈梁以下为 0.90m。球体上有 4 条自墙体延伸上去宽 1.5m 的扶壁，以锚固预应力束。球壳由 4 片截面边续变化的墙体和一外径为 6.1m、壁厚为 0.5m 的筒体支撑。采用了直径 27m，厚 3.0m 的板式基础，其埋深 7.05m。

三、水池

水池同水塔一样用于储水。不同的是：水塔用支架或支筒支撑，水池多建造在地面和地下。按材料分为钢水池、钢筋混凝土水池、钢丝网水泥水池、砖石水池等。其中，钢筋混凝土水池具有耐久性好、节约钢材、构造简单等优点，应用最广。按施工方法分为预制装配式水池和现浇整体式水池。目前推荐用预制圆弧形壁板与工字形柱组成池壁的预制装配式的圆形水池；预制装配式矩形水池则用 V 形折板作池壁。

泳池是建筑工程中的一个重要部分。随着生活水平的提高，现在别墅私家泳池已不是新鲜事，且式样新颖。泳池给人们带来了很多好处，它为人们提供了一个夏季度假避暑的场所，甚至人们可以全年都利用它来进行休闲活动。泳池采用不规则形状的池沿，再配合风景如画的环境，就可以形成类似天然池塘或礁湖的效果。石板的路面，大块的岩石和砂砾色池底，使泳池看起来好像一个天然的湖泊（见图 4.17）。

图 4.17 泳池

四、筒仓

筒仓是储存粒状和粉状松散物体（如谷物、面粉、水泥、碎煤、精矿粉等）的立式容器，可作为生产企业调节和短期储存用的附属设施，也可作为长期储存粮食的仓。

根据所用的材料，筒仓可做成钢筋混凝土筒仓、钢筋仓和砖砌筒仓。钢筋混凝土又可分为整体式浇筑和预制装配、预应力和非预应力的筒仓。从经济、耐久和抗冲击性能等方面考虑，我国目前应用最广泛的是整体浇筑的普通钢筋混凝土筒仓。

按照平面形状的不同筒仓可做成圆形、矩形（正方形）、多边形和菱形，目前国内使用最多的是圆形和矩形（正方形）筒仓。圆形筒仓的直径为12m和12m以下时，采用2m倍数；12m以上时采用3m的倍数。

按照筒仓的储料高度与直径或宽度的比例关系，可将筒仓划分为浅仓和深仓。深仓主要供长期储料用，从深仓中卸料需用动力设施或人力。浅仓主要作为短期储料用，可以自动卸料。

五、核电站

我国的经济正以举世无双的态势迅猛增长，经济高速发展产生了庞大的需求，同时国内石油储备又不断下降，这些都促使我国做出提高核能发电量的决定。现有的8座核反应堆的发电量为6000MW，这些核电站位于广东的大亚湾及浙江的秦山（见图4.18）。计划到2020年，将核电占全国总体发电量的比例从目前的大约1%提高到5%。

图4.18 秦山核电站

反应堆是核电站的心脏，它是使原子核裂变的链式反应能够有控制持续进行的装置，是利用核能的一种最重要的大型设备。反应堆中有控制棒，它是操纵反应堆、保证其安全的重要部件，它是由能强烈吸收中子的材料制成的，主要材料有硼和镉。

反应堆的类型很多，根据不同的标准，可以有多种分类。下面介绍三种分类。

（1）“快堆”和“慢堆”（亦称“热堆”） 当前世界上绝大多数反应堆均为热中子反应堆（简称“热堆”或“慢堆”）。“快堆”即“快中子反应堆”，它与“慢堆”的根本区别在于，引起核裂变的“炮弹”是高能的快中子。

（2）“压水堆”和“沸水堆” 在正常运行条件下，压水反应堆内的水由于受到很高的压力，始终处于“液态”。我国已建成的秦山核电站（一期）和大亚湾核电站以及正在建设的秦山二期、岭澳和田湾核电站均采用压水堆。沸水反应堆内的水则处于气、液两相的状态。

（3）“轻水堆”和“重水堆” 自然界的氢有三种同位素：氕（1H）、氘（2H）、氚

(3H)。普通水中的氢原子是“氕”，这种水称为“轻水”；若水中的氢原子是“氘”，则称为“重水”。“轻水堆”和“重水堆”的区别在于反应堆的冷却剂、慢化剂是“轻水”还是“重水”。秦山三期核电工程采用的是重水堆。

第六节　未来展望

日本佐贺宇宙科学馆（建于1999年）是一座能与周围自然环境进行有张力对话的参与体验型综合科学馆。其展示空间的大半体量沉入地下，展馆像台阶一样层层跌落，露出地表的部分呈柔和的圆弧形，创造出崭新的建筑轮廓线，与大地融为一体。宇宙展示部分的设计定位在“太空船”上，金属饰面的建筑体量按加法构成的模式组合，从绿色的大地上浮现出来，通过与自然的对峙，创造出特异的趣味。风格不同的各种展示空间通过三层通高的公共空间连接起来，在视觉和功能上成为一体，让人联想到宇宙基地的整体建筑形象，展示出未来建筑的可能形式。

建筑的发展是综合利用多种要素以满足人类居住需要的完整现象，走可持续发展之路，以新的观念对待21世纪建筑的发展，这将带来又一个新建筑运动，包括建筑科学技术的进步和艺术创造等，更具体地说：

生态观——正视生态困境，加强生态意识；

经济观——人居环境建设活动与经济发展良性互动；

科技观——充分利用科学技术，推动经济发展和社会繁荣；

社会观——关怀最广大的人民群众，重视社会发展的整体利益；

文化观——积极推动建筑文化和艺术的创造、发展和繁荣。

那么21世纪建筑究竟会是什么样的呢?

（一）2001～2013年，建筑业的新黄金时期

在这一时期，各国新型建筑极富创造性，设计师们将力求大胆、创新和个性化。但是，这些新型建筑仍然是以传统的建筑模式与技术为基础的。例如，城市中心街道两边建筑物上的玻璃，由传统透明玻璃改变为能通电光的彩色玻璃，因此一到晚上，这些玻璃便更加光彩夺目。有些是建筑物的通体蓝色，有些则是晶莹的黄色，也有些是闪烁着广告图文的红绿相间的条纹等。

在这个新黄金时期里建筑物的最大特点是追求曲线美，其曲线、曲面将比直线和平面多得多，窗户多为圆形、椭圆形或其他无拘无束的形状，传统的直接方角已很难见到。

（二）2014～2040年，修道院式和生态艺术时期

这个时期的城市建筑将倾向于修道院式，建筑群围成一个或几个天井，这是届时由于人多地少和犯罪率高的结果。与严酷的外界相比，建筑物围成天井无疑要安全得多。

这一时期的建筑大多是智能型的，建筑物中遍布多种智能传感器用于检测应力、畸变、沉降、裂纹、腐蚀以及各种构件的其他功能。建筑物中可能会装上环境传感装置，用于检测空气的温度、湿度和污染。通过墙壁和房顶对空气进行过滤，这些信息都将会反馈到一个中央处理机构，以保证建筑的安全与“健康”。

由于越来越关心环境和生物保护，新的建筑物将与所在地区的特定环境相协调。比如，沿海一带所有的高层建筑呈螺旋状而形似各种贝壳，建筑物大量采用手工工艺制品和编程机器生产的预制。从技术角度来讲，再复杂的构件都可以由机器生产出来，但是人们越来越崇

尚手工工艺。

（三）2041～2055 年，怀旧风格与高科技建材时期

进入 2041 年，关于“昔日美好时光”的怀旧书籍和影视作品将备受人们欢迎，怀旧的建筑也因此开始占据上风，各种各样的早期殖民风格的建筑开始重新流行。刚开始时，这些经典建筑中复杂的局部都是用手工加工出来的石料和木材，这些新型建筑材料可用高强度胶黏剂迅速而又方便的黏合起来，其外观与天然的石料及木材极为相似。

耐火性能好的预制结构钢也将开始出现，耐火陶瓷微粒可掺入高强钢中并形成永久化合物。此外，这一时期将广泛使用一项高新技术——磁悬浮，在高层建筑物内使用磁悬浮电梯，不光可像磁悬浮列车那样运行平稳和安全，而且其速度也比普通电梯快好几倍。

（四）2056～2070 年，带穹顶的城市时期

预计到 21 世纪中叶，利用现有的高层建筑柱子，可在城市上空撑起一顶重量轻、半透明的钟罩。于是，许多高层建筑的顶部都像刀削过般变得一样高了。有了顶巨大的穹顶，各种室外娱乐活动都可以 24 小时全天候进行，每当夜幕降临时，计算机控制的彩色激光将穹顶变成了色彩斑斓的反光镜。

（五）2071 年以后，动态建筑时期

到 2071 年以后，建筑物仍然在日新月异地变化着。陈旧的建筑物落伍了，新建筑追求美感的侧重点不再是比例或顺序，而是活力和动态，这是 21 世纪活动艺术的延续和发展。

动态建筑能够借助铰链和滑道改变外形，墙壁和屋顶可以重新排列组合，房间可以扩大或缩小，也可以由长方形变成多边形，甚至还能从一处整体移到另一处；许多建筑物可以整体旋转，使太阳能电池始终对着太阳。

第七节　典型案例

2003 年湖南省衡阳市衡州大厦发生火灾，一个小时之内，大火蔓延到整个大楼。大约三个半小时后，这幢 8 层大楼突然整体坍塌。

衡州大厦是一栋商住大楼。该楼建于 1997 年，8 层（局部 9 层），为回字形砖混结构。1 层为仓库，2～3 层为商场。经营项目包括塑料制品、服装、玩具、干货、油漆、稀料、野生动物等。4～8 层为民居。

衡阳大火，是新中国成立以来，死伤消防员最多的火灾。引起了全社会的震惊，也让人们将关注的目光集中到商住楼的工程质量问题上。

衡州大厦的设计者、施工者和物业管理者是××建筑集团。然而，在建设衡州大厦时，这家建筑公司尚无设计、施工资质，主管人员在没有取得施工许可证的情况下，找来所谓的工程师、设计师，绘图设计，招工盖楼，其质量可想而知。

该建筑集团没有通过正规设计单位设计，而是擅自设计施工，并绘制了两套图纸：1 套用于报建；1 套用于施工。报建的图纸是三栋相互平行的砖混结构住宅楼，为“三”字形，6 层。首层是商业服务网点，建筑面积为 5000m^2。实施施工用的图纸却是一栋“回”字形的 8 层（局部为 9 层）的砖混结构综合楼，首层为仓库，2～3 层为营业厅，建筑面积为 9300m^2。

事发后，国家有关部门派出联合调查组，一个组调查衡州大厦失火的原因，一个组调查衡州大厦坍塌的原因。衡州大厦之火起于 1 层仓库，是有人在仓库内用硫黄熏制辣椒等干货

失控引起的。衡州大厦的坍塌，暴露了该项工程是一项“豆腐渣”工程。

《建筑设计防火规范》规定，高度低于24m的多层普通住宅楼，允许在底层开设建筑面积不超过300m^{2}的百货店、副食店及粮店、邮政所、储蓄所、理发店等商业服务网点。这些商业服务网点，必须采用耐火极限不低于3h的隔离墙和耐火极限不低于1h的非燃烧体楼板同住宅分隔开。凡在住宅楼内生产、经营易燃品，或设置仓库，均属违规，应当视为火灾隐患。

在我国各大中城市中建设的砖混结构的多层住宅楼，一般以5层以下者为多。很少有像衡阳大火中坍塌的那样的8层砖混结构的楼宇。《建筑设计防火规范》规定：只有耐火等级为一、二级的，才许建造5～9层的住宅楼。还规定超过5层或面积超过1万平方米或底层设有商业服务网点的多层建筑，应当安装消火栓。这种商业服务网点的建筑面积不应大于300m^2，且只许经营百货、副食等，而不许从事易燃易爆商品的制作和销售，更不许在住宅楼内设置仓库。因为一般商业服务网点，营业厅的可燃性商品每平方米通常不会超过200kg。假如在住宅楼内设置仓库，其可燃性商品的储存量就将会失控。库内可燃物越多，火灾危险越大。火灾荷载越大，物质燃烧时所产生的热量、烟雾、毒气也会越多，持续燃烧的时间越长，扑救难度越大。建筑物受热坍塌的可能性越大，导致众多人员伤亡的可能性也越大。衡阳大火中坍塌的楼宇，就是从1层的仓库首先燃起的。实践证明：多层住宅楼底层设大跨度超市、底层设仓库、底层设汽车库等火灾危险是很大的。

从理论上说：用水泥砌筑的普通黏土砖实心墙，属于不燃烧体，耐火极限也能达到2～3h。但是，用砖混结构盖6层以上的楼宇，应当慎重。实践证明，在火灾情况下，砖混结构的楼宇会发生复杂的变化。黏土砖的吸水率为23%～25%，水渍后，其自重迅速增大。而普通黏土砖的耐火性也很差，在火灾的高温状态遇冷水会迅速开裂、酥软解体，逐渐丧失承载能力。曾有人做过这样的实验，将一块黏土砖烧热，然后向其浇注冷水，发现热砖上立即冒出大量的水蒸气，并伴随着砖表面的剥裂出现。这样反复若干次后，黏土砖解体，完全丧失承载能力。在火场上，砖混建筑连续大量的喷水灭火会加大结构荷载，而时断时续的喷水又将加速砖体的破坏。因此，对砖混结构的火灾救援，应考虑建筑物坍塌的危险性。这里，也建议有关研究机构探讨一下，喷水灭火是否是建筑物火灾救援的最佳方式。

值得注意的是，当砖混结构的楼宇坍塌时，被掩埋在废墟之中的人，生还之机会甚少。此次衡州大厦的坍塌，掩埋在废墟中的21人，仅有1人幸运生还，而且是历经81h之后才从废墟中解救出来的。

在通常情况下，建筑物从着火到烧塌所用的时间是不一样的。有的只有1～2h，有的需要3～5h，也有的需用10～20h。这取决于建筑物的耐火等级的高低，燃烧物的多少，燃烧时所生成的热量的多少和救火力量的强弱以及灭火剂喷入量的多少。同样耐火等级的建筑物失火，如果救火力量强，灭火剂喷入量充足，燃烧物不能充分燃烧，就不会在短时间内生成大量的热，建筑物坍塌的时间就可能推迟。同样耐火等级的建筑物失火，工程质量越差，救火力量越弱，灭火剂喷入量越少，建筑内可燃物越多，燃烧的火势越猛，建筑物坍塌的也越快。

实践证明，建筑跨度越大，楼宇越高，着火后，烧塌的可能性越大。金属结构的大型体育馆建筑、大型商用建筑尤其明显。1973年5月5日，天津市人民体育馆发生火灾。该馆是大跨度的钢屋架结构，着火不到一个小时，就整体坍塌了。1998年5月5日，北京玉泉营环岛家具城发生火灾，该建筑也是大跨度的钢屋架结构，建筑面积23000m^2，着火后，不到1h就整体烧塌落架了。万幸的是，火灾发生在非营业时间，营业厅内无人，消防队救火时也未进营业厅，才未造成人员伤亡。1994 年 6 月 16 日，广东省珠海前山纺织厂发生火灾。发生火灾的是一栋 6 层的大楼，耐火等级为一级。首先着火的部位是 1 层仓库，库内有棉花 1.2 万吨，棉花着火燃势凶猛，很快烧至楼上各层。消防队闻讯后，立即调集 71 辆消防车和 454 名消防员，投入救火。历经 10h 奋力扑救，大火终于被扑灭，消防员无一伤亡。火灭后消防员卷起水龙离开了现场。不料，此时工厂老板在没有对烧酥了的楼体进行鉴定的情况下，命令数百名职工进入火场，清理尚未烧尽的棉花。结果被火烧过的大楼因为失去支撑能力而突然坍塌，93 人被掩埋在废墟中死亡。

从历次火灾的情况看，钢结构大跨度的建筑是最不耐火的。砖混结构不适合用于高层商住楼，因为砖砌的墙体梁柱，通常不能满足一、二级耐火等级要求。“豆腐渣”工程，不论建筑物的高低，跨度的大小，都是不耐火的。

衡州大厦坍塌的教训，告诫人们，有两项救援要点是必须牢记的，一是预估建筑物内的燃烧物能持续燃烧多久。二是如耐火极限为 2h 的建筑失火，在持续燃烧 2h 后，应对建筑物的支撑能力进行评估和观察。

小　　结

本章主要学习建筑工程基本构件及作用，单层与多层建筑，高层建筑与超高层建筑，特种建筑，未来建筑，对建筑工程有一定基本认识。

能力训练题

一、填空题

1. 建筑物的基本构件可分为板、梁、柱、拱、__________、__________、__________。

2. 高层与超高层结构的主要结构形式有：__________、__________、__________、框支剪力墙结构、筒体结构等。

3. 我国以 8 层为界限，低于 8 层者称为多层结构。多层结构主要运用于居民住宅、商场、办公楼、旅馆等，常用结构形式为__________、__________。

二、判断题

1. 单层工业厂房一般采用砖混结构。（　　）

2. 大跨度建筑是指跨度大于 80m 的建筑。（　　）

3. 特种结构是指具有特种用途的工程结构，包括高耸结构、海洋工程结构、管道结构、容器结构和核电站结构等。（　　）

三、简答题

1. 什么是高层建筑？

2. 你心目中的未来建筑是什么样的？

3. 你所知的建筑工程之最是什么？

能力拓展训练

实地参观学校周边地区的建筑工程，分析其几何设计、使用功能及施工方法。

第五章　交通土建工程

【知识目标】

- 了解道路工程的发展与应用
- 了解飞机场工程的发展与应用
- 了解铁路工程的发展与应用

【能力目标】

- 会判别道路交通类型及优缺点
- 会判别航空交通类型及优缺点
- 会判别铁路交通类型及优缺点

开章语　交通运输是国民经济的大动脉，是一个国家社会和经济发展的战略基础。我国幅员辽阔，物产丰富，人口众多。在加快国家经济发展，特别是在中西部开发建设的战略要求下，为了提高人民群众的物质文化生活水平，增强综合国力和巩固国防，必须建立完善的交通运输体系。

一个完善的交通运输体系是由铁路、道路、水运、航空和管道五种运输方式构成的大体系，共同承担着客、货的集散与交流。它们各具特色，根据不同自然地理条件和运输功能发挥各自优势，相互分工、联系和合作，取长补短协调发展，形成综合的运输能力。

总体说来，近些年，随着国民经济的发展和意识的提高，我国各种运输方式的组成结构也在不断优化，铁路运输的比重有所下降，公路运输的比重逐年上升，特别是高速公路的发展经历了一个快速增长的阶段，航空旅客运输量也迅速增长，但目前铁路运输仍占主导地位。

未来我国交通运输发展的基本思想应是：在可承担得起的资源和成本消耗的情况下，建立能够较有效地满足人们出行和货物运输需要，并创造更好生活和工作环境的交通运输系统。

第一节　道路工程

道路伴同人类活动而产生，又促进社会的进步和发展，是历史文明的象征、科学进步的标志。原始的道路是由人踩踏而形成的小径。之后，随着人类要求的提高有了更好的道路，取土填坑，架木过溪，以利通行。当人类由原始农业到驯养牲畜后，逐渐利用牛、马、骆驼等乘骑或驮运，因而出现驮运道。车轮的发明使陆地运输从此进入马车交通时代。古巴比伦、古埃及、中国、古印度、古希腊、古罗马等文明古国，为了军事和商旅的需要，道路工程都有辉煌的成就。古波斯大道、欧洲琥珀大道、中国秦代栈道和驰道，已有数千年历史。横贯亚洲的丝绸之路，对东西方文化交流起到巨大影响，中国古代发明也从此传播世界。中国历来重视道路的规划、修建和养护。古代道路工程有卓越创造，秦筑驰道，汉唐通西域，各国商旅兴盛。

18世纪中叶，现代道路工程开始在欧洲兴起。1747年第一所桥路学校在巴黎建立。法国P. M. J. 特雷萨盖、英国T. 特尔福德和J. L. 马克当等工程师提出新的路面结构理论和实践，奠定了现代道路工程的基础。1883～1885年德国G. W. 戴姆勒、C. F. 本茨发明了汽车，开创了以汽车交通为主的现代道路工程的新时代。1931～1942年德国建成高速公路网，为汽车交通提供了安全、迅速、经济、舒适的行车条件。发展至今世界各国高速公路网发展更为完善。

一、道路的基本体系

道路运输从广义上讲是指货物和旅客借助一定的运输工具，沿道路某个方向，作有目的地移动的过程。狭义上讲道路运输则是汽车在道路上运输。由于道路运输的广泛性、机动性和灵活性，能充分深入到社会生活、生产领域的各个方面，从政治、经济、文化、教育、军事到人民群众的衣食住行，都和道路运输密切的关系。它与其他运输比较，具有更加灵活、更有针对性的特点，容易实现直达运输服务，因此它是运输体系中最活跃的运输方式。道路基本体系如图5.1所示。

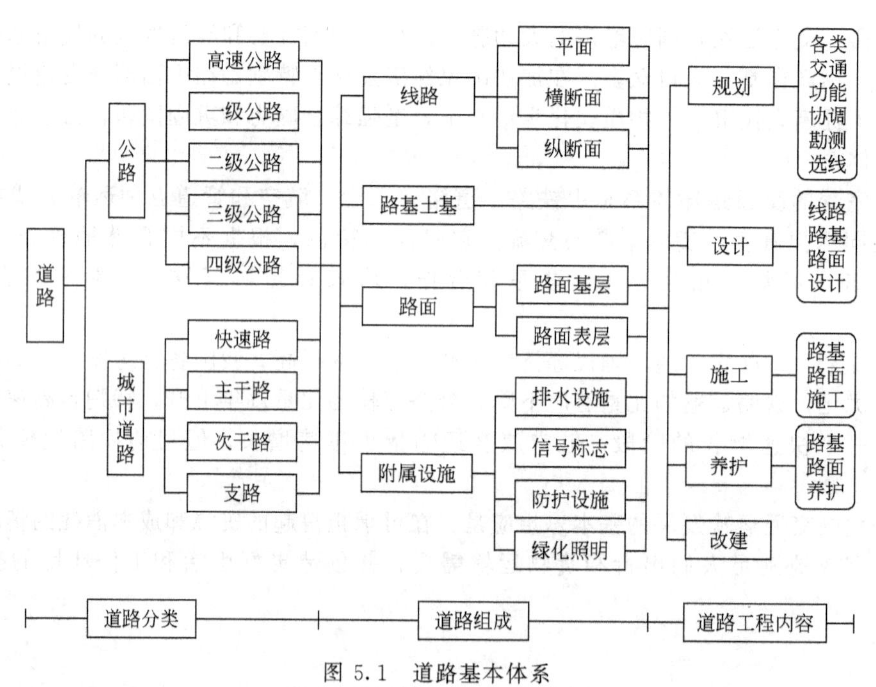

图5.1　道路基本体系

1. 公路分类及技术指标

一个国家的公路分类与技术标准一般由该国负责管辖公路与建设的部门来制定其标准。我国由交通部来制定公路分级与标准。当前我国的公路等级按照其使用任务、功能和适应的交通量分为高速公路、一级公路、二级公路、三级公路、四级公路五个等级(见表5.1)。

高速公路为干线公路，一般按照需要设计高速公路的车道数，能适应各种汽车远景设计年限，平均昼夜交通量为25000～100000辆之间；一级公路为专供汽车分向、分车道行驶的公路，设计年限平均昼夜交通量为15000～30000辆；二级公路一般适应年限平均昼夜交通量为3000～7500辆；三级公路为1000～4000辆；四级公路一般为双车道1500辆以下，单车道200辆以下。

表 5.1 公路分类及技术标准

公路等级	高速公路		一级公路		二级公路		三级公路		四级公路	
地形	平原微丘	山岭重丘	平原微丘	山岭重丘	平原微丘	山岭重丘	平原微丘	山岭重丘	平原微丘	山岭重丘
设计行车速度/(km/h)	120	80	100	60	80	40	60	30	40	20
行车道宽度/m	2×7.5	2×7.0	2×7.5	2×7.0	9	7	7	6	3.5	3.5
路基宽度/m	26	23	23	19	12	8.5	8.5	7.5	6.5	6.5
曲线设计最小半径/m	650	250	400	125	250	60	125	30	60	15
停车视距/m	210	110	160	75	110	40	75	30	40	20
最大弧坡度/%	3	5	4	6	5	7	6	8	6	9
路面等级	高级		高级		高级或次高级		次高级或中级		中级或低级	
路面设计车荷载	汽车一超 20 级		汽车一超 20 级		汽车一超 20 级		汽车一超 20 级		汽车一超 20 级	
路面车道数	4		4		2		2		2 或 1	

另外，按照公路的位置以及在国民经济中的地位和运输特点的行政管理体制分为：国道、省道、县道、乡（镇）道、通村公路及专用公路等几种。

国道由中央统一规划，由各所在省市自治区负责建设、管理、养护。省道是在国道网的基础上，由省对具有全省意义的干线干路加以规划，并且建设、管理、养护。县道中的主要路段由省统一规划、建设、管理，一般路段由县自定并建设、管理、养护。乡镇路主要为乡村服务，由县统一规划组织建设、管理、养护。专用道为厂区、林区、矿区、港区的道路，由专用部门自行规划、建设、管理和养护。

公路的技术标准是根据理论和总结公路建设的经验以及国家政策而拟定的，是国家的法定技术要求，它反映了一个国家公路建设的技术方针和水平。一般为“几何标准”、“载重标准”和“净空标准”等，在公路设计时必须严格遵守。

“几何标准”或称“线形标准”主要是确定路线线形几何尺寸的技术标准。“载重标准”是用于道路的结构设计，它的主要依据是汽车的载重标准等级。“净空标准”是根据不同汽车确定的外轮廓尺寸和轴距，来确定道路的尺寸。

2. 城市道路的分类及技术指标

城市道路（见图 5.2）是城市总体规划的主要组成部分。

图 5.2 城市道路

按照道路在道路网中地位、交通功能以及沿线建筑物的服务功能，我国CJJ 37—90《城市道路设计规范》将城市道路分为四类。城市道路主要技术指标见表5.2。

表5.2 城市道路主要技术指标

道路类别		计算行车速度/(km/h)	双向车道数	平曲线设超高后最小半径/m	停车视距/m	容许纵坡/%
快速路		60～70	大于等于4	200～250		4
主干路	Ⅰ	50～60	大于等于4	150～200	55～75	5
	Ⅱ	40～50	3～4	80～150	40～55	5.5
	Ⅲ	30～40	2～4	50～80	30～40	6.0
次干路	Ⅰ	40～50	2～4	80～150	40～55	5.5
	Ⅱ	30～40	2～4	50～80	30～40	6.0
	Ⅲ	20～30	2	20～50	20～30	6.0
支路	Ⅰ	30～40	2	50～80	30～40	6.0
	Ⅱ	20～30	2	20～50	20～30	8.0
	Ⅲ	20	2	20	20	8.0

(1) 快速路　双向行车道，中央设有分车带、进出口，一般全控制或部分控制，为城市大量、长距离、快速交通服务。快速路要有平顺的线形，与一般道路分开，使汽车交通安全、通畅和舒适。如北京的三环路和四环路、上海的外环线等。一般交叉路口也建有立体交叉，有时还全封闭，中央有隔离带。

(2) 主干路　连接城市主要分区的干路，以交通功能为主，一般为三幅或四幅路。主干路线形应畅通，交叉口宜尽量少，以减少干扰，平面交叉应有交通控制措施。目前有些城市以高架式的道路实现城市主干路，如上海的内环高架路，已形成“申”字形的平面线形，是比较有代表性的主干路。

(3) 次干路　与主干路组成道路网，起集散交通之用，兼有服务功能。一般情况下，快慢车混合使用。

(4) 支路　为次干路与街坊路的连接线，解决局部地区交通，以服务功能为主。道路两侧有时还建有商业性建筑等。

另外，城市道路还分为居住区道路、风景区道路和自行车专用道等。

城市道路的设计年限规定为：快速路与主干路为20年；次干路为15年；支路为10～15年。道路上的通行能力，是指一条道路规划和设计的依据，也是检验一条道路是否充分发挥了作用和是否发生阻塞的理论依据。一般地，影响通行能力的主要因素有道路、交通条件、汽车性能、气候环境条件等。因此，在道路设计时，必须综合上述因素来考虑道路的实际通行能力。

二、公路建设

公路是连接城市、乡村和工矿基地之间，主要供汽车行驶并具备一定技术标准和设施的结构物。

公路的结构建设如下：

(1) 公路的路基建设　路基是用土或石料修筑而成的线形结构物。它承受着本身的岩土自重和路面重力，以及由路面传递而来的行车荷载，是整个公路构造的重要组成部分。路基主要包括路基体、边坡、边沟及其他附属设施等几个部分。

(2) 公路的路面建设　路面是用各种筑路材料或混合料分层铺筑在公路路基上供汽车行

驶的层状构造物，其作用是保证汽车在道路上能全天候、稳定、高速、舒适、安全和经济地运行。路面通常由路面体、路肩、路缘石及中央分隔带等组成，其中路面体在横向又可分为行车道、人行道及路缘带。

面层所用材料主要有水泥混凝土、沥青混凝土、沥青碎（砾）混合料、沙砾或碎石掺土的混合料以及块石等。它要承受较大的行车荷载的垂直力、水平力和冲击力的作用，同时还要承受降水、浸蚀及气温等外界因素的影响。

基层所用材料主要有：各种结合料（如石灰、水泥、沥青等）、稳定土或稳定碎（砾）石、贫水混凝土、天然沙砾、各种碎石或砾石、片石、块石或圆石，各种工业废渣（如煤渣、粉煤灰、矿渣、石灰石等）和土、砂、石所组成的混合料。基层主要承受由面层传来的车辆荷载的垂直力，并扩散到垫层和土基中去。

路面结构如图 5.3 所示。

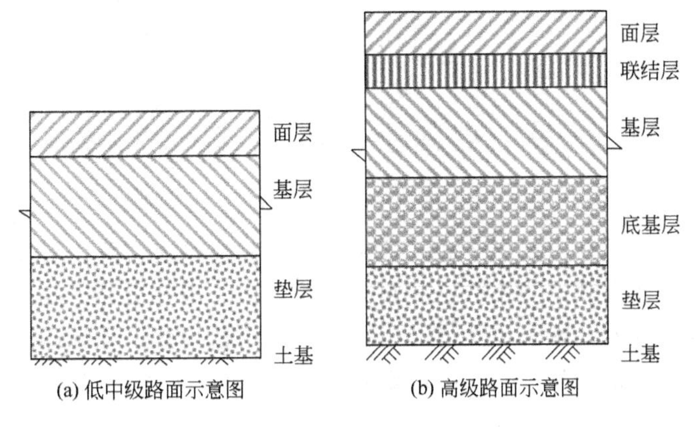

(a) 低中级路面示意图　(b) 高级路面示意图

图 5.3　路面结构

（3）公路排水　为了确保路基稳定，免受地面水和地下水的侵害，公路还应修建专门的排水设施。地面水的排除系统按其排水方向不同，分为纵向排水和横向排水。纵向排水有边沟、截水沟和排水沟等。横向排水有桥梁、涵洞、路拱、过水路面、透水路堤和渡水槽等。

（4）公路特殊结构物　公路的特殊结构物有隧道、悬出路台、防石廊、挡土墙和防护工程等。当公路翻山越岭或穿过深水时，一般采用开凿隧道来解决。悬出路台是在山岭地带修筑公路时，为了保证公路连续、路基稳定和确保行车所需修建的悬臂式路台。防石廊则是山区或地质复杂地带，为了保证公路的行车安全而修建的。挡土墙是为保证路基稳定和减少填、挖方工程量而修建的。在陡岭山坡或沿河一侧路基边坡受水流冲刷或不良地质现象的路段，为了保证路基稳定，加固路基边坡所建的人工构造物称之为防护工程。

（5）公路沿线附属结构和标记的建设　一般在公路上，除了上述各种基本结构以外，为了保证行车安全、迅速、舒适和美观，还需设置交通管理设施、交通安全设施、服务设施和环境美化设施等。

交通管理设施包括：路面标线；指示标志（指示司机行驶的方向、行驶里程等）；警告标志（警告前方有行车障碍物和行车危险的地方等）；禁令标志（如限速标志、载重标志和不准停车的标志等）。

交通安全设施包括护栏、护柱等。

服务性设施包括汽车站、加油站、修理站、停车场、餐厅、旅馆等。

环境美化设施包括路侧带和中间分隔带等地的绿化等。

三、高速公路

为了满足现代交通工具的大流量、高速度、重型化、安全、舒适的要求，高速公路（见图 5.4）应运而生。

图 5.4　高速公路

近年来，许多国家已在主要城市和工业中心之间修建高速公路，形成了全国性的高速公路网。一些国家还将通向其他国家的主要高速公路，称为国际交通干线。

改革开放以后，随着我国国民经济的迅猛发展，高速公路也得到迅速发展。

高速公路要求一般能适应 120km/h 或者更高的速度，路线顺畅，纵坡平缓，路面有 4 个以上车道的宽度；中间设置分隔带，采用沥青混凝土或水泥混凝土高级路面，为保证行车安全设有齐全的标志、标线、信号及照明装置；禁止行人和非机动车在路上行走，与其他线路采用立体交叉、行人跨线桥或地道通过。高速公路造价很高，占地多。我国的高速公路每公里造价大约 3000 万元左右，路基宽按照 26m 计算则每公里占用土地约 $0.026km^2$ 以上。但是从其经济效益与成本比较看，高速公路的经济效益还是很显著的。

1. 高速公路的优势

① 行车速度快、通行能力大。一般高速公路行车速度在 120km/h 以上。

② 物资周转快、经济效益高。一般运距在 300km 以内，使用大吨位车辆运输，无论从时间还是经济角度考虑，均优于铁路和普通公路运输。

③ 交通事故少、安全舒适性好。因为高速公路有严格的管理系统，全段采用先进的自动化交通监控手段和完善的交通设施，全封闭、全立交、无横向干扰，因此交通事故大幅度下降。

④ 带动沿线地方的经济发展。高速公路的高能、高效、快速通达的多功能，使生产与流通、生产与交换周期缩短，速度加快，促进了商品经济的繁荣与发展。

2. 高速公路路面

常见的高速公路行车带的每一行驶方向至少两个车道，便于超车。车道宽 3.75m，中间带全宽 4.5m，地形受限制时分别为 2.00m、2.50m、3.00m。路肩在平原微丘区硬路肩宽不应小于 2.50m，土路肩宽不小于 0.75m。高速公路路面见图 5.5。

3. 高速公路沿线设施

高速公路沿线有安全设施、交通管理设施、服务性设施、环境美化设施等。

图 5.5 高速公路路面

安全设施一般包括标志（如警告、限制、指示等）、标线（文字或图形来指示行车的安全设施）、护栏（有刚性护栏、半刚性护栏、柔性护栏等）、隔离设施（是对高速公路进行隔离封闭的人工构造物的统称，有防眩板等）、视线透导设施（为保证司机视觉及心理上的安全感，所设置的全线轮廓标）等。

交通管理设施一般为高速公路入口控制、交通监控设施（如检测器监控、工业电视监控、通信联系电话、巡逻监视等）等。

服务性设施一般是综合性服务站（包括停车场、加油站、修理所、餐厅、旅馆、邮局、通信、休息室、厕所、小卖部等）、小型休息点（以加油为主、附设厕所、电话、小块绿地、小型停车场等）等。

环境美化设施是保证司机高速行驶时在视觉上、心理上协调的重要环节。因此，高速公路在设计、施工、养护、管理的全过程中，除满足工程和交通的技术要求外，都要以美学观点加以比较，经过多次调整、修改，使高速公路与当地的自然风景协调而成为优美的彩带。

4. 高速公路建设存在的问题

(1) 投资大、资金来源困难　我国四车道高速公路平均造价 1200 万元/km，比普通公路高出几倍甚至几十倍，尽管这些投资在道路投入营运后可以逐年收回，但结合我国国情，待建项目多而资金紧缺，应该统筹规划，分步实施。

(2) 占地多　高速公路一般占地宽度 20～30m 以上，六车道为 50～60m 以上，我国人口众多，可耕地面积少，耕地又逐年减少，必然出现农业用地与高速公路建设间的矛盾。

(3) 与普通公路和地方交通贯通问题　由于高速公路的全封闭、全立交性，在达到长距离快速通达运输服务的同时，必然给沿线交通造成一定困难，对行人生产与生活带来不便，这被称为高速公路的“盲区”。优化好高速公路干线的交通与普通公路及地方道路的交通问题还有待于解决。

(4) 紧密型的管理问题　高速公路建设标准高，路面系统结构复杂，采用高科技现代通信监控，监视系统，交通工程与服务设施数量多，技术性能复杂，加之道路处于全天候、大流量、高速度的负荷下，公路管理如何打破普通公路的养护管理方式，对高速公路实行高效管理，已成为摆在我国面前的重要课题。

（5）环境保护问题　在高等级公路上集中高速行驶的车流所发生的噪声，排放的废气、废液、废物，将会给环境造成一定的污染。虽然国外已有一些解决交通公害的措施，但问题还未完全解决。

第二节　铁路工程

希腊是第一个拥有路轨运输的国家，至少2000年前已有马拉的车沿着轨道运行，它是铁路的最原始模型。1804年，理查·特尔维域克在英国威尔士发明了第一台能在铁轨上前进的蒸汽机车，但没赚到什么钱。第一台取得成功的蒸汽机车是乔治·史蒂芬孙在1829年建造的“火箭号”。

20世纪60年代开始出现了高速铁路，速度从120km/h提高到450km/h左右，以后又打破了传统的轮轨相互接触的铁路，发展了轮轨相互脱离磁悬浮铁路。而后者的试验运行速度，已经达到500km/h以上。

1876年，我国出现了第一条铁路，吴淞铁路。五年后，在清政府洋务派的主持下，于1881年开始修建唐山至胥各庄铁路，从而揭开了中国自主修建铁路的序幕。新中国成立后的50年来，为开发内地、西南和西北地区，新建了很多的铁路，使我国铁路网布局逐渐趋于平衡。2010年，全国铁路营业里程达到9万公里，复线、电化率均达到45%以上，形成延伸至祖国东南西北的全国铁路网。上海浦东国际机场至龙阳路地铁站的磁悬浮铁路兴建成功，标志着我国铁路建设已逐步迈上国际先进水平。

城市轻轨与地下铁路已是各国发展城市公共交通的重要手段之一。自北京出现了我国第一条地下铁路以后，上海、天津、广州、南京等地已将发展地铁作为解决城市公共交通的重要措施之一。上海于2000年12月顺利建成了我国第一条轻轨铁路明珠线，它将我国的城市交通发展推向一个新的阶段。

我国高速铁路发展迅速，从引进时速200公里高速列车技术，到自主开发时速350公里、380公里“和谐号”动车组；从京津城际铁路、武广高铁运营，到京沪高铁即将开通，我国迅速跨入引领世界的“高铁时代”。

铁路工程涉及选线设计和路基工程两大部分。下面就以上两部分内容作简单介绍，并将简述高速铁路、城市地铁与轻轨、磁悬浮铁路等方面的知识。

一、铁路选线设计与路基

1. 铁路选线设计

铁路选线设计是整个铁路工程中设计中的一项关系全局的总体性工作。选线设计要考虑以下因素：

① 设计线路的意义和与行政区其他建设的配合关系；

② 设计线路的经济效益和运量要求；

③ 设计线路所处的自然条件；

④ 设计线路主要技术标准和施工条件等。

2. 铁路路基

铁路路基是承受并传递轨道重力及列车动态作用的结构，是轨道的基础。路基是一种土石结构，处于各种地形地貌、地质、水文和气候环境中，有时还遭受各种灾害，如洪水、泥石流、坍塌、地震等。路基设计一般需要考虑如下问题。

（1）横断面　形式有路堤、半路堤、路堑、半路堑、不填不挖等。路基由路基体和附属设施两部分组成。路基面、路肩和路基边坡构成路基体。路基附属设施是为了保证路肩强度和稳定，所设置的排水设施（如排水沟）、防护设施（如种草种树）与加固设施（如挡土墙、扶壁支护结构等）。

（2）路基稳定性　路基受到列车动态作用及各种自然力影响可能出现的道渣陷槽、翻浆冒泥和路基剪切滑动与挤压等现象，所以需要从以下的影响因素去考虑：路基的平面位置和形状；轨道类型及其上的动态作用；路基体所处的工程地质条件；各种自然外力的作用等。设计中必须对路基的稳定性进行验算。

二、高速铁路

铁路现代化的一个重要标志是大幅度地提高列车的运行速度。高速铁路是发达国家于20世纪60～70年代逐步发展起来的一种城市与城市之间的运输工具。一般地讲，铁路速度的分档为：时速100～200km称为常速；时速120～160km称为中速；时速160～200km称为准高速或快速；时速200～400km称为高速；时速400km以上称为特高速。

日本、法国、德国等是当今世界高速铁路技术发展水平最高的几个国家。归纳起来，当今世界上建设高速铁路有以下几种模式。

日本新干线模式（见图5.6）：全部修建新线，旅客列车专用。

图5.6　日本高速列车

德国ICE模式（见图5.7）：全部修建新线，旅客列车及货物列车混用。

英国APT模式（见图5.8）：既不修建新线，也不大量改造旧线，主要采用由摆式车体的车辆组成的动车组；旅客列车及货物列车混用。

法国TGV模式（见图5.9）：部分修建新线，部分旧线改造，旅客列车专用。

高速铁路的实现为城市之间的快速交通来往和为旅客出行提供了极大方便。同时也对铁路选线与设计等提出了更高的要求，如铁路沿线的信号与通信自动化管理，铁路机车和车辆的减震和隔音要求，对线路平、纵断面的改造，加强轨道结构，改善轨道的平顺性和养护技术等。

我国正在把铁路提速作为加快铁路运输业发展的重要战略，1997年4月1日我国实施第一次铁路大提速，运行于北京与一些主要城市之间的8对旅客列车时速首次达到140km，

图 5.7　德国高速列车

图 5.8　英国高速列车

图 5.9　法国高速列车

同时在全国 4 条主要干线运行的快速列车时速也被提高至 120km。在 1998 年、2000 年和 2001 年，我国铁路又连续实施三次提速，不断将新的铁路线路纳入提速网络，同时整个铁路线路的技术装备水平和运输能力均明显改善。2004 年 4 月 18 日，我国铁路开始启动历史上的第五次大面积提速，此次提速将为我国新增 3500 多公里提速线路，主要干线列车时速达到 160km，标志着我国铁路在扩充运能和提高技术装备方面实现新的突破。作为我国铁路跨越式发展的一项重要内容，此次铁路提速重点发展了 160km 以上时速线路，使其延长到 7700 多公里，并将最终提速目标锁定 200km，大大缩短了北京、上海、杭州、哈尔滨等大城市间的运行时间。一直停滞不前的货车运行速度也在此次提速中得到提高，整个铁路货运能力将提高 3%左右，一定程度上将缓解了国内紧张的铁路运输要求。

为了实现铁路跨越式发展，我国铁路部门已经制定并开始实施一项建设发达铁路网的宏伟蓝图——《中长期铁路网规划》。计划未来投入 2 万亿人民币用于铁路建设，目标是在 2020 年建成快速铁路客运网络和大能力货运网，主要技术装备将达到国际先进水平，运输能力能够适应国民经济发展和小康社会的需求。根据这一规划，2020 年前中国铁路部门将通过新线建设和既有线改造，构建覆盖我国主要城市的快速客运网，包括主要客运专线、客货混跑提速线路和以环渤海圈、长江三角洲、珠江三角洲作为重点地区的城际客运铁路。

三、城市轻轨与地下铁道

世界上首条地下铁路系统是在 1863 年开通的伦敦大都会铁路（Metropolitan Railway），是为了解决当时伦敦的交通堵塞问题而建的。当时电力尚未普及，所以即使是地下铁路也只能用蒸汽机车。由于机车释放出的废气对人体有害，所以当时的隧道每隔一段距离便要有和地面打通的通风槽。第一条使用电动火车而且真正深入地下的铁路直到 1890 年才建成。这种新型且清洁的电动火车改进了以往蒸汽火车的很多缺点。

目前，伦敦的地铁长度已达 380km，全市已形成了一个四通八达的地铁网，每天载客 160 余万人次。现在全世界建有地下铁道的城市很多，如法国的巴黎，英国的伦敦，俄罗斯的莫斯科，美国的纽约、芝加哥，加拿大的多伦多，我国的北京、上海、天津、广州等城市。地铁具有很多优点。

节省土地：由于一般大都市的市区地皮价值高昂，将铁路建于地底，可以节省地面空间，令地面地皮可以作其他用途。

减少噪声：铁路建于地底，可以减少地面的噪声。

减少干扰：由于地铁的行驶路线不与其他运输系统（如地面道路）重叠、交叉，因此行车受到的交通干扰较少，可节省大量通勤时间。

节约能源：在全球暖化问题下，地铁是最佳的大众交通运输工具。由于地铁行车速度稳定，大量节省通勤时间，使民众乐于搭乘，也取代了许多开车所消耗的能源。

减少污染：一般的汽车使用汽油或石油作为能源，而地铁使用电能，没有尾气的排放，不会污染环境。

与地铁相比，轻轨也是缓解城市交通压力的重要手段。上海也已建成我国第一条城市轻轨系统，即明珠线。明珠线轻轨交通一期工程全长 24.975km，自上海市西南角的徐汇区开始，贯穿长宁区、普陀区、闸北区、虹口区，直到东北角的宝山区，沿线共设 19 座车站，全线为无缝线路，除了上海火车站连接的轻轨站以外，其余全部采用高架桥结构形式。

过去，上海城市地上地下轨道交通总里程有 65km。但根据新一轮城市规划，上海拟建地铁 11 条，长 384km；轻轨线路 10 条，长约 186km。每年平均要建设 15～20km 左右，需投入资金 100 亿，而完成总体规划则需要投入资金 3000 多亿元。

城市轻轨和地下铁道一般具有如下特点。

① 线路多经过居民区，对噪声和振动的控制较严，除了对车辆结构采取减震措施及修筑声障屏以外，对轨道结构也要求采取相应的措施。

② 行车密度大，运营时间长，留给轨道作业的时间短，因而需采用较强的轨道部件，一般用混凝土道床等少维修结构。

③ 一般采用直流电机牵引，以轨道作为供电回路。为了减少泄露电流的电解腐蚀，要求钢轨与基础间有较好的绝缘性能。

④ 曲线段所占的比例大，曲线半径比常规铁路小得多，一般为100m左右，因此要解决好曲线轨道构造问题。

地铁可建于地下、地面、高架（如建于地面上的高架地铁也可称之为轨道交通）；而轻轨铁路同样可建于地下、地面、高架。两者区分主要视其单项最大高峰小时客流量。

建设城际快速轨道交通网，是一个地区综合运输系统现代化的重要标志，快速轨道交通具有输送能力大、快速准时、全天候、节省能源和土地、污染少等特点，将开拓城市未来可持续发展的新空间。

四、磁悬浮铁路

磁悬浮铁路（Maglev Railway）是一种新型的交通运输系统，它是利用电磁系统产生的排斥力将车辆托起，使整个列车悬浮在导轨上，利用电磁力进行导向，利用直线电机将电能直接转换成推动列车前进。它消除了轮轨之间的接触，无摩擦阻力，线路垂直负荷小，时速高，无污染，安全，可靠，舒适，其应用具有广泛前景。

磁悬浮列车的原理并不深奥。它是运用磁铁“同性相斥，异性相吸”的性质，使磁铁具有抗拒地心引力的能力，即“磁性悬浮”。科学家将“磁性悬浮”这种原理运用在铁路运输系统上，使列车完全脱离轨道而悬浮行驶，成为“无轮”列车，时速可达几百公里以上。这就是所谓的“磁悬浮列车”，亦称之为“磁垫车”。由于磁铁有同性相斥和异性相吸两种形式，故磁悬浮列车也有两种相应的形式：一种是利用磁铁同性相斥原理而设计的电磁运行系统的磁悬浮列车，它利用车上超导体电磁铁形成的磁场与轨道上线圈形成的磁场之间所产生的相斥力，使车体悬浮运行；另一种则是利用磁铁异性相吸原理而设计的电动力运行系统的磁悬浮列车，它是在车体底部及两侧倒转向上的顶部安装磁铁，在T形导轨的上方和伸臂部分下方分别设反作用板和感应钢板，控制电磁铁的电流，使电磁铁和导轨间保持10～15mm的间隙，并使导轨钢板的排斥力与车辆的重力平衡，从而使车体悬浮于车道的导轨面上运行。

磁悬浮铁路了除了具有速度快的特点以外，还有噪声低、振动小、无磨耗、不受气候条件影响、不污染环境、安全、舒适、节能等优点，因而引起了人们极大的兴趣，许多国家纷纷制定了研究计划。因此磁悬浮铁路将成为未来最具竞争力的一种交通工具。

1. 磁悬浮铁路的组成

磁悬浮铁路主要由悬浮系统、推进系统和导向系统三大部分组成。尽管可以使用与磁力无关的推进系统，但在目前绝大部分设计中，这三部分功能均由磁力来完成。

悬浮系统：目前悬浮系统的设计可以分为两个方向，分别是德国所采用的常导型和日本所采用的超导型。从悬浮技术上讲就是电磁悬浮系统（EMS）和电力悬浮系统（EDS）。

推进系统：在位于轨道两侧的线圈里流动的交流电，能将线圈变为电磁体。由于它与列车上的超导电磁体的相互作用，就使列车开动起来。

2. 磁悬浮铁路在各国的发展

迄今为止，对磁悬浮铁路进行过研究的国家主要有日本、德国、英国、加拿大、美国、前苏联和中国。当前，日本和德国处于领先地位，而美国和前苏联则分别在 20 世纪七八十年代放弃了研究计划。

日本于 1962 年开始研究常导磁悬浮铁路（见图 5.10）。此后由于超导技术的迅速发展，从 20 世纪 70 年代初开始转而研究超导磁悬浮铁路。1972 年首次成功地进行了超导磁悬浮列车实验，其速度达到每小时 50km。1977 年在宫崎磁悬浮铁路试验线上，最高速度达到了每小时 204km，到 1979 年又进一步提高到了 517km。1982 年，磁悬浮列车的载人试验获得成功。1995 年，载人磁悬浮列车试验的最高时速达到了 411km。2003 年 7 月 31 日，在日本山梨县的一处山野中，时速高达 500km 的磁悬浮列车首次进行了试验，行驶速度达 412km/h。目前，德国在常导磁悬浮铁路研究方面的技术已趋成熟，德国政府在汉堡至柏林之间修建了一条 292km 长的磁悬浮铁路，该铁路已在 2005 年正式投入运营。

图 5.10　日本磁悬浮铁路

与日本和德国相比，英国对磁悬浮铁路的研究起步较晚，从 1973 年开始。但是，英国则是最早将磁悬浮铁路投入商业运营的国家之一。

我国对磁悬浮铁路的研究起步较晚，1989 年我国第一台磁悬浮实验铁路与列车在湖南的国防科技大学建成，试验运行速度为 10m/s。

我国已在上海浦东开发区建成首条磁悬浮列车示范运营线（见图 5.11），其可行性研究于 2000 年启动。上海磁悬浮快速列车西起地铁 2 号线龙阳路站、冬至浦东国际机场，将采用德国技术建造，全长约 33km，设计最大时速 430km，单项运行时间为 8min。该工程于 2003 年建成，上海磁悬浮快速列车工程既是一条浦东国际机场与市区连接的高速交通线，又是一条旅游观光线，还是一条展示高科技成果的示范运行线。它建成后大大缩短了浦东国际机场与上海市区的旅途时间。随着这条铁路的开发与运行，大大缩短了我国铁路建设与世界上先进水平的差距。

3. 磁悬浮铁路面临的挑战

尽管磁悬浮铁路具有前面所述的种种优点，并且在一些国家也取得了较大的发展，有的甚至已基本解决了技术方面的问题而开始进入了实用研究乃至商业运营阶段，但是随着时间的推移，磁悬浮铁路并没有出现人们所企望的那种成为主要交通工具的趋势，反而越来越面临着来自其他交通运输方式，特别是高速型常规（轮轨粘着式）铁路的强有力的挑战。

图 5.11　上海磁悬浮列车示范运营线

首先，磁浮铁路的造价十分昂贵。与高速铁路相比，修建磁浮铁路费用昂贵。德国认为磁浮铁路的造价远远高于高速铁路。

其次，磁浮铁路无法利用既有的线路，必须全部重新建设。由于磁浮铁路与常规铁路在原理、技术等方面完全不同，因而难以在原有设备的基础上进行和改造。

再次，磁浮铁路在速度上的优势并没有凸显出来。20 世纪中叶，许多人认为轮轨粘着式铁路的极限速度为每小时 520km，后来又认为是 300～380km。但是现在，法国的“高速列车”（TGV）、德国的“城际快车”（ICE）和穿越英吉利海峡的“欧洲之星”列车以及日本的新干线，其运行速度都达到或接近每小时 300km。更何况，即便是磁浮铁路的行车速度达到每小时 450～500km，在典型的 500km 区间内的运行中，也只比时速为 300km 的高速铁路节约半小时，其优势不是特别明显。

4. 前景展望

任何一项新的发明创造，要想使其真正发挥作用，走入人们的生活之中，必须要经历理论、技术、实用以及是否经济四个阶段的检验。当前，在一些国家如日本、德国等，修建磁浮铁路从技术上已基本不存在问题，并且也开始进入到实用性阶段。但就目前来看，磁浮铁路要实现成为大众化交通工具的目标，尚有一段距离要走。从经济效益角度来分析，磁浮铁路当前只在旅游等一些特殊行业项目上具有商业价值，还不具备大规模兴建的经济可行性。然而，也应该看到，随着超导材料和超低温技术的发展，修建磁浮铁路的成本有可能会大大降低。到那时，磁浮铁路作为一种快速、舒适的“绿色交通工具”，这个梦想或许就真的会实现了。

第三节　典型案例——高速铁路的无缝线路

高速铁路无缝线路结构有两种主要形式：一种是日本铁路所采用的，在单元轨条之间设置一组正反向伸缩调节器；另一种是法国、德国等欧洲铁路所采用的超长无缝线路。

日本新干线的无缝线路每隔 1.5km 设置一组正反向钢轨伸缩调节器，并在其间焊联钢轨胶接绝缘接头，在大跨度桥梁及跨度不大、总长较长的桥上更为广泛采用钢轨伸缩调节器，如山阳新干线吉井川桥、锦町桥、赤谷桥等桥上无缝线路均设置伸缩调节器。

日本新干线也有采用超长无缝线路实例，如上越新干线棒名隧道内铺设长 12981m 无缝线路，北海道青森—札幌间青函隧道长 53.85km。无缝线路初步设计方案采取设置伸缩调节器，经技术经济比较得出结论，采用超长无缝线路能获得更高的技术经济效益，因而在青函隧道内铺设一段长 53km 的无缝线路。超长无缝线路主要用于无缝线路所跨越的长大连续梁桥上以及道岔附近。

目前在无缝线路上采用单向和双向两种。

当在跨度超过 120m 的连续梁上铺设无缝线路时，由于梁、轨的材质不同，在温度变化因素作用下的纵向变形也不同，纵向变形受到限制时就会转化为内应力。如果钢轨所承受的内应力与其他各种应力叠加后超过钢轨的容许应力，将会影响到轨道的安全性、稳定性，危及行车安全。解决这一问题的措施之一是铺设钢轨伸缩调节器。

钢轨伸缩调节器平面线型采用的是缓和曲线型。缓和曲线在用于高速铁路时是非常必要的，它可以降低车轮对纵坡的冲击，减小轨道的几何不平顺。法国和德国高速铁路采用感应式或音频式无绝缘轨道电路，站线的钢轨绝缘接头采用高强度、高韧性胶接绝缘接头，因而较为广泛地采用超长无缝线路。但在大桥上铺设无缝线路仍然设置伸缩调节器，例如法国高速铁路巴黎—里昂段，从圣弗洛朗丹至里昂就有为较多的预应力混凝土连续梁桥无缝线路设置伸缩调节器。德国高速铁路的格明登桥、罗姆巴赫跨谷桥设有传力装置或徐变连接器，铺设无缝线路仍采用伸缩调节器。

无缝线路设置伸缩调节器的投资费用较高，且在伸缩调节器范围内轨道平顺性不及超长无缝线路。我国高速铁路无缝线路结构以超长无缝线路作为主要结构形式，但在长大桥上铺设无缝线路，为减少桥梁和轨道所受纵向力，宜设置伸缩调节器。

高速、重载是铁路现代化的重要标志，超长无缝线路的发展则是现代化铁路强化轨道结构的客观需要。采用强度高、绝缘性能好、使用寿命长的胶接绝缘接头和道岔的无缝化是发展超长无缝线路必须掌握的关键技术。

采用无缝线路的优点如下。

① 彻底实现了线路的无缝化，全面提高了线路的平顺性和整体强度。

② 超长无缝线路取消了缓冲区及钢轨接头，因而钢轨部件的损耗率和维修工作量得以进一步减少。

③ 超长无缝线路没有伸缩区，不会出现伸缩区因过量伸缩而不能复位时产生的温度裂缝，有利于轨道的稳定和维修管理。

④ 无缝道岔为道岔实现上部准、下部稳的整体稳固状态打下了基础。

小　　结

本章主要学习了道路工程、飞机场工程、铁路工程的发展与应用，对交通土建工程有了一定的了解，为后面的学习打下了良好的基础。

能力训练题

一、选择题

1. 城市交通工具种类繁多，速度快慢参差不齐，为了避免互相干扰，又必须进行分道行驶，可以采取

以下哪种措施？（　　）

A. 设置红绿灯信号管制　　B. 环行交叉　　C. 立体交叉　　D. 设隔离带

2. 路面上的交通限制标志线中，表示作为车辆可以逾越的车道分界线是（　　）。

A. 白色连续实线　　B. 白色间断线　　C. 白色箭头指示线　　D. 黄色连续实线

3. （　　）是连接城市各主要部分的交通干道，是城市道路的骨架。

A. 快速路　　B. 主干路　　C. 次干路　　D. 支路

4. 高速公路是一种具有（　　）条以上的车道。

A. 2　　B. 3　　C. 4　　D. 5

5. 高速公路的最大纵坡限为（　　）。

A. 5%～7%　　B. 3%～5%　　C. 1%～3%　　D. 1%以下

6. 整个铁路工程设计中一项关系到全局的总体性工作是（　　）。

A. 路基工程　　B. 轨道连接　　C. 选线设计　　D. 沿线建筑物布置

7. 城市轻轨曲线段占的比例大，曲线半径比常规铁路要（　　），一般为100m左右。

A. 大　　B. 小　　C. 相等　　D. 没关系

8. 部分修建新线，部分旧线改造，旅客列车专用，这属于下列哪种高速铁路模式？（　　）

A. 日本新干线模式　　B. 法国TGV模式　　C. 英国APT模式　　D. 德国ICE模式

二、填空题

1. 道路路面按荷载作用下的工作特性分，有________、________和________。

2. 路基可分为________、________和________三种。

3. 自行车专用道宽度应考虑两车之间的安全间隔，双车道为________米。

4. ________桥的桥墩或桥台要承受很大的水平推力，因此对桥的下部结构和基础的要求比较高。

5. 道路结构设计的要求是用________，使道路在外力作用下，在使用期限内保持良好状态，满足使用要求。

三、判断题

1. 公路的设计，既要考虑其路线线形几何尺寸，又要考虑汽车的载重标准等级。（　　）

2. 根据沿线的地形、地质、水文等自然条件来设计铁路线路的空间位置是选定铁路的主要技术标准。（　　）

3. 我国公路划分为两个类别，即高速公路和普通公路，其中普通公路又分为四个等级。（　　）

4. 铁路线路平面设计中为使列车平顺地从直线段驶入曲线段，一般在圆曲线的起点和终点处设置缓和曲线。（　　）

四、简答题

1. 简述高速铁路的优点。

2. 铁路线路的上部建筑有哪些内容？它和房屋的上部结构有哪些相似之处？

能力拓展训练

实地参观学校周边地区的交通土建工程，分析其几何设计、使用功能及施工方法。

第六章　桥梁工程

【知识目标】

- 了解桥梁的作用与地位
- 了解桥梁的组成与分类
- 掌握主要桥梁类型

【能力目标】

- 正确区分各种桥梁作用与组成
- 识别主要桥梁类型

开章语　桥梁工程在学科上属于土木工程中结构工程的一个分支。它与建筑工程一样，也是用石、砖、木、混凝土、钢筋混凝土、预应力混凝土和钢等材料建造的结构工程，在功能上是交通工程的咽喉。

第一节　桥梁工程概述

一、桥梁的作用与地位

随着我国国民经济与科学技术的迅速发展以及经济的全球化，大力发展交通运输事业，建立四通八达的现代交通网络，这不仅有利于经济的进一步发展，同时，对促进文化交流、加强民族团结、缩小地区差别、巩固国防事业等方面，也都有非常重要的意义。

我国自改革开放以来，桥梁建设得到了飞速的发展，这对改善人民的生活环境，改善外商的投资环境，促进经济的腾飞，起到了关键性的作用。

桥梁工程在工程规模上约占道路总造价的10%～20%，它同时也是保证全线通车的咽喉。在国防上同样是交通运输的咽喉，即使是现代化战争，在需要高度快速、机动的大规模的地面部队作战中，桥梁工程仍具有非常重要的战略地位。

随着科学技术的进步和经济、文化水平的提高，人们对桥梁建筑提出更高的要求。我国幅员辽阔，大小山脉和江海湖泊纵横全国，经过几十年的努力，我国的桥梁工程无论在建设规模上，还是在科学技术水平上，均已跻身世界先进行列。各种功能齐全、造型美观的立交桥、高架桥，横跨长江、黄河等大江大河的特大跨度桥梁，如雨后春笋般频频建成。目前，随着国家公路“五纵七横”国道主干线的规划实施，几十公里长的跨海湾、海峡特大桥梁的宏伟工程已经摆在人们面前，并已逐渐开始建设。例如已建成通车的浙江宁波杭州湾跨海大桥，全长达36公里，是目前世界上最长的桥梁，比连接巴林与沙特的法赫德国王大桥还长11公里，成为继美国的庞恰特雷恩湖桥后世界第二长的桥梁。杭州湾大桥的开工建设使上海至宁波的公路距离缩短了120公里。同时，大桥在设计中首次引入了景观设计的概念。景观设计师们借助西湖苏堤“长桥卧波”的美学理念，兼顾杭州湾水文环境特点，结合行车时司机和乘客的心理因素，确定了大桥总体布置原则。整座大桥平面为S形曲线，总体上看线形优美、生动活泼。从侧面看，在南北航道的通航孔桥处各呈一拱形，具有起伏跌宕的立面形状。大桥建成后，不仅是交通要道，同时也是一个绝佳的旅游休闲观光台，进一步体现了桥梁不仅是一种功能性结构物，又是一座立体造型、令人赏心悦目的艺术工程，也是具有时代特征的景观工程，具有一种凌空宏伟的魅力。图 6.1 为连接南通和苏州两市的苏通大桥全景图。

图 6.1　苏通大桥

回顾过去，展望未来，可以预见，在今后相当长的一个时期内，广大的桥梁建设者在不断建造更多桥梁的同时，也将面临着建设更加新颖与复杂、经济与美观桥梁结构的挑战，肩负着国家光荣而艰巨的任务。

二、桥梁工程发展

我国的桥梁建筑已有数千年历史。中国历史上记载的第一座桥梁，是距今约 3000 年的渭水浮桥。它是为周文王（公元前 1185～1135 年）迎亲需要临时搭建的，用后便拆除。这个事实被唐《初学记》收录："周文王造舟于渭"。到了秦代，秦始皇修建了长达 400m，68 孔的长安石桥。而石拱桥远在公元前 250 多年前就开始修造了，这从考古发掘中，河南洛阳发现的一座周代末年韩君墓，墓门为石拱结构的事件上获得了证实。公元 282 年建成的（石拱）旅人桥，是历史上记载的第一座石拱桥。最著名的石拱桥是隋代李春、李通带领能工巧匠所建造的河北赵县安济桥（俗称赵州桥）（公元 591～599 年），全长 50.82m，净跨 37.02m，矢高 7.23m，宽约 10m，也是世界上最宏伟的石拱桥，并且使用至今依然巍然挺立。英国李约瑟教授指出："中国兴建石拱桥确实优先欧洲达千年以上，因为至铁路时代西方才出现一些可以相比的桥梁"。他还认为是学李春建造的安济桥而形成的"数肩拱学派"对古今世界桥梁工程界产生了巨大影响，指出李春数肩拱桥建筑成了现代许多钢筋混凝土桥的祖先。另外有代表性的拱桥如北京永定河上的卢沟桥、苏州宝带桥等都有其独到之处。其他类型的桥梁，如梁桥、悬索吊桥等，在我国古桥梁建筑中，也是不胜枚举的。

第二节　桥梁的组成和分类

桥梁是供公路、城市道路、铁路、渠道、管线等跨越水体、山谷或彼此间相互跨越的构筑物，是交通运输中重要的组成部分。

一、桥梁的组成

一般来说，桥梁由四个基本部分组成，即上部结构、下部结构、支座和附属设施。

1. 上部结构

也称为桥跨结构，是在线路中断时跨越障碍的主要承重结构。通常直接承受桥上的荷载，桥梁跨越幅度越大，桥上车辆荷载越大，则桥跨结构越复杂，施工也越困难。

(1) 主体大梁　是承受桥上载重的主要构件，常由许多根梁组成（拱桥是拱圈，吊桥则是主缆索），这些梁沿桥的纵向（行车方向）首尾相接，沿桥的横向（河水流向）依次排列，共同组成主体大梁。

为了使各梁之间连接坚固，用多种横梁、系杆、盖板等，使纵横两个方向互相联系结成整体。

(2) 桥面部分　大多数桥面是铺筑在主体大梁之上，通常设有中央车道和两侧的人行道以及栏杆、栏板等。

2. 下部结构

桥梁的下部结构包括桥墩、桥台和基础。

(1) 桥墩　设置在桥中间部分，支撑上部结构并将其传来的恒载和车辆等活载再传至基础的结构物。在河中的桥墩，一部分露出水面支撑主梁，一部分浸入水中，下面与基础相连。上部称为墩帽，中部称为墩身，下部称为墩底。常见的桥墩类型有：重力式桥墩、薄壁空心桥墩、柱式与桩式桥墩、柔性桥墩。

其中，重力式桥墩即实体桥墩，主要靠自重来平衡外力，从而保证桥墩的强度和稳定性。重力式桥墩由墩帽、墩身、基础三部分组成，如图 6.2 所示。

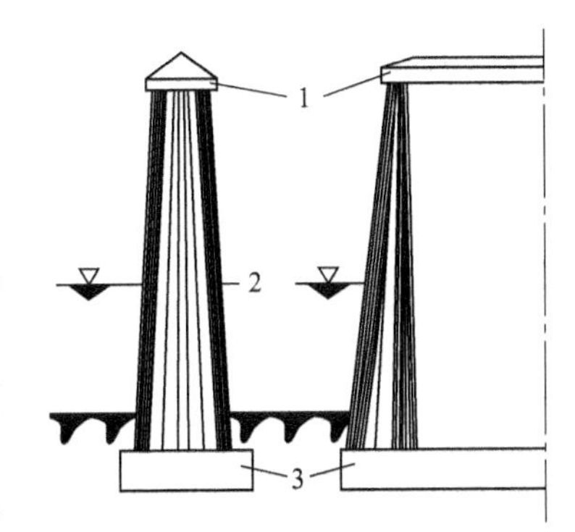

图 6.2　重力式桥墩截面

1—墩帽；2—墩身；3—基础

薄壁空心桥墩节省材料，空心桥墩的截面形式如图 6.3 所示，有圆形、圆端形、长方形等。墩高一般采用可滑模施工的变截面，即斜坡式立面布置。墩顶和墩底部分可设实心段，以便设置支座与传递荷载。

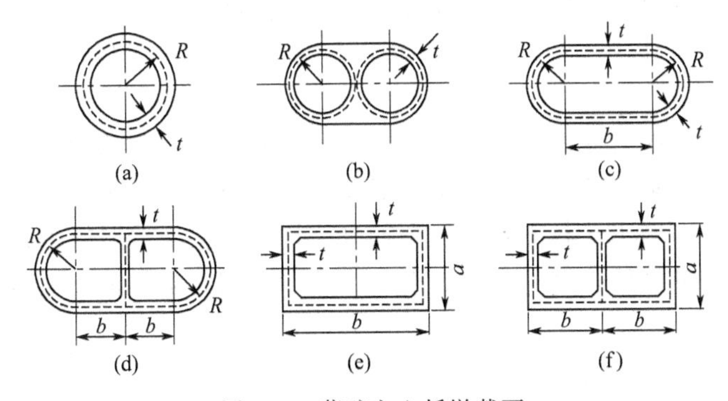

图 6.3　薄壁空心桥墩截面

柱式桥墩布置形式有单柱式、双柱式和多柱式，当墩身高大于 6～7m 时，可设横向联系梁。柱式桥墩一般由基础之上的承台、墩身和墩帽组成，如图 6.4 所示。墩身的截面型式有圆形、方形、六角形或其他形状等。柱式桥墩在公路桥中应用广泛。

桩式桥墩是将钻孔桩基础向上延伸为桥墩的墩身，在桩顶浇注墩帽，如图 6.5 所示，它既是桩又是墩，一般都是钢筋混凝土的。

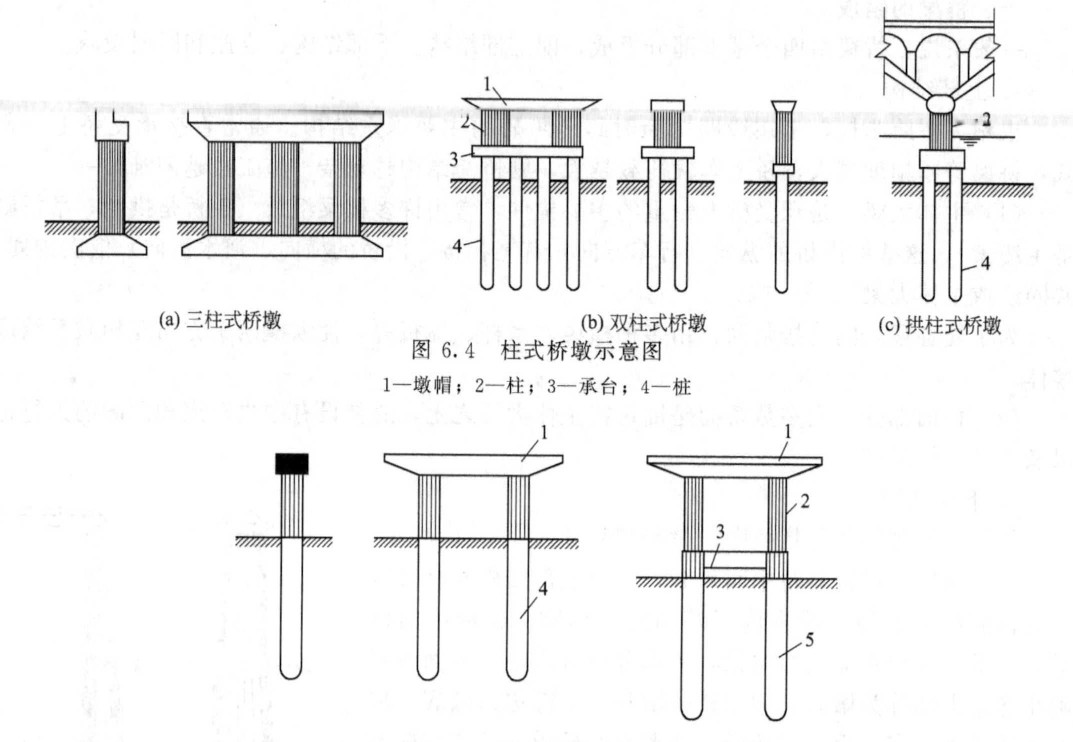

图 6.4 柱式桥墩示意图

1—墩帽；2—柱；3—承台；4—桩

图 6.5 桩式桥墩示意图

1—顶帽；2—柱；3—系梁；4—桩柱；5—桩

柔性桥墩是指在墩帽上设置活动支座，桥梁热胀冷缩时产生的水平推力以及刹车制动力通过桥梁对桥墩的水平力，都因活动支座而使桥墩免于承受，墩身也比刚性桥墩为细。为了承受竖向荷载，墩身要加设一些粗钢筋和采用高强度材料。

柔性桥墩也可以做成空心、薄壁的。世界上高达 146m 空心薄壁预应力钢筋混凝土柔性桥墩，壁厚仅 35～55cm，比实体墩节省材料 70％。

（2）桥台　设置在桥两端的部分，支撑上部结构并将其传来的恒载和车辆等活载再传至基础的结构物。除了上述作用外，桥台还与路堤相衔接，并抵御路堤土压力，防止路堤坝土的坍落。

（3）基础　桥墩和桥台底部奠基部分，通常称为基础。基础承担了从桥墩和桥台传来的全部荷载，并将其传至地基持力层，是桥梁能安全使用的关键。基础往往深埋于土层之中，并且需在水中作业，是施工比较困难的一个部分。桥梁的基础按照施工方法的不同，可以分为扩大基础、桩及管柱基础、沉井基础、地下连续墙基础和索口钢管桩基础。

3. 支座

一座桥梁中在桥跨结构与桥墩或桥台的支撑处所设置的传力装置，称为支座。支座设在墩台顶，它不仅要传递很大的荷载，并且要保证桥跨结构能根据受力需要产生一定的变位。支座一般多用于梁式桥，在拱桥、刚架桥等形式桥梁中使用较少。

目前，桥梁支座按照制作所用的材料可分为钢支座、橡胶支座、混凝土支座和铝支座，应根据桥梁的用途、跨径、结构物的高度等因素，视具体情况选用。

4. 附属设施

桥梁的基本附属设施主要包括桥面系、锥形护坡，此外根据需要还常常修筑护岸、导流结构物等附属工程。

桥面系包括行车道铺装、排水、防水系统、人行道（或安全带）、缘石、栏杆、护栏、照明灯具和伸缩缝等。它们多与车辆、行人直接接触，形成桥梁的行车部分，对桥梁的主要结构起保护作用。

在路堤与桥台衔接处，一般还在桥台两侧设置石砌的锥形护坡，以保证迎水部分路堤边坡的稳定。

二、桥梁的分类

1. 按桥梁全长即包括它的两岸桥台在内的全部长度分类

① 小桥——桥梁全长在30m以下者。

② 中桥——桥梁全长在30～100m者。

③ 大桥——桥梁全长在100m以上者。

④ 特大桥——全长超过500m的，工程上称为特大桥。

2. 按桥跨结构在承载时静力性质的特征分类

(1) 板式桥　板式桥是公路桥梁中量大、面广的常用桥型，它构造简单、受力明确，可以采用钢筋混凝土和预应力混凝土结构；可做成实心和空心，就地现浇为适应各种形状的弯、坡、斜桥，因此，一般公路、高等级公路和城市道路桥梁中，广泛采用。尤其是建筑高度受到限制和平原区高速公路上的中、小跨径桥梁，特别受到欢迎，从而可以减低路堤填土高度，少占耕地和节省土方工程量。

(2) 梁式桥　梁式桥是在垂直荷载作用下，墩台只产生垂直反力，无水平反力的结构。

(3) 拱桥　拱桥主要是以承受轴向压力为主的拱圈或拱肋作为主要承重构件的桥梁，拱结构由拱圈（拱肋）及其支座组成。

(4) 悬索桥　桥跨结构主要承载部分由柔性链或缆索构成，链或缆索在垂直荷载下承受拉力。悬索桥也称作吊桥。

(5) 斜拉桥　斜拉桥作为一种拉索体系，比梁式桥的跨越能力更大，是大跨度桥梁的最主要桥型。

(6) 刚架桥　墩台与桥跨连成刚性整体，常用钢筋混凝土构成，在垂直荷载下，墩台产生垂直及水平反力。

(7) 联合体系桥　其中同时有几个体系，主要静力特性互相联系并互相配合工作的桥梁。

3. 按桥跨可否活动分类

(1) 面定桥　桥跨不能开启。

(2) 活动桥　当建桥受到经济、技术或者其他影响，不能建造得太高，从而通行船舶受到阻碍时，为了解决这一矛盾，把桥造成活动的，以便在必要时，可以开启通行船只。

4. 按照主要建桥材料分类

① 木桥。

② 钢桥。

③ 石桥。

④ 混凝土桥。

⑤ 钢筋混凝土桥。

5. 按照桥面所处的位置分类

（1）上承式桥——桥面位于结构（梁、拱）承载部分之上。

（2）下承式桥——桥面位于两主梁或两肋之间，并将荷载传递于其下部的桥梁。

6. 按照桥梁跨越的障碍分类

（1）河川桥——跨越河流的桥。

（2）跨线桥——跨越公路或铁路的桥。

（3）高架桥——横过山谷或深洼的桥。

（4）栈桥——升高道路到周围地面以上，在道路下方留有宽敞空间的桥。

7. 按照桥梁使用功能分

铁路桥、公路桥、铁路公路两用桥、农用桥、人行桥、运水桥、专用桥（如管道、电缆）。

第三节　主要桥梁类型介绍

结构工程上的受力构件，总离不开拉、压、弯三种基本受力方式。由基本构件所组成的结构物，在力学上也可以归结为梁式、拱式、悬吊式三种基本体系及它们之间的各种组合。现代的桥梁结构也一样，不过其内容更丰富，形式更多样，材料更坚固，技术更进步。下面介绍一下桥梁主要类型的特点。

一、梁式桥

梁式桥（见图 6.6）是一种在竖向荷载作用下无水平反力的结构。由于桥上的恒载和活载的作用方向与承重结构的轴线接近垂直，所以与同样跨径的其他结构体系比较，桥的梁上将产生最大的弯矩，通常需要抗弯能力强的材料来建造。

图 6.6　梁式桥

梁式桥种类很多，也是公路桥梁中最常用的桥型，其跨越能力可从 20m 直到 300m 之间。

公路桥梁常用的梁式桥形式有以下几种。

按结构体系分为：简支梁、悬臂梁、连续梁、T 形刚构、连续刚构等。

按截面形式分为：T 形梁、箱形梁（或槽形梁）、桁架梁等。

（1）简支 T 形梁桥　T 形梁桥在我国公路上修建最多，早在 20 世纪五六十年代，我国就建造了许多 T 形梁桥，这种桥型对改善我国公路交通起到了重要作用。

20 世纪 80 年代以来，我国公路上修建了几座具有代表性的预应力混凝土简支 T 形梁桥，如河南郑州、开封黄河的公路桥，浙江的飞云江大桥等。

(2) 连续箱形梁桥　箱形截面能适应各种使用条件，特别适合于预应力混凝土连续梁桥、变宽度桥。因为嵌固在箱梁上的悬臂板，其长度可以较大幅度变化，并且腹板间距也能放大；箱梁有较大的抗扭刚度，因此，箱梁能在独柱支墩上建成弯斜桥；箱梁容许有最大细长度；应力值较低，重心轴不偏一边，同 T 形梁相比徐变变形较小。

(3) T 形刚构桥　这种结构体系有致命弱点。从 20 世纪 60 年代起到 80 年代初，我国公路桥梁修建了几座 T 形刚构桥，如著名的重庆长江大桥和泸州长江大桥，20 世纪 80 年代以后这种桥型基本不再修建了，这里不赘述。

(4) 连续刚构桥　连续刚构桥也是预应力混凝土连续梁桥之一，一般采用变截面箱梁。我国公路系统从 20 世纪 80 年中期开始设计、建造连续刚构桥，至今方兴未艾。

二、拱式桥

拱式桥主要承载结构是拱圈或拱肋。这种结构在竖向荷载作用下，桥墩或桥台将承受水平推力。同时，这种水平推力将显著减小拱内的弯矩作用。因此，与同跨梁式桥相比，拱式桥弯矩变形小，弯矩承载能力强，拱桥的跨越能力大，外形也比较美观，如图 6.7 所示。但应注意，为了确保拱桥的安全使用，下部结构必须能承受很大的水平推力。

图 6.7　拱式桥

拱桥可用砖、石、混凝土等抗压性能良好的材料建造；大跨度拱桥则用钢筋混凝土或钢材建造，以承受发生的力矩。按拱圈的静力体系分为无铰拱、双铰拱、三铰拱。前二者为超静定结构，后者为静定结构。无铰拱的拱圈两端固结于桥台，结构最为刚劲，变形小，比有铰拱经济，结构简单，施工方便，是普遍采用的形式，但修建无铰拱桥要求有坚实的地基基础。双铰拱是在拱圈两端设置可转动的铰支撑，结构虽不如无铰拱刚劲，但可减弱桥台位移等因素的不利影响，在地基条件较差和不宜修建无铰拱的地方，可采用双铰拱桥。三铰拱则是在双铰拱的拱顶再增设一铰，结构的刚度更差些，拱顶铰的构造和维护也较复杂，一般不宜作主拱圈。拱桥按结构形式可分为板拱、肋拱、双曲拱、箱形拱、桁架拱。拱桥为桥梁基本体系之一，一直是大跨径桥梁的主要形式。拱桥建筑历史悠久，20 世纪得到了迅速发展，20 世纪 50 年代以前达到全盛时期。古今中外名桥（如赵州桥、卢沟桥、悉尼港桥、克尔克桥等）遍布各地，在桥梁建筑中占有重要地位，适用于大、中、小跨径的公路桥和铁路桥，更因其造型优美，常用于城市及风景区的桥梁建筑。

拱桥是我国最常用的一种桥梁形式，其式样之多，数量之大，为各种桥型之冠，特别是公路桥梁，据不完全统计，我国的公路桥中7%为拱桥。由于我国是一个多山的国家，石料资源丰富，因此拱桥以石料为主。建于1990年，跨径120m的湖南乌巢河大桥，是当今世界跨径第一的石拱桥。我国建造的钢筋混凝土拱桥的形式更是繁花似锦，式样之多当属世界之最，其中建造得比较多的是箱形拱、双曲拱、肋拱、桁架拱、刚架拱等，它们大多数是上承式桥梁，桥面宽敞，造价低廉。

三、刚架桥

刚架桥的主要刚架承重结构是梁或板和立柱或竖墙整体结合在一起的刚架结构，在梁和柱的连接处具有很大的刚性。在竖向荷载作用下，梁主要承受弯矩，而在柱脚也有水平反力，其受力状态介于梁式桥和拱式桥之间。

对于同样的跨径，在相同的外力作用下，刚架桥的跨中正弯矩比一般梁式桥要小，根据这一特点，刚架桥跨中的构件高度就可以做得较小。这在城市中当遇到线路立体交叉或需跨越通航江河时，采用这种桥型能尽量降低线路标高以改善桥的纵坡。当桥面标高已确定时，它能增加桥下净空。对刚架桥，通常是采用预应力混凝土结构。

四、斜拉桥

斜拉桥由索塔、主梁、斜拉索组成。索塔形式有A形、倒Y形、H形、独柱，材料有钢和混凝土的。主梁一般采用钢筋混凝土结构、钢-混凝土组合结构或钢结构，塔柱大都采用钢筋混凝土结构，而斜拉索则采用高强材料（高强钢丝或钢绞线）制成。斜拉索的两端分别锚固在主梁和索塔上，将主梁多点吊起，并将主梁的恒载和车辆荷载传递至塔柱，再通过塔柱基础传至地基。因而主梁在斜拉索的各点支撑作用下，像多跨弹性支撑的连续梁一样，梁中的弯矩值得以大大降低，这不但可使主梁尺寸大大减小，而且可以使结构自重显著减轻，既节省了结构材料，又能大幅度地增大了桥梁的跨越能力。当然，斜拉索对梁的这种弹性支撑作用，只有在斜拉索处于拉紧状态时才能得到充分发挥，因此必须在桥梁承受活载之前对斜拉索进行预拉。

斜拉索布置有单索面、平行双索面、斜索面等。如武汉长江二桥、白沙洲长江大桥均为钢筋混凝土双塔双索面斜拉桥。现代斜拉桥可以追溯到1956年瑞典建成的斯特伦松德桥，主跨182.6m。历经半个世纪，斜拉桥技术得到空前发展，世界上已建成的主跨在200m以上的斜拉桥有200余座，其中跨径大于400m的有40余座。尤其20世纪90年代后，世界上建成的著名斜拉桥有：法国诺曼底斜拉桥（主跨856m），南京长江二桥南汉桥钢箱梁斜拉桥（主跨628m），以及1999年日本建成的多多罗大桥（主跨890m）。

我国至今已建成各种类型的斜拉桥100多座，其中有52座跨径大于200m。20世纪80年代末，我国在总结加拿大安那西斯桥的经验基础上，1991年建成了上海南浦大桥（主跨为423m的结合梁斜拉桥），开创了我国修建400m以上大跨度斜拉桥的先河。我国已成为拥有斜拉桥最多的国家，在世界10大著名斜拉桥排名榜上，中国有6座，跨度在600m以上的斜拉桥世界上仅有6座，中国占了4座。

斜拉桥根据跨度大小及经济上的考虑，可以建成单塔式、双塔式、多塔式等不同类型。通常当对桥截面及桥下净尺寸要求较高时，多采用三跨双塔式结构。

由我国自主设计建设的世界第一斜拉桥——苏通大桥已于2008年6月30日正式通车，如图6.8所示。这座大桥连接江苏南通与苏州两市，创造了最大规模群桩基础、最高桥塔、最大跨径、最长斜拉索四项斜拉桥世界纪录，攻克了10多项世界级关键技术难题，赢得了国际桥梁大会的最高奖项，而且也是改革开放30年建设成就的集中展现。

图 6.8 斜拉桥

五、悬索桥

悬索桥（见图 6.9），也为吊桥，采用悬挂在两端塔柱上的吊索作为主要的承载结构。在竖向荷载作用下，通过吊杆的荷载传递使吊索承受巨大的拉力，因此，通常需要在两岸桥台的后方修筑非常巨大的锚碇结构。悬索桥也是具有水平反力的结构。现代的悬索桥，广泛采用高强度钢缆索，以发挥其优异的抗拉性能。美国旧金山的金门大桥，建于 20 世纪 30 年代，用了 2 万多根钢丝缆绳组成吊索，吊起桥梁的主体结构。

图 6.9 悬索桥

当前，大跨度悬索桥公路桥、公路铁路两用桥主梁多采用钢制扁箱梁截面。与其他类型桥梁相比，悬索桥自重轻，但结构刚度差，在风荷载和车辆荷载作用下，易产生较大的变形和振动。悬索桥的历史就是克服变形和振动的历史，是提高桥梁刚度的历史。

六、组合体系桥

根据结构的受力特点，由几个不同体系的结构组合而成的桥梁称为组合体系桥。如梁和拱的组合体系，斜拉桥和悬索桥的组合体系等。所有这些组合，目的是充分利用各种类型桥梁受力特点，充分发挥其优越性，建造出符合要求，外观优美的桥梁。

第四节　桥梁的总体规划与设计

一、桥梁设计的基本要求

与设计其他工程结构物一样，桥梁工程要按照“安全、适用、经济、美观”的基本原则进行设计，在设计中必须考虑下述各项要求。

1. 使用上的要求

桥上的行车道和人行道宽度应保证车辆和人群的安全畅通，并应满足将来交通量增长的需要。桥型、跨度大小和桥下净空应满足泄洪、安全通航或通车等要求。建成的桥梁应保证使用年限，并便于检查和维修。

2. 经济上的要求

桥梁设计应体现经济上的合理性。在设计中要进行详细周密的技术经济比较，使桥梁的总造价和材料等的消耗为最少。在技术经济比较中，应充分考虑桥梁在使用期间的运营条件及养护、维修等方面的问题。桥梁设计应根据因地制宜、就地取材、方便施工的原则，合理选用适当的桥型。此外，能满足快速施工要求以达到缩短工期的桥梁设计，不仅能降低造价，而且能提早通车，在运输上带来很大的经济效益。

3. 结构尺寸和构造上的要求

整个桥梁结构及各部分构件，在制造、运输、安装过程中应具有足够的强度、刚度、稳定性。桥梁结构的强度应使全部构件及连接件的材料抗力或承载力具有足够的安全储备。对于刚度的要求，应使桥梁在荷载作用下变形不超过规定的允许值。过度的变形会使结构连接松弛，而且挠度过大导致高速行车困难，引起桥梁剧烈的振动，使行人不适，严重者会危及桥梁的安全。结构的稳定性，是要使桥梁结构在各种外力作用下，具有能够保持原来的形状和位置的能力。

4. 施工上要求

桥梁结构要便于制造和架设。应采用先进的工艺技术和施工机械，以便于加快施工进度，保证工程质量和施工安全。

5. 艺术上的要求

一座桥梁应具有优美的外形，应与周围的景致相协调。城市桥梁和游览地区桥梁，可较多考虑建筑艺术上的要求。合理的结构布局和轮廓是美观的主要因素，绝不应把美观片面地理解为豪华的细部装饰。

二、桥梁设计前的资料准备

桥梁设计前，一般需要作如下资料准备。

① 调查桥梁的使用任务，即桥上的交通种类和行车、行人的来往密度，以确定桥梁的荷载等级和行车道、人行道宽度等。

② 测量桥位附近的地形，制成地图。

③ 调查和测量河流的水文情况，包括河道性质，冲刷情况等，收集与分析历年洪水资料，测量河床横断面，调查河槽各部分形态标志，了解通航水位和通航需要的净空要求，以及河流上的水利设施对新建桥梁的影响。

④ 探测桥位的地址情况，包括岩土的分层标高、岩土的物理力学性质、地下水等，尤其是不良地质现象，如滑坡、断层、溶洞、裂隙等情况。

⑤ 调查当地施工单位的技术水平、施工机械等装备情况以及施工现场的动力和电力供应情况。

⑥ 调查和收集建桥地点的气象资料以及河流上下游原有桥梁的使用情况等。

三、桥梁工程设计要点

1. 选择桥位

桥位在服从路线总方向的前提下，选择河道顺直、河床稳定、水面较窄、水流平稳的河段。中、小桥的桥位服从路线要求，而路线的选择服从大桥的桥位要求。

2. 确定桥梁总跨径与分孔数

总跨径的长度要保证桥下有足够的过水断面，可以顺利地宣泄洪水，通过流冰。根据河床的地质条件，确定允许冲刷深度，以便适当压缩总跨径长度，节省费用。

分孔数目及跨径大小要考虑桥的通航需要，工程地质条件的优劣，工程总造价的高低等因素。一般是跨径越大，总造价越大，施工亦越困难。桥道标高也在确定总跨径、分孔数的同时予以确定。设计通航水位及通航净空高度是决定桥道标高的主要因素，一般在满足这些条件的前提下，尽可能地取低值，以节约工程造价。

3. 桥梁的纵横断面布置

桥梁的纵断面布置是指在桥的总跨度与桥道标高确定以后，来考虑路与桥的连接线形和连接的纵向坡度。连接线形一般应根据两端桥头的地形和线路要求而定。纵向坡度是为了桥面排水，一般控制在3%～5%，桥梁横断面布置包括桥面宽度、横向坡度、桥跨结构的横断面布置等。

4. 公路桥型的选择

桥型选择是指选择什么类型的桥梁，是梁式桥，是拱桥，是刚架桥，还是斜拉桥；是多孔桥还是单跨桥等。分析一般应从安全实用与经济合理等方面综合考虑，选出最优的桥型方案，实际操作中，往往需要准备多套可能的桥型方案，综合比较分析之后，才能找出符合要求的最优方案。

第五节　典型案例——某桥梁施工方案

1. 工程概况

本桥为路线跨越北府河的桥梁，府河为岷江支流，河宽30m，河岸高7.4m，常年水流较大，11月中旬～12月中旬岁修期停水1个月。本桥共计16片I形梁，每片I形梁具体工程数量如下：

混凝土/m^3	预应力筋/kg	普通钢筋/kg	安装重量/t
中梁 29.04	2156	3496	75.5
边梁 28.43	2246	3713	73.9

2. 施工工艺

利用断水期在河中修筑临时墩，在临时墩台上架设六四式军用梁作为现浇I形梁支架。I形梁模板采用钢模，混凝土运输采用手推运输，混凝土振捣主要采用附着式振捣器。具体施工工艺如下。

（1）临时墩台　临时墩台的设计、施工必须保证基底有足够的承载力。河中临时墩在岁修断水期修筑，基础采用C20混凝土，墩身采用M7.5浆砌块石，墩帽采用C20钢筋混凝土。原河床为砂砾石，基础埋深为75cm。临时台在盖梁施工完毕后施工，临时台的基础及台身采用C20混凝土，临时台的基底设计承载力要求在0.15MPa以上，开挖后达不到要求时采取换填砂砾石，临时台的前墙坡比与原河岸坡比一致。为保证临时墩台的施工质量，施工时仍按施工技术规范进行。临时墩的拆除安排在断水期拆除。

（2）支架　支架采用六四式军用梁拼装而成。支架的挠度经交通厅设计院工程师计算得最大值为2.6mm。原支架横向联系较差，在拼装时要多加剪刀撑和横向联系。半幅施工时三角架三片为一联，共两联六片。

每联三角架顶部铺钢轨，钢轨与三角架间用U形卡连接，三角架底部用型钢设三道牢固的横向联系，另外再用架管加强横向联系，保证三角架的稳定性。

① 三角架的布置　从左至右，第一、二、三片三角架为第一联，第四、五、六片三角架为第二联。混凝土从第六片开始向第一片方向依次浇筑。第六、五、四片梁浇完后将第二联三角架移到第十、十一、十二片梁的位置，第三、二、一片梁浇完后将第一联移到七、八、九片梁的位置，按此方法间隔移动三角架。

② 三角架的安装、移动、拆除　三角架运至工地后，先用8t汽车吊车拼装5节(20m)，然后用25t汽车吊在一侧河岸上吊装。第一片（一跨）三角架吊装就位后，先用架管支撑三角架，保持其稳定性，然后再拆吊车钢绳。第二片（一跨）三角架吊装后与第一片进行横向联系，增强其稳定性。待一跨安装完后，进行另一跨安装，第二跨每片只有4节，每片与第一跨用销子连接，使之形成整体，所有三角架安装完后，用架管进行横向联系加强，顶部用钢轨与三角架连接，钢轨间距按支架图示间距布置。待一联三片梁混凝土浇完，横隔板架设完后再移架，卸架时拆除钢轨上的方木、底模，然后用千斤顶将三角架升起，底部放入长钢轨于临时墩台上，三角架横向前后用钢绳连接卷扬机牵引，待三角架移到位后，再用千斤顶将三角架卸落到墩、台帽上。所有梁浇完后拆除三角架，先把三角架牵引出桥跨，进行拆除，先拆除四节，然后再拆除剩余五节。

(3) 模板

① 底模　底模用2.5cm厚木板（钉白铁皮）或2cm厚竹胶板，底模板用铁钉钉在方木上，方木间间距20cm，方木下用木楔与支架连接。底模标高通过木楔调节，木楔便于调架，为防止木楔滑动，用铁钉将木楔与方木联在一起，根据经验和设计院提供的资料，将底模设2cm反挠度，反挠度值按三角形成直线分布。

② 侧模　侧模采用定做钢模，保证其周转次数和模板刚度。由于本桥为斜交，横隔板除端头为斜交外，其余均是正交，因此每片I形梁的横隔板位置都不一样，侧模规格较多。所有模板只有垂直接缝，不设水平接缝，模板之间用螺栓连接，钢模中间不设拉杆，只是上下设拉杆，钢模两侧用角钢加固。钢模安装就位后，先用拉杆连接，再用架管将其加固。由于梁体较高、较窄，一定要加斜撑保证模板的垂直度和稳定性，防止因振动模板出现位移、倾斜。拆模时要注意保持梁体的稳定性，拆模前先用四根钢绳将I形梁固定在盖梁上，并且边拆模，边加斜撑支撑梁体，严防撞击梁体致使梁体倾倒。

(4) 钢筋　普通钢筋的制作主要是要注意主筋的焊接质量，普通钢筋的安装要注意钢筋骨架的稳定性。安装钢筋前要先用架管搭架，保持钢筋稳定。

① 预应力筋安装　同一束钢绞线的下料长度要严加控制。为施工方便，在浇筑混凝土前将预应力筋、波纹管预埋好。具体做法：先将钢绞线按设计位置大致固定好，然后再从一端向另一端套波纹管，最后再将波纹管精确定位。穿钢绞线时，将每一束内的各根钢绞线编号，在构件两端对号检查，防止其在孔道内交叉扭结。

② 钢筋线张拉　根据设计要求混凝土强度达到100%方可张拉。钢束采用超张拉工艺。钢束长度较长，采用两台千斤顶两端同步张拉。按设计张拉顺序，每次张拉钢束共有两束，且相隔很近，不能同时放置两台（一端）千斤顶，只能先用两台千斤顶从两端张拉一束到一定预应力值时，锚固后，再将另一束钢绞线张拉到一定预应力值后锚固，如此交替张拉达到最终预应力值，最终锚固。防止不对称一次张拉到位，致使梁体产生平面弯曲破坏。

钢绞线张拉采用应力、伸长度的实际值和理论值相互参考，相应控制实际伸长值与理论伸长值误差不大于6%，否则停止张拉。钢绞线的理论伸长值计算方法参见施工技术规范。

张拉注意事项如下。

a. 张拉人员必须经过上岗培训。

b. 张拉系统使用前应进行标定。

c. 除去锚下垫板、喇叭管内、钢绞线上的混凝土及杂物。

d. 夹片与锚圈锥孔不应黏附泥浆或其他杂物，不允许锈蚀（若有轻微浮锈，应彻底清除）。

e. 对表面有锈的钢绞线，张拉前应彻底除锈。

f. 张拉前，应全面检查系统宜进行按规定进行预拉，确保安全可靠。张拉时千斤顶后严禁站人，张拉完成至压浆后48h内锚具后严禁站人。

g. 锚具安装到位后，应及时张拉，以防因锈蚀而产生滑丝、断丝。

h. 工具锚、限位板必须与公司锚具相应配套，限位板应根据钢绞线的实际尺寸来选择。

i. 张拉后，立即检查两端锚具的锚固状况，对于YM锚具张拉后夹片外露高度，应比所有限位板的限位槽深度至少低2.5mm，如不在此范围，应分析原因并及时采取措施。

j. 张拉锚固后应及时压浆，一般应在48h内完成，如不能及时压浆，应采取保护措施，以保证锚固装置及钢绞线不被锈蚀。

k. 切割多余钢绞线时，必须在距锚具75mm以外的位置使用切割器，并采取保护措施，使锚具附近不超过150℃，以防止夹片受热而滑丝。

l. 压浆后三天内不得切割钢绞线和碰击锚具。

m. 单端张拉，固定端必须使用固定锚具，不允许将张拉端锚具用于固定端。多孔锚具一般不允许单孔张拉。

n. 如管道漏浆，与钢绞线发生黏结，应先解决漏浆问题，再进行张拉。

（5）混凝土　混凝土采取现场搅拌，手推车运输施工。砂、石、水泥原材料进场后及时取样，不符合规范要求的材料不得使用。混凝土拌制要严格计量，搅拌采用2台350搅拌机同时搅拌，搅拌时注意混凝土的坍落度，坍落度太大影响混凝土强度，坍落度太小容易出现空洞。混凝土运输采用手推车运至盖梁处，通过龙门架提升再运至浇筑处。为防止梁体出现裂缝，浇筑顺序从两端同时向中间浇筑。浇筑时采取斜面推进方式。混凝土振捣主要通过侧模上的附着式振捣器来完成，梁体上部采用插入式振捣器。附着式振捣器布置间距为水平方向1.2m 1个，垂直方向布置两排。整个浇筑过程要组织好人员、机械设备，保证每片梁在6h内浇筑。

3. 质量保证措施

（1）组织机械设置

（2）各部门主要职责

① 项目技术负责人　负责对技术人员进行技术交底，确定关键工序的质量保证措施和质量控制程序，对可能出现的质量问题加以预防，检查督促现场施工、试验室对工程质量的监控情况。

② 项目现场施工　负责具体施工方法和技术措施的实施，通过技术交底向班组交代清楚，并在实施过程中监督执行，负责施工测量放样工作，负责施工现场的组织、监督并及时填写各种表格。

③ 项目试验、质检技术员　负责各种工程材料的质量关，对外购材料抽样检查，杜绝

不合格的原材料进入施工现场，负责工地试验室的日常工作，负责混凝土施工现场的配合比、水灰比监控和混凝土试件随机取样的监督。

④ 施工队负责人　参与主要技术方案的制定，负责人员、机械、材料的组织，负责对各作业班组的技术培训和安全教育工作。

⑤ 施工队技术员　负责各作业班的安排、调度，协助项目施工人员测量放样，负责对各作业班的质量和安全监督。

(3) 质量检验和施工记录

① 各道工序均实行相应的质量检验制度，即每道工序完成后，由施工技术人员自检，报请项目现场施工复检，并填写自检记录，最后由监理工程师终检，验收合格后才能进行下一道工序施工。

② 若某工序终检不合格，应按有关技术要求进行处理，处理方案应经监理工程师同意，处理完毕并按上述程序进行检验，直到取得监理工程师签证为止。

③ 各工序施工中，施工技术人员必须认真填报各种表格。

4. 安全技术措施

(1) 生产安全技术措施

① 进入现场的施工人员必须穿防滑鞋，不允许穿拖鞋上班。

② 电工、电焊工等特殊工种需持证上岗，油泵、千斤顶张拉操作人员必须经过技术培训，经考核合格后方准上岗操作。

③ 牵引设备、转向设备安装必须牢固可靠，使用前应进行试车，检查无误后，方准使用。

④ 在交叉作业或高空作业时应配戴安全帽、安全袋，否则不能作业，应时时注意安全，互相照顾，上班前不准喝酒。

⑤ 在钢绞线下料时，放线盘要控制好其速度，牵引要慢速，否则放线盘失控，钢绞线弹起容易伤人。

⑥ 张拉设备要按规定定时标定，以防失真造成质量事故。

⑦ 油泵加油时，要经过滤方可使用，千斤顶安装前应空动转几次，以使气体排出。

⑧ 油管、油泵接头要随时检查，油泵带压时不得拆卸管路、接头及压力表。

⑨ 将油泵安全阀调至所需压力，要校检其控制精度。

⑩ 钢绞线拉时的安全控制措施，主要控制千斤顶的活塞伸长值，当最后一级加荷时，若千斤顶的活塞伸长值已达到最大允许值，而加荷又未到设计值时应停止加荷，转入持压，并立即通过现场工程师作出相应的处理措施。

(2) 安全组织措施

① 作业面要设兼职安全员，建立现场安全值班制度。

② 作业班组在上下班要开展安全讲话，平时要开展各项安全活动，如安全生产讲座、事故分析会、提高全体员工的安全意识。

③ 施工现场设立醒目的安全标志和标语。

④ 对违章指挥，违章操作人员要及时教育处理。

小　结

本章主要学习了桥梁的作用与地位，桥梁的组成与分类，主要桥梁类型，对桥梁工程有了一定的基本认识。

能力训练题

一、选择题

1.（　　）是一种在竖向荷载作用下无水平反力的结构。

A. 梁式桥　　B. 斜拉桥　　C. 悬索桥　　D. 拱式桥

2.（　　）是以拱圈或拱肋作为主要承载结构。

A. 梁式桥　　B. 斜拉桥　　C. 悬索桥　　D. 拱式桥

3. 当跨度大于25m且小于50m时，一般采用预应力混凝土简支（　　）的形式。

A. 梁式桥　　B. 斜拉桥　　C. 悬索桥　　D. 刚架桥

4.（　　）的作用是支撑从它左右两跨的上部结构通过支座传来的竖向力和水平力。

A. 桥墩　　B. 桥台　　C. 桥身　　D. 基础

5. 对于跨度为200～700m的桥梁，（　　）在技术上和经济上都具有相当优越的竞争力。

A. 梁式桥　　B. 斜拉桥　　C. 悬索桥　　D. 刚架桥

二、填空题

1. 桥梁工程按照其受力特点和结构体系分为________、________、________、________、组合体系桥等。

2. 按照桥梁主要承重结构所用材料分为________、________、________、________等。

3. 按照跨越障碍的性质分为________、________、________、________等。

4. 桥梁基础的类型有________、________、________、________等。

三、简答题

1. 什么是梁式桥？

2. 桥梁总体规划的基本内容包括哪些？

3. 桥梁总体规划的原则是什么？

4. 桥梁工程设计要点是什么？

能力拓展训练

实地参观学校周边地区的桥梁工程，分析其几何设计、使用功能及施工方法。

第七章　隧道工程及地下工程

【知识目标】

- 熟悉隧道工程及地下工程的分类和组成及发展概况
- 了解隧道工程及地下工程的工程特点
- 掌握地下工程常遇灾害及防治对策

【能力目标】

- 能根据隧道工程及地下工程的工程特点，选择合理的施工方案
- 能根据地下工程常遇灾害，选择可行的防治对策

开章语　修筑隧道和利用地下空间从原始时代起就已成为人类营生的一种方式，近代隧道及地下工程技术有了更大的发展，不仅能像从前那样穿凿岩石或坚硬地层，而且还普遍推广了在软弱地层及水下修筑隧道及地下工程的方法。20 世纪 80 年代国际隧道协会（ITA）提出“大力开发地下空间，开始人类新的穴居时代”的口号。顺应时代的潮流，许多国家将地下开发作为一种国策，如日本提出了向地下发展，将国土扩大十倍的设想。人类已应用近代工程技术修筑了很多隧道及地下工程。地下空间的利用正由“线”的利用向大断面、大距离的“空间”利用进展。随着近代文明的发展，它已成为土木工程学的一个重要学科。

第一节　隧道工程

一、隧道工程概述

隧道是修筑在地面下的通路或空间，但孔径太小，属于所谓管道范畴的除外。经济合作发展组织（OECD）的隧道会议对隧道所下的定义为：以某种用途，在地面下用任何方法按规定形状和尺寸，修筑的断面积大于 $2m^2$ 的洞室。近代隧道技术不仅能像从前那样穿凿岩石或坚硬地层，而且还普遍推广了在软弱地层及水下修筑隧道的方法。当前隧道不但用于铁路、公路交通和水力发电、灌溉等水工隧洞，也用于上下水道、输电线路等大型管路的通道。另外还将过去理解为地下通路的隧道概念，扩大到地下空间的利用方面，包括诸如地下发电变电所、地下汽车停车场、大型地下车站、地下街道等适用隧道工程技术的建筑物。本书的隧道工程所指的是用于铁路、公路交通（见图 7.1、图 7.2）和水力发电、灌溉等水工隧洞以及用于上下水道、输电线路等大型管路的通道。

最古老的隧道是古巴比伦连接皇宫与神庙间的人行隧道，建在公元前 2160～2180 年间。该隧道长约 1km，断面为 3.6m×4.5m，施工期间将幼发拉底河水流改道，用明挖法建造。该隧道是一种砖砌建筑物。1895～1906 年修建的穿越阿尔卑斯山铁道隧道长 19.23km。目前世界最长的汽车专用隧道是瑞士中部的圣哥达（St. Gotthard）隧道，全长 16.3km，隧道开凿时，第一次使用了硝化甘油炸药。我国最早的交通隧道是位于今陕西汉中县的“石门”隧道，建于公元 66 年。

图 7.1　青藏线锡铁山分水岭隧道

图 7.2　北京八达岭公路隧道

现代隧道工程发展迅速，1965 年我国北京建设地下铁道。一期工程自北京站至苹果园，24.17km，明挖法施工。二期工程为环线，于老城墙下修建，16.1km，浅埋明挖法施工。复兴门地铁车站及折返线，位于建筑物与地下管线密集的街区，采用了浅埋明挖法施工。20 世纪 80 年代上海建成延安东路水底公路隧道，全长 2261m，采用直径 11.3m 的超大型网格水力机械盾构掘进机施工，自 1984 年开工，1989 年 5 月竣工通车，建成了当时世界第三条盾构法施工的长大隧道。同一时期，上海还建成电缆隧道及其他市政公用隧道等 20 余条，总长达 30 余公里。1985 年至 1987 年，上海建成黄浦江上游引水隧道一期工程，日引用量达 230 万吨，社会效益十分显著。广州地铁、南京地铁等在此时期进入设计与施工准备阶段，宁波开始了水底公路隧道的修建工作。20 世纪 90 年代以来，我国城市地下的交通与市政设施加快了修建速度。上海地铁 1 号线、地铁 2 号线已相继开通。

日本青函隧道，长 53850m，从规划到建成，历时半个世纪；英法海峡隧道，长 50km，海底长度 37km，历时 7 年建成。著名的公路隧道，如穿越阿尔卑斯山、连接法国和意大利的勃朗峰隧道和连通日本群马县和新泄县的关越隧道，长度均超过 10km。

隧道工程要在地下挖掘所需要的空间，并修建能长期经受外部压力的衬砌结构。工程进行时由于承受周围岩土或土砂等重力而产生的压力，不但要防止可能发生的崩坍，有时还要避免由于地下水涌出等所产生的不良影响。因此，为了适应多种多样的条件，隧道技术也是复杂而多方面的，并且随着技术的发展，范围正在日益扩大。

隧道技术与地质学和水文学、岩土学和土力学、应用力学和材料力学等有关理工科各部门有着密切的联系。它同时应用测量、施工机械、炸药、照明、通风、通信等各类工程学科，并由于对金属、水泥、混凝土、压注药剂之类化学制品等的有效利用，而使其与广泛的领域保持着关联。因此，有关隧道技术的基础理论和实际应用，不但涉及土木工程等有关学科，而且也联系到其他工科、理科的范围，由此可以预见成立隧道工程学的发展前途。

隧道技术，对应于修筑隧道过程的各个阶段，可以大致分为：调查计划技术（有关地质、水文等的调查和预测、测量等）；设计技术（指岩石力学、土力学和结构力学、材料等）；施工技术（指开挖、运输、支撑衬砌的施工、地基改良、为改善施工条件而采用的特殊施工方法、安全卫生等）；运用技术（指照明、通风、维修管理、防灾等）。

二、隧道工程分类与组成

1. 根据各种特征分类

（1）按照隧道建筑物使用的目的不同，主要可分为交通隧道、水工隧道、市政隧道和矿山隧道等。而交通隧道又包括铁路隧道、公路隧道、地下铁道和航运隧道。

（2）按照隧道通过的地区不同分类

① 山岭隧道　它是路线通过横断山脉的一种措施。山岭隧道又有多种情况，当路线沿河谷傍山面行时需要修建傍山隧道；当路线穿过大的分水岭时往往需要修建越岭隧道。

② 城市隧道　在大城市里，为了解决地面交通拥挤，往往需要修建城市隧道。

③ 水底隧道　它是在河床、海峡或湖底以下的地层内开挖的隧道，可以代替桥梁跨越河、海或湖泊。

（3）按照隧道的长短划分　特长隧道，全长10000m以上；长隧道，全长3000m以上至10000m；中长隧道，全长500m以上至3000m；短隧道，全长500m及以下。

此外，隧道按平面布置可分为直线隧道和曲线隧道；按纵断面布置可分为水平隧道和斜坡隧道等；从地质上还可按开挖对象划分为岩石隧道和土砂隧道。此外，过去视为特殊施工方法的盾构法或沉管法，今天已经普及，因此也可以将这些方法包括在内，而按施工方式、方法进行详细的分类。

2. 隧道工程的组成

隧道的主体建筑物由洞身衬砌和洞门建筑两部分组成，如图7.3所示。在洞门容易坍塌地段，则应接长洞身（即早进洞或晚出洞）或加筑明洞洞口，如图7.4所示。

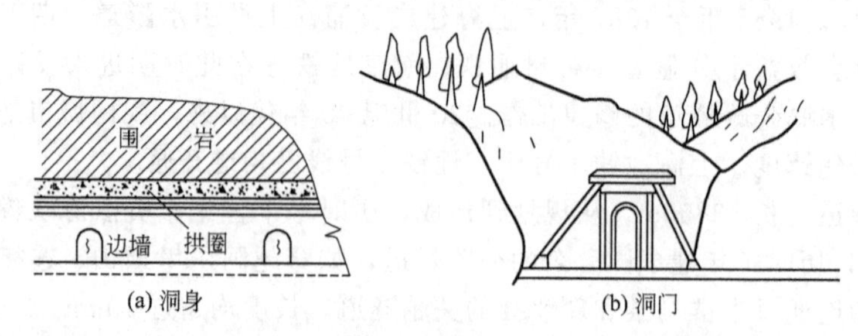

图7.3　隧道的组成

公路隧道的附属建筑物，包括人行道或避电洞和防水、排水设施，长、特长隧道还有通风道、通风机房、供电、照明、信号、消防、救援及其他量测、监控等附属设施。

三、公路隧道

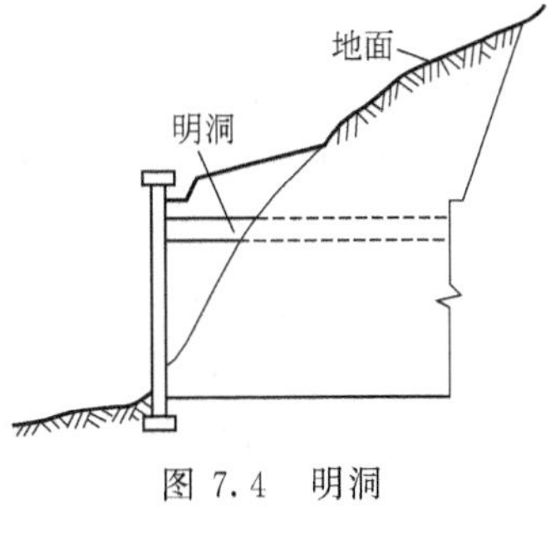

图 7.4　明洞

世界最长的公路隧道是挪威西部 24.5km 长的洛达尔隧道，2001 年初正式投入运营。该隧道建成使挪威西部到首都奥斯陆的公路交通大为改观。该隧道有完善的通风照明、安全防火、通信监控等设施。阿尔卑斯山是中欧和南欧间的天然屏障。100 多年前就分别在瑞士和意大利之间修了长 14.99km 的圣哥达隧道和长 19.8km 的辛普伦隧道。20 世纪末，长 57km 的新圣哥达隧道又已开工，由于隧道太长，单靠从两头掘进将拉长工期，要从中间增加工作面。2001 年，800m 深的一座竖井已挖到底部，即可向南北方向开挖正洞。这将是世界最长的山岭隧道。

为了开发西部和进一步繁荣中东部经济，我国在 21 世纪大力推进铁路和高等级公路的路网建设，高等级公路向山区推进，使得大量公路隧道修建起来，如秦岭隧道、乌鞘岭隧道（见图 7.5）。

(a) 秦岭隧道

(b) 乌鞘岭隧道

图 7.5　国内隧道工程

（1）公路隧道线路　公路隧道的平面线形和普通道路一样，根据公路规范要求进行设计。

隧道平面线形，一般采用直线，避免曲线，如必须设置曲线时，应尽量采用大半径曲线，并确保视距。公路隧道的纵断面坡度，由隧道通风、排水和施工等因素确定，采用缓坡为宜。隧道的纵坡通常应不小于0.3%，且不大于3%。隧道如从两个洞口对头掘进，为便于施工排水，可采用“人”字坡。单向通行时，设置向下的单坡对通风有利。

隧道衬砌的内轮廓线所包围的空间称为隧道净空。隧道净空包括公路的建筑限界（见图7.6），通风及其他需要的断面积。建筑限界是指隧道衬砌等任何建筑物不得侵入的一种限界。公路隧道的建筑限界包括车道、路肩、路缘带、人行道等的宽度；以及车道、人行道的净高。公路隧道的横断面净空，除了包括建筑限界之外，还包括通过管道、照明、防灾、监控、运行管理等附属设备所需要的空间，以及富余量和施工允许误差等，如图7.7所示。

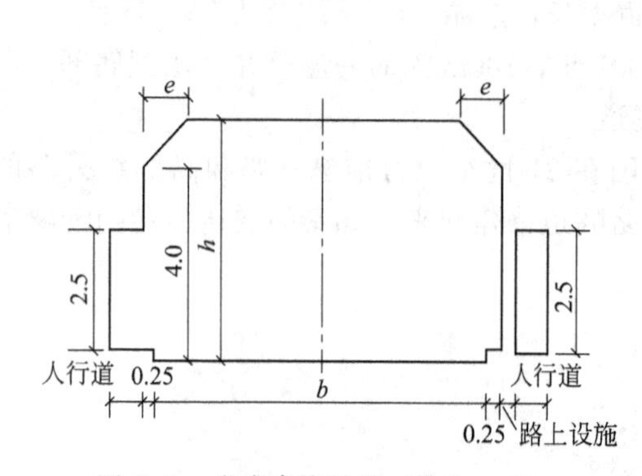

图7.6　公路建筑限界（单位：m）

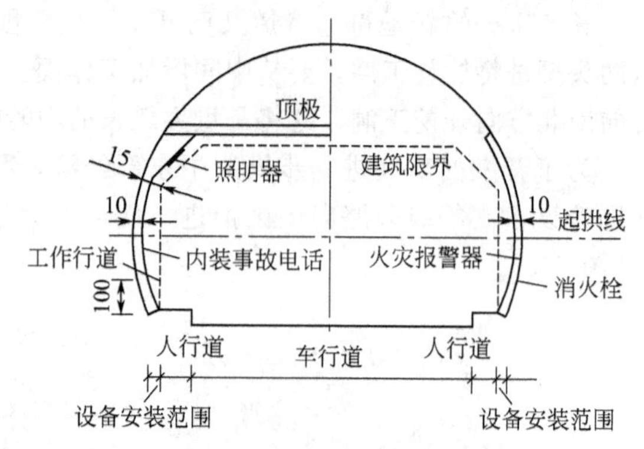

图7.7　公路隧道横断面净空（单位：mm）

隧道净空断面的形状，即是衬砌的内轮廓形状。合理的形状应使衬砌受力合理、围岩稳定。衬砌的形状可采用圆拱直墙。圆形断面利于承压和盾构施工。在浅埋、深埋公路隧道采用矩形或近椭圆形断面。公路隧道的各种主要断面形状如图7.8所示。

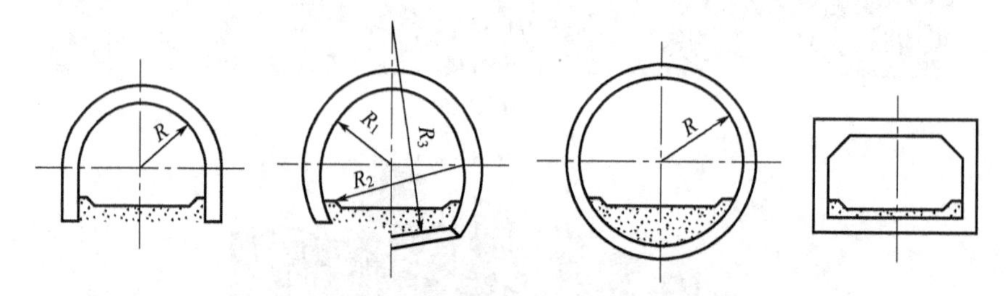

图7.8　公路隧道主要断面形状

（2）公路隧道通风　汽车排出的废气含有多种有害物质，如一氧化碳（CO）、氮氧化合物（NO）、碳氢化合物（HC），亚硫酸气体（SO）和烟雾粉尘，造成隧道内空气的污染。公路隧道空气污染造成危害的主要原因是一氧化碳，一氧化碳浓度很大时，人体产生中毒症状，危及生命。烟雾会恶化视野，降低车辆安全行驶的视距。用通风的方法从洞外引进新鲜空气冲淡一氧化碳的浓度至卫生标准，即可使其他因素处于安全浓度。

隧道通风方式的种类很多，按送风形态、空气流动状态、送风原理等划分如图7.9所示。

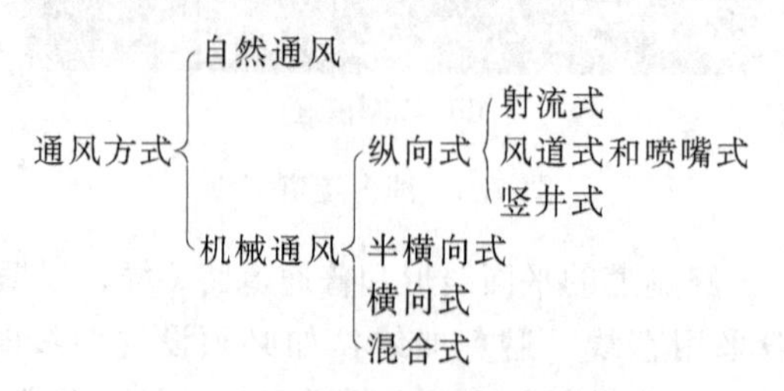

图7.9　隧道的通风方式分类

① 自然通风。这种通风方式不设置专门的通风设备，是利用存在于洞口间的自然压力差或汽车行驶时活塞作用产生的交通风力，达到通风目的。但在双向交通的隧道，交通风力有相互抵消的情形，适用的隧道长度受到限制。由于交通风的作用较自然风大，因此单向交通隧道，即使隧道相当长，也有足够的通风能力。

② 射流式纵向通风。纵向式通风是从一个洞口直接引进新鲜空气，由另一洞口排出污染空气的方式。射流式纵向通风是将射流式风机设置于车道的吊顶部，吸入隧道内的部分空气，并以 30m/s 左右的速度喷射吹出，用以升压，使空气加速，达到通风的目的，如图 7.10 所示。射流式通风经济，设备费少，但噪声较大。

③ 竖井式纵向通风。机械通风所需动力与隧道长度的立方成正比，因此在长隧道中，常常设置竖井进行分段通风，如图 7.11 所示。竖井用于排气，有烟囱作用，效果良好。对向交通的隧道，因新风是从两侧洞口进入，竖井宜设于中间。单向交通时，由于新风主要自入口一侧进入，竖井应靠近出口侧设置。

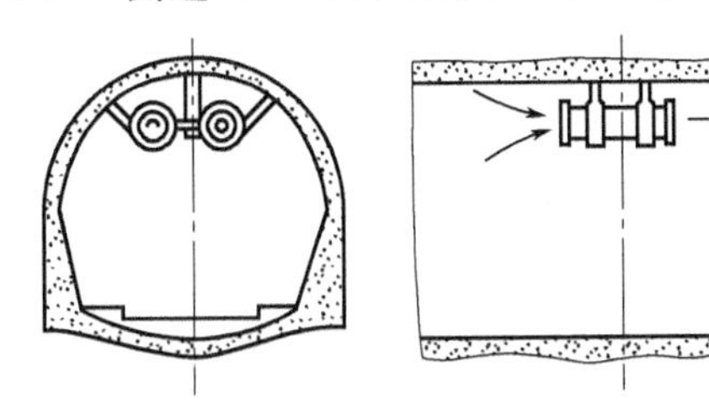

图 7.10 射流式纵向通风

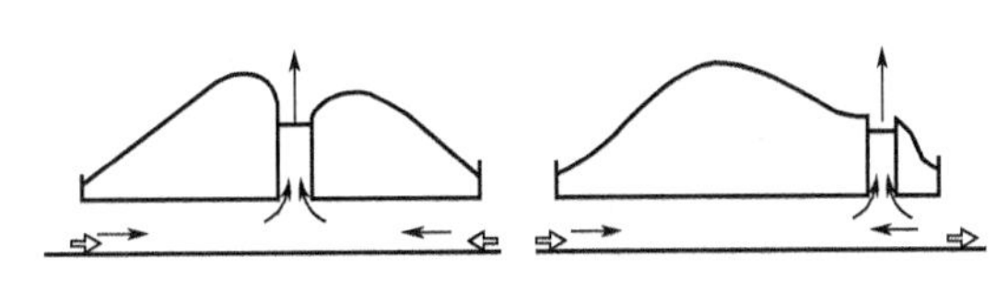

图 7.11 竖井式纵向通风

④ 横向式通风。横向式通风，如图 7.12 所示。风在隧道的横断面方向流动，一般不发生纵向流动，因此有害气体的浓度在隧道轴线方向均匀分布。该通风方式有利于防止火灾蔓延和处理烟雾。但需设置送风道和排风道，增加建设费用和运营费用。

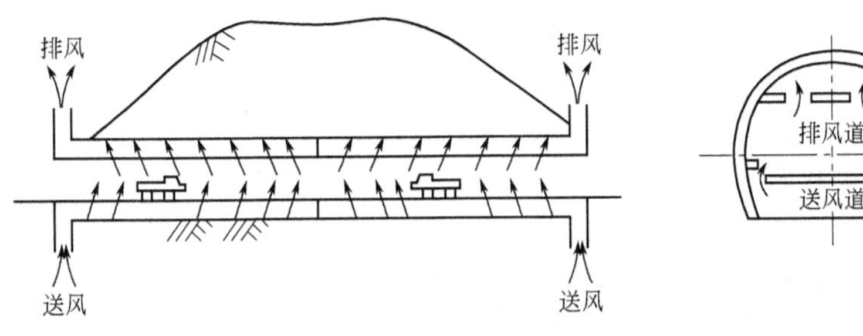

图 7.12 横向式通风

⑤ 半横向式通风。半横向式通风，如图 7.13 所示，新鲜空气经送风道直接吹向汽车的排气孔高度附近，直接稀释排气，污染空气在隧道上部扩散，经过两端洞门排出洞外。半横向式通风，因仅设置排风道，所以较为经济。

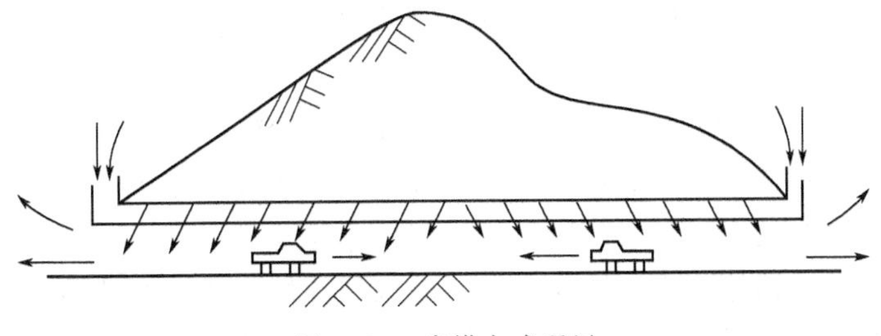

图 7.13 半横向式通风

⑥ 混合式通风。根据隧道的具体条件和特殊需要，由竖井与上述各种通风方式组合成为最合理的通风系统。例如，有纵向式和半横向式的组合，以及横向式与半横向式的组合等各种方式。

(3) 公路隧道照明　隧道照明与一般部位的道路照明不同，其显著特点是昼间需要照明。防止司机视觉信息不足引发交通事故。应保证白天习惯于外界明亮宽阔的司机进入隧道后仍能认清行车方向，正常驾驶。隧道照明主要由入口部照明、基本部照明和出口部照明与接续道路照明构成。

入口照明是指司机从适应野外的高照度到适应隧道内明亮度，所必须保证视觉的照明。它由临界部、变动部和缓和部的三个部分的照明组成。

临界部是为消除司机在接近隧道时产生的黑洞效应所采取的照明措施。所谓“黑洞效应”是指司机在驶近隧道，从洞外看隧道内时，因周围明亮而隧道像一个黑洞，以致发生辨认困难，难以发现障碍物。变动部是照度逐渐下降的区间。缓和部为司机进入隧道到习惯基本照明的亮度，适应亮度逐渐下降的区间。

出口照明是指汽车从较暗的隧道驶出至明亮的隧道外时，为防止视觉降低而设的照明。应消除“白洞效应”，即防止汽车在白天穿过较长隧道后，由于外部亮度极高，引起司机因眩光作用而感不适。

(4) 公路隧道施工　隧道主体工程施工程序如图 7.14 所示。其中主要的施工方法如下。

① 新奥法（NATM）即新奥地利施工方法的简称。新奥法的概念是奥地利学者拉布西维兹（LV. Radcewicz）教授于 1948 年提出的，它是以既有隧道工程经验和岩体力学的理论基础，将锚杆和喷射混凝土组合在一起作为主要支护手段的一种施工方法，之后这个方法在西欧、北欧、美国和日本等许多地下工程中获得极为迅速的发展，已成为在软弱破碎围岩地段修建隧道的一种基本方法，技术经济效益十分明显。

② 挪威法（NMT）即挪威隧道施工方法的简称。它是 20 世纪 90 年代在西北欧隧道工程中发展起来的一种新方法，该法根据隧道质量指标 Q 值进行围岩分类并选定支护，是对新奥法的完善、补充和发展。

四、铁路隧道

地下铁道是地下工程的一种综合体，其组成包括区间隧道、地铁车站和区间设备段等设施。地下铁道所用设备涉及各种不同的技术领域。

地铁的区间隧道是连接相邻车站之间的建筑物。它在地铁线路的长度与工程量方面均占有较大比重。区间隧道衬砌结构内应具有足够空间，以供车辆通行和铺设轨道、供电线路、通信和信号、电缆和消防、排水与照明装置。

(1) 地铁隧道结构　地铁隧道结构包括浅埋区间隧道和深埋区间隧道。

① 浅埋区间隧道。多采用明挖施工，常用钢筋混凝土矩形框架结构。图 7.15 所示是浅埋明挖施工的区间隧道结构形式。

② 深埋区间隧道。深埋隧道多采取暗挖施工，用圆形盾构开挖和钢筋混凝土管片支护。结构上覆土的深度要求应不小于盾构直径。从技术和经济观点分析，暗挖施工时，建造两个单线隧道比建造将双线放在一个大断面的隧道里的做法合理，因为单线隧道断面利用率高，且便于施工。莫斯科早期地下铁道适应备战要求采用深埋形式，有的路段深达 40～50m。伦敦地铁有的建在 30m 深左右的黏土层中，利用其不渗水的特点方便施工。

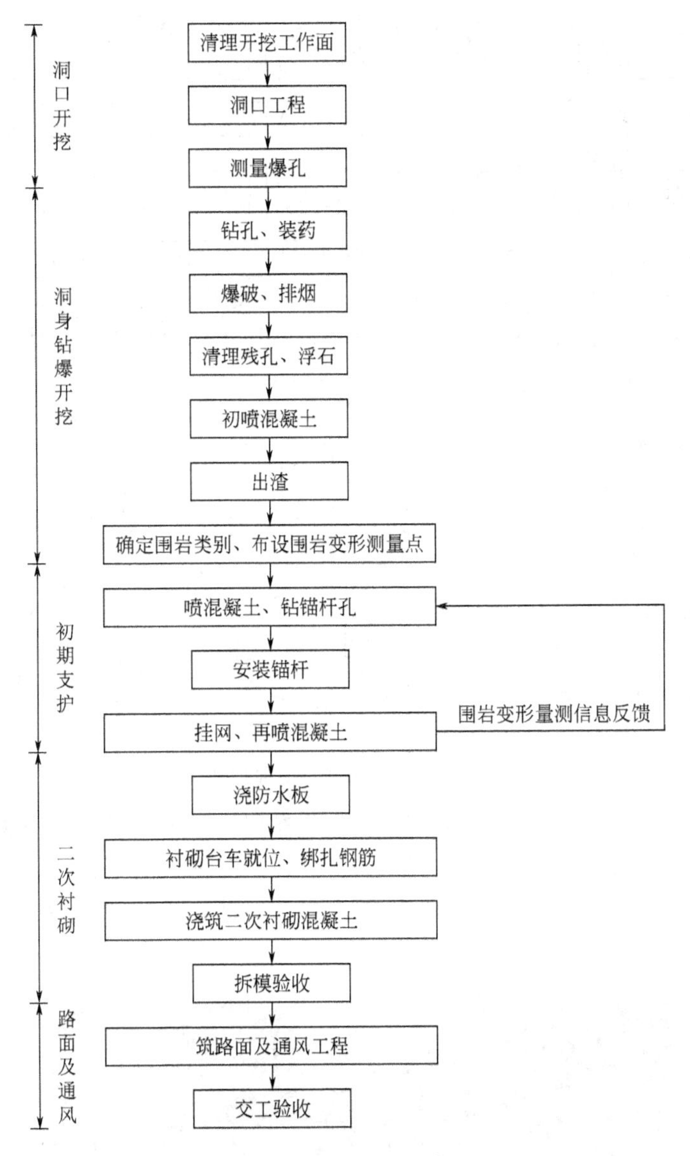

图 7.14 施工程序

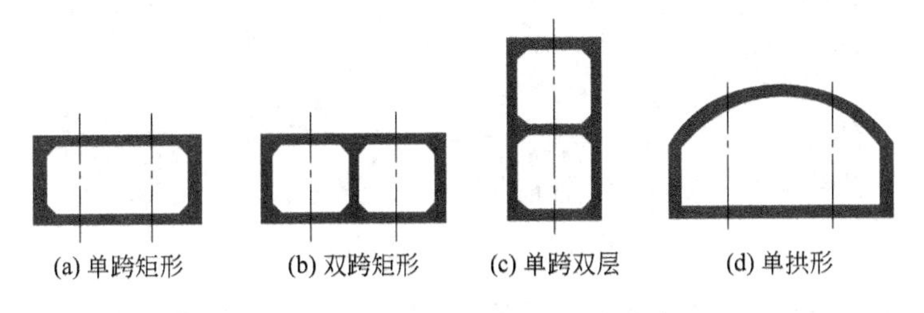

图 7.15 浅埋区间隧道结构形式

(2) 站台形式 站台是地铁车站的最主要部分，是分散上下车人流、供乘客乘降的场地。世界各地车站站台断面形式各异，按站台形式与其正线之间的位置关系可分为：岛式站台、侧式站台和岛侧混合式站台。图 7.16 是站台断面形式。

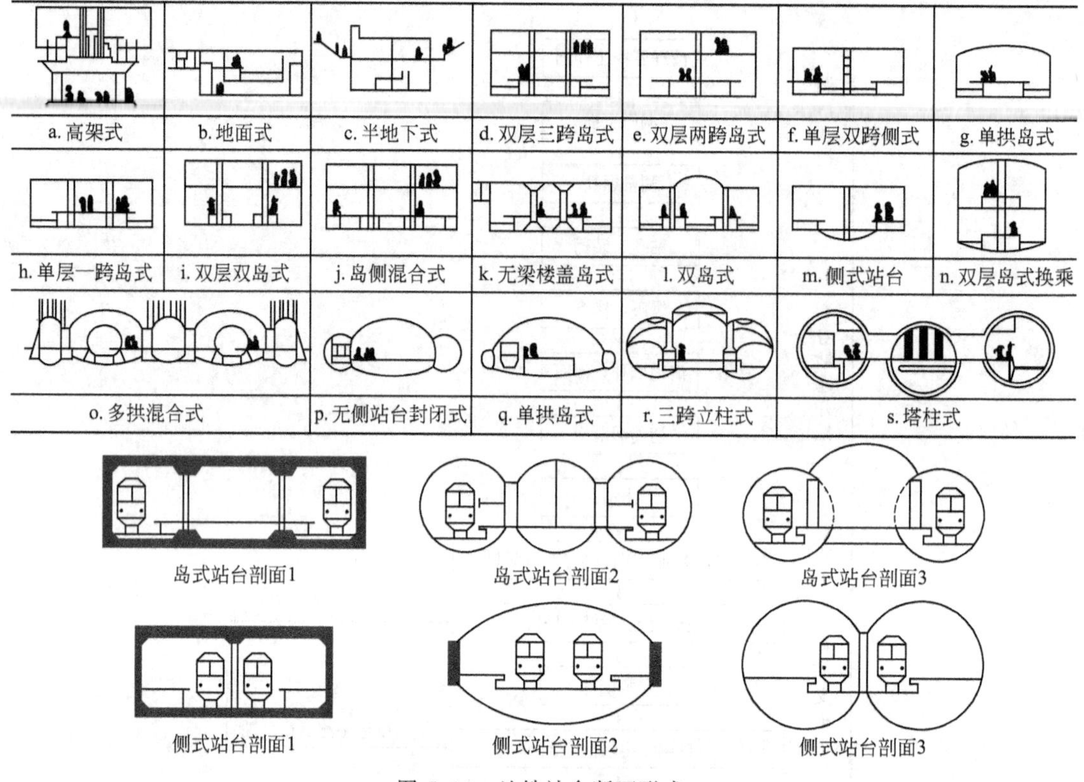

图 7.16　地铁站台断面形式

（3）地铁隧道施工　地下铁道沿城市主要街道布置，在市区或市郊修建。因此，施工方案的选取应充分考虑地铁对城市交通、建筑物拆迁以及对地面上下管线的影响，从技术、经济等方面加以权衡比较（图 7.17）。地下铁道的修建方法很多，概括起来有两大施工方式，即明挖法和暗挖法。

图 7.17　隧道内路面施工

① 明挖法　明挖法是浅埋地下通道最常用的方法，也称作基坑法。它是一种用垂直开挖方式修建隧道的方法（对应于水平方向掘进隧道而言）。基坑法施工是指从地面向下开挖，并在欲建地下铁道结构的位置进行结构的修建，然后在结构上部回填土及恢复路面的施工方法。或者从地面向下开挖，用大号型钢架于两侧钢桩或连续墙上，以维持原来路面的交通运行。后一种基坑法也称为路面覆盖式基坑法或称开壕被覆法，我国称为盖板法，如图 7.18

所示。

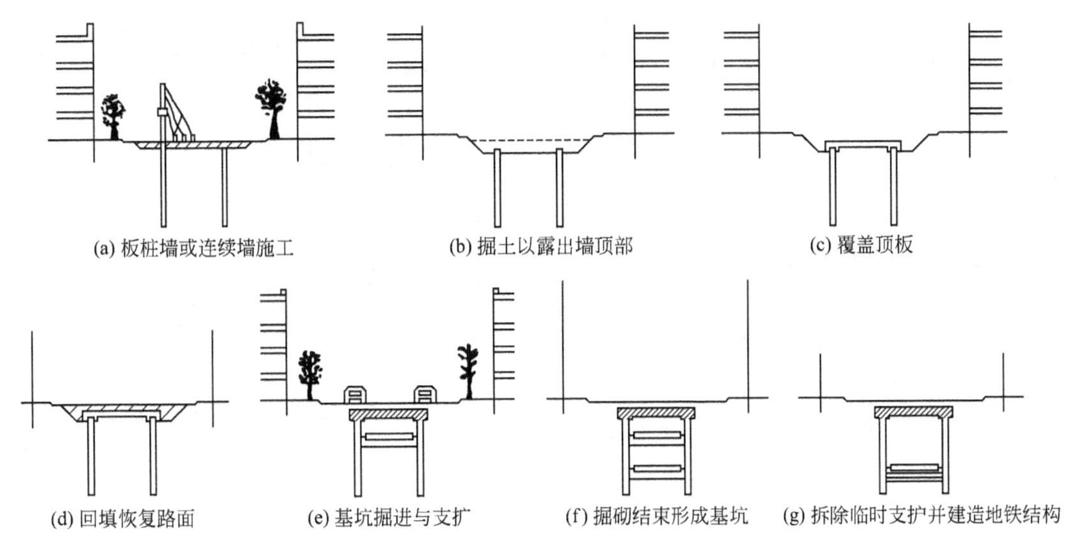

(a) 板桩墙或连续墙施工
(b) 掘土以露出墙顶部
(c) 覆盖顶板
(d) 回填恢复路面
(e) 基坑掘进与支扩
(f) 掘砌结束形成基坑
(g) 拆除临时支护并建造地铁结构

图 7.18　路面覆盖式基坑法施工

常用的明挖法有三种。

a. 敞口放坡明挖　敞口开槽放坡明挖施工或称敞口基坑法，其槽底宽度是根据区间隧道或车站结构宽度的需要，并考虑施工操作空间确定的。为了保持边坡稳定常常需要沿基坑两侧设井点降水。此种方式虽然工程造价较低，但占地宽、拆迁量大。

b. 板桩法　一般用工字钢桩，按设计位置打入土层内，形成连续板桩墙或间隔立桩、并架设横板等支撑。基坑在支护的保护下进行开挖。如不设路面覆盖板，则施工范围交通中断。此法称为无路面覆盖式基坑法，多用于公园、广场、居民区等处所。

c. 地下连续墙施工法　混凝土连续墙作为挡土墙起支护基坑作用，有的连续墙的顶上（或钢板桩的顶上）加盖钢结构或钢筋混凝土顶板，以供城市交通行驶车辆。

② 暗挖法　暗挖法有时也称为矿山法，尤其是指在坚硬的岩石层中采用的矿山巷道掘砌技术的开凿方式。但地铁施工多在浅部的松软土层中进行，此暗挖法主要指以下几种。

a. 盾构法。是隧道暗挖施工法的一种。在地下铁道中采用盾构法施工始于 1874 年，当时为了在伦敦地下铁道东线的黏土和含水砂层修建内径为 3.12m 的区间隧道，采用了气压盾构以及向衬砌背后注浆的施工工艺。20 世纪 40 年代起，前苏联采用直径为 6.0～9.5m 的盾构先后在莫斯科、列宁格勒（现在的圣彼得堡）等城市修建地下铁道区间隧道，将盾构法施工水平推进到一个新高度。20 世纪 60 年代以来，盾构法施工在日本得到迅速发展，在东京、大阪、名古屋、京都等城市的地下铁道施工中都广泛地被采用。

面对 21 世纪我国城市地下空间开发利用的广阔市场，随着我国经济的发展，国内将有越来越多的城市建设地铁，而采用盾构掘进机施工将是必然的选择，正在建设中的深圳地铁和南京地铁采用盾构掘进区间隧道；广州地铁 2 号线、上海地铁 3 号线、北京地铁 5 号线均采用盾构法施工。

a）盾构法施工的适用范围。盾构法施工具有施工速度快、洞体质量比较稳定、对周围建筑物影响较小等特点，适合在软土地基段施工。盾构法施工的基本条件：线位上允许建造用于盾构进出洞和出碴进料的工作井；隧道要有足够的埋深，覆土深度宜不小于盾构直径；相对均质的地质条件；如果是单洞则要有足够的线间距，洞与洞及洞与其他建（构）筑物之间所夹土（岩）体加固处理的最小厚度为水平方向 1.0m，竖直方向 1.5m；从经济角度讲，连续的施工长度不小于 300m。

b）盾构法施工工艺。施工准备主要包括修建工作井、盾构基座和支撑平台制作、安装以及洞口地层加固。盾构法施工基本示意图如图 7.19 所示，作业行进示意图见图 7.20。

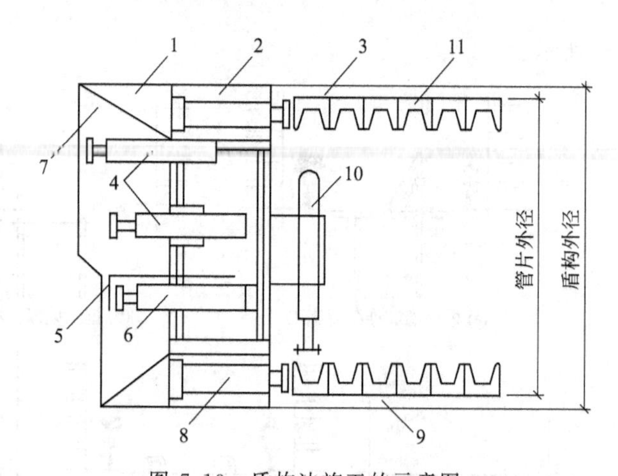

图 7.19 盾构法施工的示意图

1—切口环；2—支撑环；3—盾尾部分；4—支撑千斤顶；5—活动平台；6—活动平台千斤顶；7—切口环；8—盾构推进千斤顶；9—盾尾空隙；10—管片拼装器；11—管片

为了增加开挖面的稳定性，在盾构未进入加固土体前，就需要适当地向开挖面注水或注入泥浆，因此洞口要有妥善的密封止水装置，以防止开挖面泥浆流失。目前常用的密封止水装置有滑板式和铰链式两种。盾构拼装出洞的顺序如图 7.21 所示。

图 7.20 盾构机在地层中作业行进示意图

b. 注浆法。在施工范围布置注浆孔，灌入水泥砂浆或其他化学浆液，以使土层固结，故此法亦称为灌浆固结法。这样，甚至可不加支撑开挖竖井或隧道。

c. 沉管法。当地下铁道处于航道或河流中时，可采用沉管法。这是水底隧道建设的一种主要方法。该法施工是在船台上或船坞中分段预制隧道结构，然后经水中浮运或拖运办法将节段结构运到设计位置，再以水或砂土将其进行压载下沉，当各节段沉至水底预先开挖的沟槽后，进行节段间接缝处理，待全部节段连接完毕，进行沟槽回填，遂建成整体贯通的隧道。

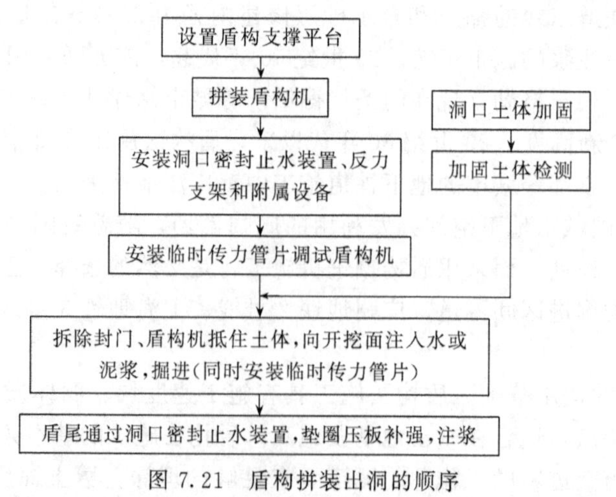

图 7.21 盾构拼装出洞的顺序

d. 顶管法。当浅埋地铁隧道穿越地面铁路、城市交通干线、交叉路口或地面建筑物密集、地下管线纵横地区，为保证交通不致中断和行车安全，可采用顶管法施工。顶管法施工是在做好的工作坑内预制钢筋混凝土隧道结构，待其达到强度后用千斤顶将结构推顶至设计位置。这种施工技术不仅用于浅埋地铁，还可用于城市给排水管道工程、城市道路与地面铁路交叉点以及铁路桥涵等工程。

五、水底隧道

水底隧道与桥梁工程相比，具有隐蔽性好、可保证平时与战时的畅通、抗自然灾害能力强、对水面航行无任何妨碍的优点，但其造价较高。水底隧道可以作为铁路、公路、地下铁道、航运、行人隧道，也可作为管道输送给排水隧道。

17 世纪起，欧洲修建了许多运河隧道，其中法国魁达克运河隧道长 157km。1927 年美国纽约于哈德逊河底建成霍兰隧道，次年又建成世界上第一条沉管法水底隧道博赛隧道。

目前世界上最长的铁路隧道是在海底穿越津轻海峡的日本青函隧道（见图 7.22），它穿越津轻海峡，将日本的本州和北海道连接起来，全长为 53.85km，其中海底部分 23.3km，其余为陆地部分。在海峡间修建隧道是从 1939 年开始规划，1946 年进入调查阶段。1964 年开始施工，1972 年进入海底段施工，历经 19 年，于 1983 年 1 月完成贯通。1985 年建成隧道，1988 年 3 月正式通车运营。青函隧道采用矿山法施工技术。软土中水底隧道则多用沉管法和盾构法施工。通常认为沉管法造价低、工期短、施工条件好，因此更为经济合理。

图 7.22　日本青函隧道

我国自 20 世纪 60 年代开始研究用盾构法修建黄浦江水底隧道。上海第一条越江隧道——打浦路隧道于 1965 年开始施工，并于 1981 年建成通车。第一座沉管隧道也于 20 世纪 70 年代初期在上海建成。1982 年台湾高雄建成一条沉管水底公路隧道。20 世纪 80 年代后期，我国城市水底隧道的修建已进入发展时期。

（1）水底隧道的埋置深度　水底隧道的埋置深度是指隧道在河床下的岩土的覆盖厚度。埋深的大小，关系到隧道长短、工程造价和工期的确定。尤其重要的是覆盖层厚度，关系到水下施工的安全问题。设计水底隧道的埋置深度需考虑以下几个主要因素。

① 地质及水文地质条件。隧道穿越河床的地质特征、河床的冲刷和疏浚状况。

② 施工方法要求。不同的隧道施工方法，对其顶部的覆盖厚度有不同的要求。矿山法施工，埋深的经验数据依围岩的强弱程度取毛洞跨径的 1.5～3 倍。沉管法施工，只要满足船舶的抛锚要求即可，约 1.5m 左右。盾构法施工，经国内外专家多年研究，认为最小覆盖

层厚度应为盾构直径的1倍。但不少成功的施工实例并未满足该数值要求。

③ 抗浮稳定的需要。埋在流砂、淤泥中的隧道，受到地下水的浮力作用。此浮力该由隧道自重和隧道上部覆盖土体的重量加以平衡。为保险起见，该平衡力应是浮力的1.10～1.15倍。检验抗浮稳定时，为偏于安全不计摩擦力的作用。

④ 防护要求。水底隧道应具备一定的抵御常规武器和核武器的破坏能力。根据在常规武器攻击中非直接命中、减少损失和早期核辐射的防护要求，覆盖层应有适当的厚度。

（2）水底隧道的断面形式　包括圆形断面、拱形断面、矩形断面等。

① 圆形断面。国内外水底隧道，特别是河底段，多采用沉管法和盾构法施工，其断面多为圆形，如图7.23所示。

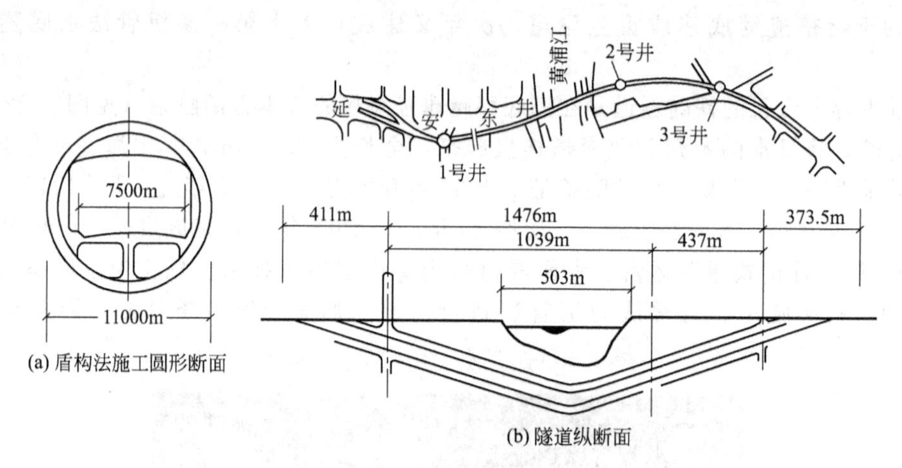

图 7.23　上海延安东路越江隧道

② 拱形断面。采用矿山法施工时，一般用拱形断面，其断面受力与断面利用率均好。

③ 矩形断面。圣彼得堡卡诺尼尔水下隧道，如图7.24所示，为双车道公路隧道，具有旁侧的人行道1和通风道2，用沉管法施工。加拿大蒙特利尔市劳伦河下的拉封基隧道也为矩形断面，如图7.25所示，亦采用沉管法施工。

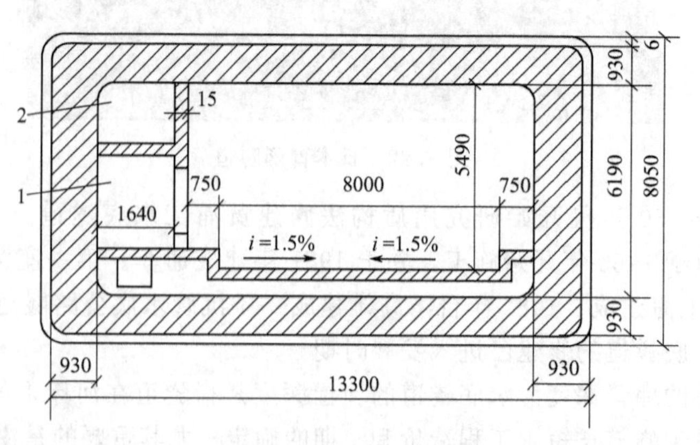

图 7.24　圣彼得堡卡诺尼尔水下隧道（单位：m）

1—人行道；2—通风道

（3）隧道防水　水底隧道的主要部分处于河、海床下的岩土层中。常年在地下水位以下，承受着自水面开始至隧道埋深的全水头压力。因此，水底隧道自施工到运营均有一个防水问题。防水的主要措施如下。

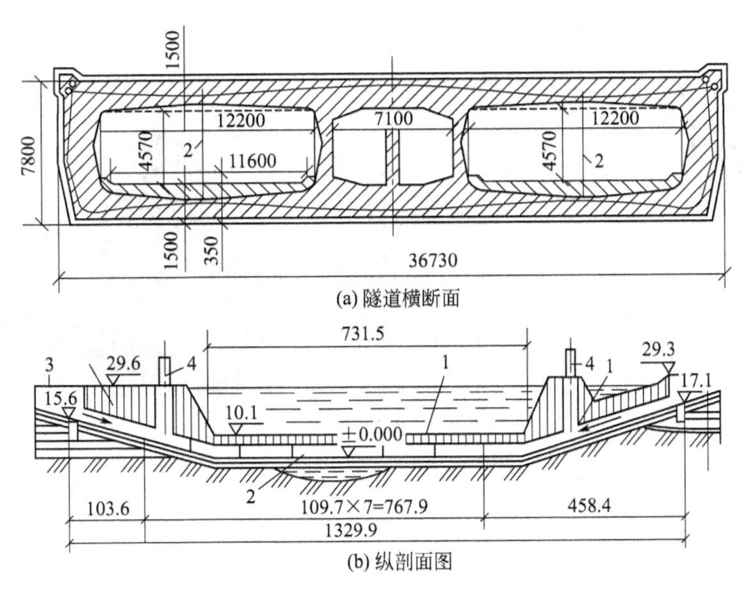

图 7.25　蒙特利尔拉封基水下隧道（单位：m）

① 采用防水混凝土。防水混凝土的制作，主要靠调整级配、增加水泥量和提高砂率，以便在粗骨料周围形成一定厚度的包裹层、切断毛细渗水沿粗骨料表面的通道，达到防水抗水的效果。

② 壁后回填。壁后回填是对隧道与围岩之间的空隙进行充填灌浆，以使衬砌与围岩紧密结合，减少围岩变形，使衬砌均匀受压，提高衬砌的防水能力。

③ 围岩注浆。为使水底隧道围岩提高承载力、减少透水性，可以在围岩中进行预注浆。特别是采用钻眼爆破作业的隧道，通过注浆可以固结隧道周边的块状岩石，以形成一定厚度的止水带，并且填塞块状岩石的裂缝和裂隙，进而消除和减少水压力对衬砌的作用。

④ 双层衬砌。水下隧道采用双层衬砌可以达到两个目的。其一是防护上的需要，在爆炸载荷作用下，围岩可能开裂破坏，只要衬砌防水层完好，隧道内就不致大量涌水、影响交通。其二是防范高水压力，有时虽采用了防水混凝土回填注浆，在高水压下仍难免发生衬砌渗水。在此情况下，双层衬砌可作为水底隧道过河段的防水措施。

（4）海底隧道　海底隧道是为了解决横跨海峡、海湾之间的交通，而又不妨碍船舶航运，建造在海底之下供人员及车辆通行的海底下的海洋建筑物。

海底隧道的开凿，一般使用巨型盾构机，从两端同时掘进。掘岩机的铲头坚硬而锋利，无坚不摧。钻孔直径与隧道设计直径相当，每掘进数 10cm，立即加工隧道内壁，一气呵成。为保证两端掘进走向的正确，采用激光导向。在海底地质复杂，无法这样掘进的情况下，就采用预制钢筋水泥隧道，深埋固定在海底的方法。

世界三大隧道工程如下：

① 1993 年建成的英法海峡隧道，全长 48.5km，海底段 37.5km，隧道最大埋深 100m。海峡隧道由 2 条外径 8.6m 的铁路隧道和 1 条外径 5.6m 的服务隧道组成。英法海峡隧道的建成，亦是融英、美、法、日、德等先进国家盾构施工技术于一体的最高成就。

英国和法国于 1986 年 11 月签订协议建设英吉利海峡隧道。该隧道连接英国多维尔市与法国加来市。该铁路隧道建成后可使伦敦到巴黎的时间缩短 3h，使铁路可与航空竞争。海峡在此的宽度为 36.8km，隧道长度约为 51km，如图 7.26 所示。

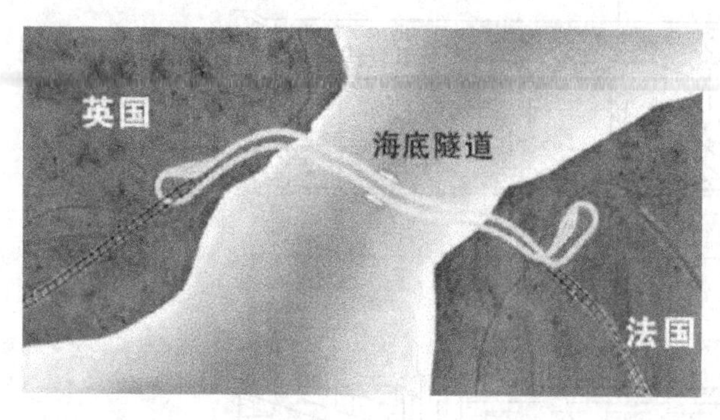

图 7.26　英法海峡隧道

② 丹麦斯多贝尔特大海峡隧道是跨海工程的一部分，长 7.9km，由 2 条外径 8.5m 的铁路隧道组成，隧道最大埋深 75m，采用 4 台直径 8.78m 的混合型土压平衡盾构掘进机施工。由于隧道穿越的地层为冰碛和泥灰岩，均为含水层，渗透水量大，因而比英法海峡隧道的掘进施工更为困难。

③ 日本东京湾横断公路隧道是目前世界上最长的海底公路隧道，长 9.4km，由 2 条外径 13.9m 的单向公路隧道组成，最大埋深 50m，采用 8 台直径 14.14m 的泥水平衡盾构掘进机施工。盾构设计采用最先进的自动掘进管理系统、自动测量管理系统和管片自动拼装系统，8 台盾构在海底实现了对接，体现了高新技术在隧道工程中的应用。东京湾横断公路隧道已在 1998 年建成通车，标志着盾构隧道施工最先进的技术水平。

第二节　地下工程

一、地下工程概述

在地面以下土层或岩体中修建各种类型的地下建筑物或结构的工程，称为地下工程。它包括交通运输方面的地下铁道、公路隧道、过街或穿越障碍的各种地下通道等；军事方面的野战工事、地下指挥所、通信枢纽、掩蔽所、军火库等；工业与民用方面的各种地下车间、地下停车场、电站、储存库房、商店、人防与市政地下工程以及文化、体育、娱乐与生活等方面的联合建筑体等。在前面隧道工程中亦有把地下空间的利用纳入隧道概念的提法，本节所介绍的地下工程，是指除了作为地下通路的隧道和矿井等地下构筑物外的地下工程。

20 世纪 70 年代，我国修建了大量地下人防工程，其中相当一部分目前已得到开发利用，改建为地下街、地下商场、地下工厂和储藏库。城市地下空间的开发利用，已经成为城市建设的一项重要内容。目前，我国地下空间开发利用的网络体系已开始建设，多在地表至 -30m 以内的浅层修筑地下工程。一些工业发达国家，逐渐将地下商业街、地下停车场、地下铁道及地下管线等结为一体，成为多功能的地下综合体。

地下工程中，各类地下电站迅速增长，其中地下水力发电的数目，全世界已超过 400 座，其发电量达 45 亿瓦以上。地下电站的建设是个十分庞大的地下工程。前苏联的罗戈水电站，土石方量 510 万立方米，混凝土用量 160 万立方米，开凿的隧道、硐室 294 个，总长度达 62km。世界各国修建了大量的地下储藏室，其建造技术得到不断革新。

现代地下工程发展迅速，世界各国特别是发达国家的城市地下空间开发与利用，已经达到了相当规模。可以预见，随着经济的发展，我国地下工程将进入蓬勃发展的时期。

二、地下工程分类及其特点

在地面以下土层或岩体中修建各种类型的地下建筑物或结构的工程，可称为地下工程。地下工程有许多分类方法：按其使用功能分类，按周围围岩介质分类，按施工方法分类，按建筑材料和断面构造分类等，也有按其重要程度，防护等级、抗震等级分类的。最常用的是按使用功能分类。按照地下工程的使用功能依次可分为交通工程、市政管道工程、地下民用建筑、地下工业建筑、地下仓储工程、地下军事工程等。

1. 地下民用建筑

城市地下空间的开发利用，已经成为现代城市规划和建设的重要内容之一。一些大城市从建造地下街、地下商场、地下车库等建筑开始，逐渐发展为将地下商业街、地下停车场和地下铁道，管线设施等结为一体，形成与城市建设有机结合的多功能的地下综合体。因此，地下综合体可以考虑定义为建设沿三维空间发展的，地面地下连通的，结合交通、商业储存、娱乐、市政等多用途的大型公共地下建筑。地下综合体具有多重功能、空间重叠、设施综合的特点，与城市的发展应统筹规划、联合开发和同步建设。

(1) 地下街　地下街是城市的一种地下通道，不论是联系各个建筑物的，或是独立修建的均可称之。其存在形式可以是独立实体或附属于某些建筑物。

地下街在国土小、人口多的日本最为发达。东京八重州地下街（见图 7.27)，是日本最大的地下街之一。其长度约 6km，面积 6.8 万平方米，设有商店 141 个与 51 座大楼连通，每天活动人数超过 300 万人。

图 7.27　东京八重州地下街

图 7.28　地下商场

地下街在我国的城市建设中起着多方面的积极作用，其具体表现如下：

① 有效利用地下空间，改善城市交通。近年来我国地下街均建于大城市的十字交叉口的人流车流繁忙地段，修建地下街实现了人车分流，改善了交通。

② 地下街与商业开发相结合，活跃了市场，繁荣了城市经济。

③ 改善城市环境，丰富了人民物质与文化生活。

(2) 地下商场　商业是现代城市的重要功能之一。我国的地下空间的开发和利用，在经历了一段以民防地下工程建设为主体的历程后，目前正逐步走向与城市的改造、更新相结合的道路。一大批中国式的大中型地下综合体、地下商场（见图 7.28）在一些城市建成，并发挥了重要的社会作用，取得良好的经济效益。

(3) 地下停车场　近年来我国若干大城市的停车问题已日益尖锐，大量道路路面被用于停车，加重了动态交通的混乱，对有组织的公共停车的需求已十分迫切。近几年在长沙、上海、沈阳等城市建造了几座地面多层停车场，但由于规划不当和体制、管理等方面的原因，效果都不理想，综合效益较差。因此，鉴于我国城市用地十分紧张的情况，跨越过地面上大量建设多层停车场的发展阶段（国外在20世纪60年代曾经历过这一阶段），结合城市再开发和地下空间综合利用的规划设计，直接进入以发展地下公共停车设施为主的阶段，是合理和可行的。目前，上海、北京、沈阳等大城市结合地下综合体的建设，正在建造和准备建造地下公共停车场，容量从几十辆到几百辆不等，这种发展方向目前已渐为人们所接受。大连百年城地下停车场如图7.29所示。

图7.29　大连百年城地下停车场

2. 地下仓储工程

由于地下环境对于许多物质的储存有突出的优越性，地下环境的热稳定性、密闭性和地下建筑良好的防护性能，为在地下建造各种储库提供了十分有利的条件。由于人口的增长、集中和都市化，世界各国都面临能源、粮食、水的供应和放射性以及其他废弃物的处理问题。目前各种类型的地下储藏设施，在地下工程的建造总量中已占据很大的比重。在地下空间开发利用的储能、节能方面，北欧、斯堪的纳维亚地区、美国、英国、法国和日本成效显著。一些能源短缺国家的专家提出了建造地下燃料储库为主的战略储备主张。日本清水公司连续建造了6座用连续墙施工的液化天然气库，其中有一直径64m、高40.5m，储存量可供东京使用半个月的储库。美国有2000多口井处理酸碱废料，而且还将钠加工废料捣成浆状，注入深部底层以防污染。随着我国的经济发展也要求建造大量的地下液体燃料储藏库。

地下燃料储库可分为以下几种类型。

① 开凿硐室储库。如岩石中金属罐油库，衬砌密封防水油库，地下水封石洞油库，软土水封油库等。

② 岩盐溶淋洞室油库。

③ 废旧矿坑油库。

④ 其他油库。包括冻土库，海底油库，爆炸成型油库等。

诸多油库中，目前仍以开挖法形成地下空间进行储藏者为多。可用钢、混凝土、合成树脂等作衬砌，也有不衬砌、利用地下水防止储藏物漏泄的水封油库。图7.30所示的采用变动水位法的地下水封油库，洞罐内的油面位置固定，充满洞罐顶部，而底部水垫层的厚度则随储油量的多少而变化。储油时，边打油边排水；发油时，边抽油边进水。罐内无油时，洞罐整个被水充满。这样既可以利用水位的高低调节洞罐内的压力，又可避免油面较低时，洞罐上部空间加大，油品挥发使充满油气的空间存在的爆炸危险。

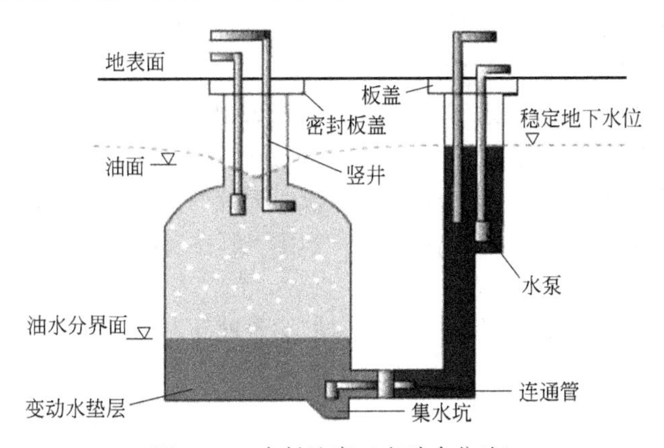

图 7.30　水封油库（变动水位法）

3. 地下工业建筑

地下水电站、地下抽水蓄能水电站、地下原子能发电站、地下压缩空气站等均属于动力类地下厂房，无论在平时或战时，都是国民经济的核心部门。

(1) 地下水电站　地下水电站可以划分为两种主要类型，即利用江河水源的地下水力发电站和循环使用地下水的抽水蓄能水电站。地下水电站可以充分利用地形、地势，尤其在山谷狭窄地带，在地下建站、布置发电机组，十分经济有效。电站建于地下，可获得更大水力压头，并且在枯水季节，水位较低时也能发电。一般水电站的压力隧道，选建于坚硬、完整的岩石中，可简化衬砌结构。地下水电站，在我国的东北和西南地区建设较多。

地下水电站包括地上和地下一系列建筑物和构筑物，可概括为水坝和电站两大部分。水坝属于大型水工建筑，电站主要包括主厂房、副厂房、变配电间和开关站等。图 7.31 为一个典型的地下水电站布置。

(2) 地下抽水蓄能水电站　地下抽水蓄能水电站，有时也称地下扬水水电站。这种水电站通常设于千米左右的地下深处，具有地上、地下两个水库。供电时，水由地上水库、经水轮发电机发电后流入地下水库；供电低峰时，用多余的电力反过来将地下水库的水抽回原地

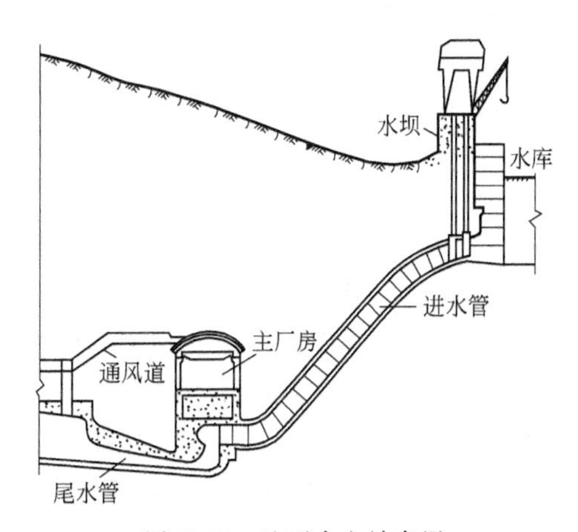

图 7.31　地下水电站布置

图 7.32　天荒坪抽水蓄能电站

面水库，以便循环使用。

深部电站和地下蓄水水库的建设，施工比较困难，而且造价高。但是由于蓄能电站在电力负荷高峰时供电，低峰时抽水，对解决电网负荷不均问题十分有利。同时其耗水量少，且又不受水库容量变化的影响、生产平稳、成本低、不占土地、不污染环境，因此在水力资源丰富、工业发达的国家得到应用和发展。

位于我国浙江省的天荒坪抽水蓄能电站（见图 7.32），总装机容量 180 万千瓦，年发电量 31.6 亿千瓦时，工程总投资 73.77 亿人民币，经过八年奋战才终于建成投产。电站雄伟壮观，堪称世纪之作。电站上水库位于海拔千米的天荒坪之巅，地下厂房，上、下水库落差 607m。蓄水之后，碧波荡漾，湖面面积达 28 公顷，是一个昼夜水位高低变幅达 29m 多的动态湖泊。

(3) 原子能发电站　地下原子能发电站有半地下式和全地下式两类，如图 7.33 所示。

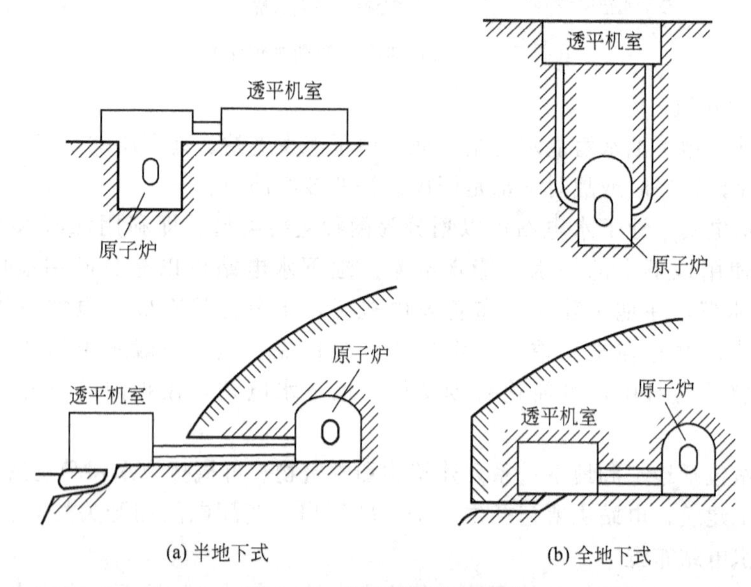

图 7.33　地下原子能发电站

半地下式原子能发电站，关键设备进入地下。地下原子能发电站的优点表现在：不需要宽阔的平坦地，在海岸和山区均可修建，选址容易；岩体对地下放射物质有良好的遮蔽效果；耐震并具有良好的防护性。

通常，地下原子能发电站，除了需开凿发电大厅以装备发电机和原子炉之外，尚须开发一系列隧道，以作人员通行、物质运输等用。

三、地下工程防灾

英法海峡隧道被誉为当代最伟大的世纪工程，其政治及经济影响极大。1996 年 11 月 18 日，一列载有 2 辆重型卡车的货运列车在英法海底隧道内行驶到距法国海岸线 17km 处时，后部敞车运载的一辆卡车起火。这是海底隧道自 1994 年开通以来首次火灾事故。火势迅速波及 750m 长的全列车，迫使 3 名乘务员和随车的 31 位汽车司机撤离到另一隧道中，幸好无人员死亡。事故中有 9 人被烟火熏伤，需要治疗。事后调查表明，火焰中心温度高达 1000℃，造成列车尾部机车、部分车辆及运载的汽车损坏。隧道内约有 600m 破坏较严重，400mm 厚的混凝土内壁出现剥离，钢轨扭曲，事故半月后才行车，隧道当局估计损失近

2.3亿英镑。

地下工程在施工和运营期间可能发生的灾害可分为两大类：自然灾害和人为灾害。自然灾害主要有洪涝、地震、雪灾、冻害、台风、泥石流、滑坡等；人为灾害主要有战争和恐怖事件（炮弹、炸弹、核弹、生化武器）、交通事故、火灾、泄毒、化学爆炸、环境污染、工程事故［靠地铁车站或隧道打（压）桩、开挖深大基坑、抽取地下水］和运营事故等。大的灾害往往同时伴随一种或几种次生灾害，如大的地震往往伴随着大范围火灾、暴雨；核武器爆炸将引起火灾、放射性灾害。对资源的过度的开采，违反客观规律的大型的工程活动，也会导致自然灾害频率增加，例如泥石流、滑坡、局部地表沉陷等一类地质灾害大都与不合理开采有关联。地下工程四周为围岩介质包裹，对来自外部的灾害防御能力好，对来自内部的灾害抵御能力差。在地下狭小空间里，人员和设备高度密集，一旦发生灾害，疏散和抢救十分困难。

地下工程常遇灾害及防治对策见表7.1。

表7.1　地下工程常遇灾害及防治对策

灾害分类		具体类型	灾害成因	防护对策
自然灾害	气象灾害	暴雨、涝灾、海啸潮水倒灌淹没车站、隧道设施，冲垮高架桥墩，台风卷走高架桥、接触网、供电设备，雷电击穿通信、信号、供电系统等	大气内部的动力和热力过程演变，湿带和热带气旋，海洋低气压、热带风暴，对流强烈积雨云系	①有效排洪涝设备；②出入口、风口汛期封堵；③增加高架桥系统抗风安全度
	地震灾害	强烈的垂直、水平振动，地面突沉开裂，使高架桥墩台剪坏，梁板垮塌，隧道车站开裂，渗漏水甚至倒塌，引起次生灾害等	地球板块挤压、运动	①按抗震规范设计、施工；②特殊重点本位做好基础隔震减震；③增加结构抗震安全度
	地质灾害	泥石流、滑坡毁坏掩埋地铁车站、隧道等	干旱、风化、不合理采伐	合理采伐、绿化护坡，对危险地段长期监控
人为灾害	战争灾害及恐怖事件	炮弹、核弹冲击，地下设施中放毒气或其他生化武器，电子干扰通信、指挥、管理硬软件系统等	政治、经济、民族矛盾冲突激化	按人防工程要求等级设计，做好平战功能转换，预留技术储备
	运营事故	调度指挥失误、碰撞、追尾交通事故、设备老化引起火灾、停电、地下水渗漏、设备故障、漏电等	管理、维修不合理，监控系统不完善	严格规章制度，加强管理，建立自动检测、报警系统，设置处理预案
	工程事故	打(压)桩、深大基坑开挖、大面积抽取地下水、采石、采矿、隧道平行交叉施工、已有地铁隧道车站、高架桥开裂、坍塌、轨道倾斜弯曲等	野蛮施工，缺少监督机制	制定地铁工程施工保护技术规程，加强施工监控

各类灾害表现形式不同，其共同的特点是空间分布有限性、潜在性、突发性，发生灾害

的时间、空间及强度随机性。对其发生发展的规律、机理，人们还缺少充分认识，因此造成灾害无法避免。随着人们认识的提高，许多自然灾害在未来将逐步得到抑制，相反人为造成的灾害往往因失控而增长。各种自然灾害之间、人类活动与灾害之间、原生灾害、次生灾害、衍生灾害之间有关联性，有着必然的联系。灾害作用和破坏极其复杂，我国抗灾减灾经验不足，特别是地下工程防灾方面技术相对落后，相关的研究远不适应迅速发展的我国城市地下空间开发规模，地下工程的灾害防护在今后相当长时间内应予以足够重视。

第三节　典型案例——日本东京湾跨海公路隧道工程

日本东京湾跨海公路西端连接产业区域的神奈川县川崎市，东端连接自然田园区域的叶县木更津市，全长15.1km。该工程于1966年4月开始进行环境及地质调查，1989年5月正式开工，1997年12月竣工并投入营运，与周围的海岸高速公路、外环公路等形成公路网，大幅度改善了日本首都圈的交通状态。

该公路在方案比选阶段曾有3个大的方案：①大跨径吊桥案；②桥梁与沉埋隧道结合方案；③桥梁与盾构隧道结合方案。由于吊桥塔高及架设施工设备的高度对航空管制空中域有负面影响，故未采纳①方案。②方案存在对船舶航行、渔业、环境等的不良影响等，因而也未被采纳。加之盾构掘进技术在日本已相当发达，故决定按③方案实施。该工程主要由人工岛、盾构隧道及桥梁三部分构成，均在海岸上及海底内实施，因此工程技术相当复杂，是综合技术的产物。

该公路设计车速80km/h，4车道×3.5m（随着交通量的增加，将来可拓展为6车道）。隧道长9.5km，桥梁长4.4km，为了沉放盾构掘进机并作为施工基地，在大约隧道中部设置直径195m的人工岛（隧道施工完成后作为营运通风竖井），并在隧道两端设置人岛或通风竖井（其中一端为桥隧结合部）。全线预测交通量：投入使用时间约3.3万辆/日，20年后约6.4万辆/日。总建设费用1004823亿日元（约10000亿元人民币）。

隧道为双管道盾构隧道，外径约为14m，隧道一次衬砌环由11块管片用螺栓联结而成，每块管片厚0.65m，宽1.5m，长约4m，二次衬砌厚0.35m，为钢筋混凝土结构。

在平均水深27.5m海底开挖隧道，结构要承受海水600kPa（最大）的压力。为了防止海水透漏进入隧道，在管片之间，一次衬砌与二次衬砌之间、管片背面注浆、联结螺栓防腐以及管片结构材料等方面采用了若干措施，取得好的效果。

在管片周边粘贴遇水膨胀性止水带，该止水材料要求具有耐水压性和耐久性。在管片联结螺栓周围安设充填式防水垫圈。在（管片背面）注浆孔内设置缓膨胀性止水环，在其孔口处充填止水材料。为了防止海水进入隧道内，同时考虑减少一次衬砌与二次衬砌之间的约束力，防止二次衬砌开裂，故在一次衬砌与二次衬砌之间铺设防水层。该防水层采用聚乙烯烃塑料板（EVA），板厚0.8mm，或聚乙烯-沥青板（ECB），其板厚1.0mm，并与厚3mm的无纺布叠合采用，防水板与无纺布呈网格状黏结（厂制）。二次衬砌不另设止水带。

该隧道在海底要承受巨大的水压力，因此作为隧道单元的管片要求具有很高的强度和密实性，管片采用高炉矿渣水泥，矿渣掺入率为50%，从而降低了透水系数，有效控制了混凝土温度开裂，提高了管片的耐久性（长期强度）。对于加矿渣后（冬季）早期脱模强度较低和干燥收缩裂纹较多两个缺点，工程上采取了加热，用温水拌和混凝土，并采取水中养护7日以上，加湿保养管片等措施，取得了较好效果（早期强度要求1500MPa）。

隧道结构内存在若干金属件，以及海水下混凝土均应考虑防腐蚀问题。在海底土层中，金属件的腐蚀速度估计为0.03mm每年，考虑结构100年的耐用期，则钢材的防腐厚度为3mm，管片混凝土表面增加5cm（外侧）或4cm（内侧）的防腐层，二次衬砌也考虑4cm的防腐层。螺栓表面采取镀锌铬或氟化乙烯树脂油漆。

东京湾是一个多地震地区，隧道主要在软弱黏土地层（冲积层）中通过，又多处与竖井等铅垂方向结构物相联结，抗震性能要求极高。

该隧道进行了抗震设计。隧道横截方向用响应位移法和地震响应法分别进行了校核，表明横向联结螺栓已满足抗震要求。隧道轴向是抗震设计的重点，用动态解析法进行了校核，决定在轴向采用高强且具有一定柔性的长螺栓（长62cm）联结管片。

在结构解析中，未考虑二次衬砌，它的作用仅是增加隧道自重，并保护一次衬砌，因此二次衬砌只考虑自重荷载和水压荷载即可。抗震设计所考虑的地层条件分别为地质构成、地层容重、地层的刚性及衰减系数。

为了能承受海水压力等荷载，必须提高隧道横截方向的刚度。为此，将每环等分为11管片，即加入了最后插入安装的拱顶K管片的尺寸，并采取从前进方向插入安装的办法，使得管片呈等分状，从而提高了盾构环圈的刚度。

该海底隧道长约9.5km，其安全设施及营运通风非常重要。安全设施分为三类：①公路利用者自行使用的（紧急电话、手动报警装置、灭火器、消火栓、避难诱导标志、避难口）；②向公路利用者通报或警告用的（隧道入口及洞内情报板、信号灯、有线广播、无线广播）；③公路管理者使用的[火灾检测器、ITV摄像器、通风（排烟）设备、路面板下部空间通风设备、给水栓、送水口、灭火器、消火栓、水泡沫喷淋装置、管理用升降口、管理人员通道、电梯、救援用直升机机场、船舶靠岸设施等]。

该隧道很重要的一个特点是将管理人员通道及公路利用者避难通道设于隧道路面板下部空间，避难通道入口设于隧道左侧检修道处，按每300m间距设置。该入口设有滑道，即人员一旦进入避难口，很快可乘滑道到达隧道下部空间（安全检查区域）。另在该入口附近还设有由下部管理通道上到路面的管理用升降口，以用于紧急情况时灭火、救援活动的通道，还可用于隧道保养维修。

该隧道内设有降烟雾用的水喷淋装置，按5m间距设置喷嘴，50m为一个水喷雾区段，可在两个区段同时放水。为提高控制火灾效果，采用水性泡沫灭火药剂（3%型）与水混合的水喷雾。该喷雾装置在消防队到达现场前可有效控制火灾的蔓延。

当交通事故或火灾发生时，救援人员或救援车辆从受灾车辆后面到达现场较为困难，这时可从非火灾段隧道通过川崎人工岛的车道连接通道到达现场。另外，还可以利用浮岛、木更津两洞口管理通道（下部空间）到达现场，从而有效进行灭火、救援活动。

该隧道按每150m间距设置监视摄像器，可监视洞内任何位置的情况，与报警设施、灭火设施及避难设施等构成一个整体。东京湾海底隧道洞内情况，在日本道路公团东京第二管理局的交通管制室和设施控制室实行24h不间断监控。当火灾检测器检测到火灾发生时，要选择火灾联动方式，即自动切换到将灭火水泵、照明设备、排烟设备、下部空间通风设施、紧急报警装置等联动的状态；另外，当用紧急电话报告或ITV摄像器发现火灾时，同样地由设施控制室切换到联动状态。东京湾海底隧道的安全设施及其通风系统非常先进、齐全，造价当然也高昂，这是以“优先考虑人的生命”为设计思想形成的。

在川崎人工岛（隧道中央部）、木更津人工岛（桥隧结合部）、浮岛（接岸部）建成三个盾构掘进出发基地，并运来盾构机等施工机械之后，即可进行隧道掘进。盾构掘进共分 8 个工区，即 8 个掘进面。总的工序是两端（木更津岛和浮岛）先于中央（川崎岛）掘进。

该隧道全部采用泥水加压式盾构掘进机，分别由日立造船、川崎重工、三菱重工、三井造船、小松、石川岛重工、日立建机等制造。掘进机外径 14.14m，主机长 13.5m；板厚为前仓和中仓 70mm，尾仓 80mm 或 40mm，盾构掘进千斤顶 48 只，推进速度 45mm/min。

该盾构掘进机在以下 5 个方面具有特点。

a. 管片的输送、提升、安装等工序采用全自动成套系统。

b. 为防止高压水进入机械仓内，在盾构机后仓尾部挡板外设置了 4 段密封帚（层）及紧急止水装置。密封帚由弹簧钢、钢丝刷、不锈钢制钢网构成，为了防锈，前两者采用氟化乙烯树脂涂层，每段密封帚长 0.25m（最外侧为 0.3m）。

紧急止水装置设在（自掘进面后）第 2 和第 3 密封帚之间的位置。为提高止水性，在各密封帚之间注入润滑脂（黄油），采用黄油注入泵连续或非连续地注入。

c. 为防止管片变形，设置了上下扩张式真圆保持装置。

d. 为探测掘进面前方有否障碍物以及监视掘进面情况，设置了地下雷达探测装置。

e. 为了便于与对方掘进机对接，设置了探查钻孔装置和冻结管等装置。整个掘进作业全面纳入计算机管理，主要由三个大的系统来承担，即盾构掘进综合管理系统，掘进方向自动控制系统，掘进面前方探查与控制系统。另外，为保证隧道平纵线形的正确性，在洞外测量、竖井导入测量、洞内测量、掘进控制测量等方面均采用了先进技术。

盾构机从隧道两侧掘进，对接的精度非常重要。当初从机械误差及测量误差考虑，预计对接时错位误差为 200mm，但在两台盾构机到达相对面距离为 50m 处时错位误差为 180mm，经过调整，对接时仅为 5mm。

对接钻探采用了无线电放射性同位素（R1）技术（犹如医生的听诊器）。对接工程顺序如下。

a. 先期到达预定位置的盾构机停止掘进，撤除盾构机封隔墙后方部分设备，安装探测钻头。

b. 后期到达的盾构机在相距 50m 处停住，先到盾构机向后到盾构机钻探，采用无线电放射性同位素（R1）技术测定两机相对错位量，即第一次钻探（探测传感器设置于钻杆前端）。

c. 后到盾构机根据此错位量边修正盾构机变位量边掘进。

d. 后到盾构机掘进到 30m 处时，第二次钻探测定相对错位量。

e. 再次边修正边掘进，在对接前夕，其刀刃面非常缓慢地靠近对方刀刃面，其间空隙为 0.3m。

f. 这时对后到盾构机进行解体，并作冻土保护（地基改良）工程准备。

当两机之间空隙为 0.3m 时，对该接合部的地层施作 2m 厚的环状冻结处理。冻结管直径 89mm，长 4m，按 1m 间距共 48 根，呈放射状，从先到盾构机前面斜向插入地层中，进行冻结。另外，为了使盾构机周围地层完全达到冻结程度，在两台对向的盾构机前端 2.5m 范围内分别设置了紧贴式冻结管。为了缩短工期，该冻结管是在盾构机工厂制作时预先安装上去的（一般的情况是掘进完成后在现场临时安装的）。为了确认冻结温度，分别从两台盾构机各插入 8 根测温管。待冻结厚度达到 2m 时，开始拆除盾构机密封墙。

冻结作业中非常重要的是冻结对隧道主体的影响，即冻结后土体体积增大，是否会造成盾构机变位，或引起管片环开裂，为此，设置了沉降观测仪进行观测，并通过冻结温度和速度来控制。

整个对接及贯通施工的作业顺序如下。

a. 由先到盾构机实施钻探，后到盾构机根据钻探结果边修正边掘进，直到对接位置，然后拆除盾构机密封墙后方的设备（即第一次解体）。

b. 插入放射式冻结管，对地中接合部实施冻结，使其形成冻土，同时继续进行第一次解体的工作。

c. 第一次解体工作完成后，剩下密封墙，在两盾构机刀刃盘面之间焊接。型钢止水板（暂时留下密封墙是为了防止万一的情况发生）。

d. 钢止水板焊接工作完成后，对刀刃面周边部位进行补强，然后拆除密封墙以及盾构机其他机械部分（即第二次解体）。

e. 在地中对接部设置 3 环钢制管片，经铺设防水板后，浇筑二次衬砌，然后对冻土进行强制解冻，并实施衬背注浆。

送入洞内的管片由盾构机的自动装置进行组装。该装置由具有 3 个功能的设备构成：①洞内运送管片的绞车及输送机（能连续输送 11 块管片）；②升降式管片安装机（能自动完成旋转、伸缩等作业，具有自动定位功能）；③螺栓联结并紧拧装置（能自动作业）。

管片四周粘贴防水密封条和缓冲材料。密封条在抗压性、耐久性和施工性三方面均作了试验，保证能满足设计的质量要求。

防水板各接口均在现场进行烙接，烙接方法采用热式自动烙接机。为判断烙接部的止水性，在该处设置检查沟，为此采取了双列烙接，搭接宽 8～10cm，烙接检查采取负压试验。铺挂防水板（含无纺布）时，需要安设钢筋锚杆作为临时吊挂支点，该处对防水板开孔，然后将螺母、垫圈、水膨胀橡胶衬圈与吊杆形成整体，并拧固。

二次衬砌工程包括仰拱、侧墙、中壁、路面板、上半拱及检修通道 5 部分，全部为钢筋混凝土结构。

二次衬砌每段浇注长度为 15m，其浇注接头处的施工缝或微小错台缝需要作适当补修：混凝土浇注后，在区段中可能发生收缩开裂，同样要作裂缝补修处理，以防止内部钢筋出现锈蚀。施工缝或收缩裂缝均取 0.5mm 为管理基准值，补修材料分别采用氨基甲酸乙酯（类）粘接剂（亦称尿烷类材料）、树脂砂浆或沥青类涂料。

东京湾跨海公路所处的水域，其水深约 30m，海底地层为淤泥或软弱厚层，又是地震多发地区，在这样严峻的自然条件下，隧道采用了安全可靠且快捷施工的新技术，开发适合在大水深且海底软弱地层中施工的大直径盾构掘进机和相应的隧道结构设计是其具有代表性的新技术。在隧道防灾技术方面也采用了新技术，例如将避难通道及管理通道设于隧道下半部窨，形成可避难、救援和消防的完整防灾系统。总之，东京湾跨海公路隧道工程所开发出来的许多新技术可推广应用于今后的盾构隧道工程。

小　结

本章主要介绍隧道工程及地下工程的分类和组成及发展概况，隧道工程及地下工程的工程特点，地下工程常遇灾害及防治对策。本章重点介绍的内容如下。

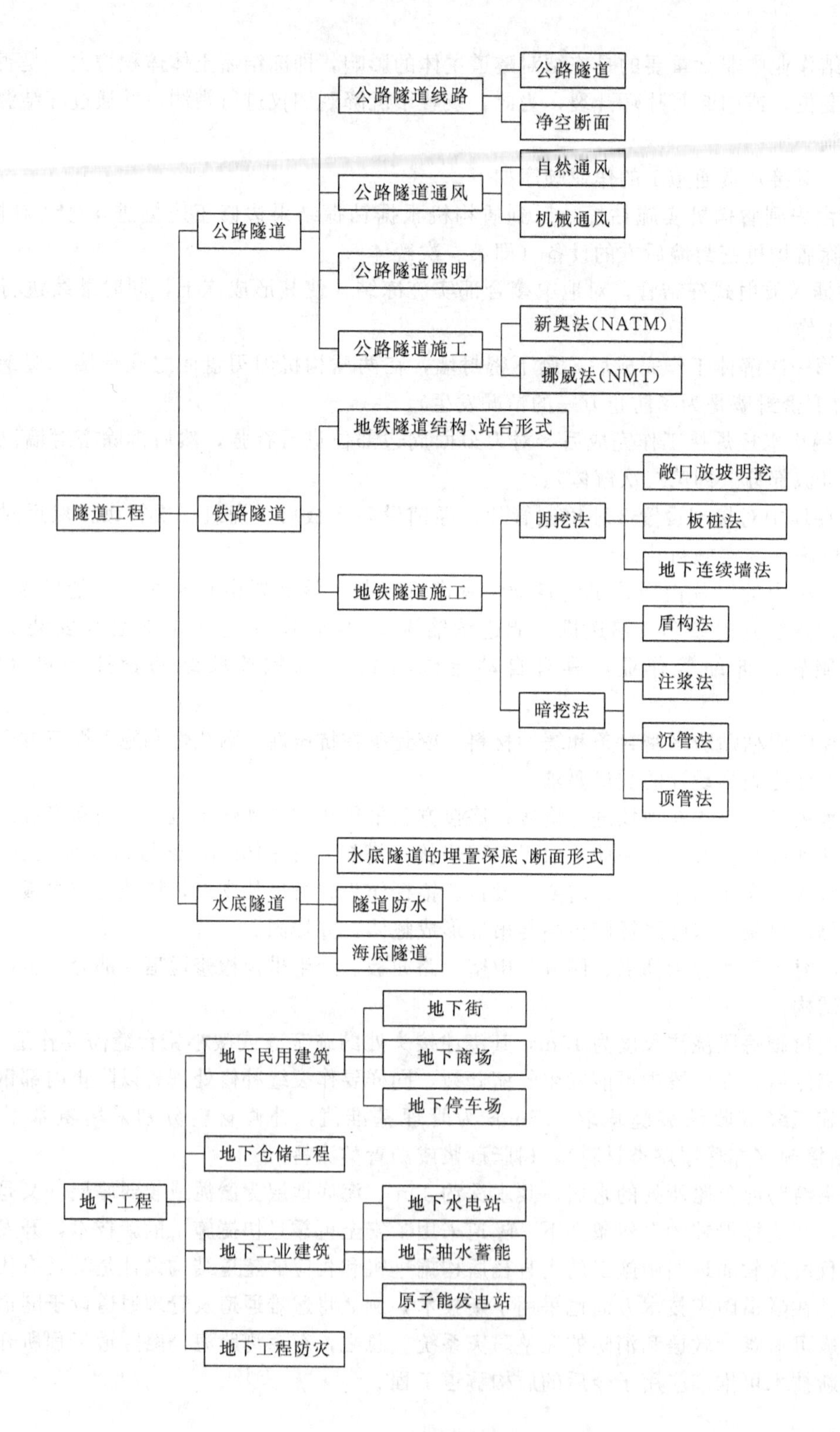

能力训练题

一、选择题

1. 隧道的纵坡通常应不小于（　　）。

A. 0.2%　　B. 2%　　C. 0.3%　　D. 3%

2. （　　）是为司机从适应野外的高照度到适应隧道内明亮度的照明，所以必须保证视觉的照明。

A. 入口部照明　B. 基本部照明　C. 出口部照明　D. 接续道路照明

3. 我国自20世纪60年代开始研究用（　　）修建黄浦江水底隧道。

A. 开挖法　B. 沉管法　C. 盾构法　D. 爆破法

4. 软土中水底隧道施工，通常认为（　　）造价低、工期短、施工条件好，因此更为经济合理。

A. 开挖法　B. 沉管法　C. 盾构法　D. 爆破法

5. 水底隧道从施工到运营均有一个（　　）问题。

A. 大投资　B. 防水　C. 防火　D. 防爆

6. 公路隧道空气污染造成危害的主要原因是（　　）。

A. 一氧化碳　B. 二氧化碳　C. 二氧化硫　D. 三氧化二硫

二、填空题

1. 隧道照明主要由__________、__________、__________、__________构成。

2. 设计水底隧道的埋置深度需考虑__________、__________、__________、__________几个主要因素。

三、简答题

1. 隧道通风方式的种类有哪些？

2. 水底隧道优势和不足是什么？

3. 地下建筑防灾的内容有哪些？

能力拓展训练

实地参观学校周边地区的地下工程，分析其几何设计、使用功能及施工方法。

第八章　其他土木工程

【知识目标】

- 了解建筑内部给排水系统分类
- 了解建筑内部给排水系统组成方式
- 掌握建筑内部给排水系统组成
- 了解防洪工程、农田水利工程特点及组成
- 熟悉水力发电工程的特点及组成
- 熟悉水电站的分类
- 掌握水电建筑物的组成及作用
- 熟悉港口工程组成与分类
- 掌握港口水工建筑物的类型及作用

【能力目标】

- 正确区分不同类型的土木工程
- 能简单描述出不同土木工程间的区别与联系

开章语　给水排水工程、防洪工程、农田水利工程、水力发电工程、港口工程是土木工程学科中的重要分支，在国民建设中占有举足重轻的作用。本章对这些工程的作用和特点分别做简单介绍。

第一节　给水排水工程

给水排水工程可以分为城市公用事业和市政工程的给水排水工程；大中型工业企业的给水排水及水处理；建筑给水排水工程。各类给排水工程在服务规模及设计、施工与维护等方面均有不同的特点。

建筑给水排水工程是直接服务于工业与民用建筑物内部及居住小区范围内的生活设施和生产设备的给水排水工程，是建筑设备工程的重要内容之一。其工程整体由建筑内部给水、建筑内部排水、建筑消防给水、居住小区给水排水、建筑水处理及特种用途给水排水等部分组成。其功能的实现依靠各种材料和规格的管道、卫生器具与各类设备和构筑物的合理选用；管道系统的合理布置设计；精心的设计与认真的维护管理等。它是为适应中国城市建设现代化程度与人民幸福生活福利设施水平不断提高而形成的一门内容不断充实和更新的工程技术科学。

一、给水工程

建筑内部的给水工程是将城市给水管网或自备水源给水管网的水引入室内，经配水管送至生活、生产和消防用水设备，并满足各用水点对水量、水压和水质的要求。

（一）建筑内部给水系统分类

建筑内部给水系统按用途基本上可分为三类。

1. 生活给水系统

供民用、公共建筑和工业企业建筑内的饮用、烹调、盥洗、洗涤、沐浴等生活上的用水。要求水质必须严格符合国家规定的饮用水质标准。

2. 生产给水系统

因各种生产的工艺不同，生产给水系统种类繁多，主要用于生产设备的冷却、原料洗涤、锅炉用水等。生产用水对水质、水量、水压以及安全方面的要求由于工艺不同，差异很大。

3. 消防给水系统

供层数较多的民用建筑、大型公共建筑及某些生产车间的消防设备用水。消防用水对水质要求不高，但必须按建筑防火规范保证有足够的水量与水压。

根据具体情况，有时将上述三类基本给水系统或其中两类基本系统合并成：生活—生产—消防给水系统，生活—消防给水系统；生产—消防给水系统。

根据不同需要，有时将上述三类基本给水系统再划分，例如生活给水系统分为饮用水系统、杂用水系统；生产给水系统分为直流给水系统、循环给水系统、复用水给水系统、软化水给水系统、纯水给水系统；消防给水系统分为消火栓给水系统、自动喷水灭火给水系统。

（二）建筑内部给水系统的组成

建筑内部给水系统由下列各部分组成，如图 8.1 所示。

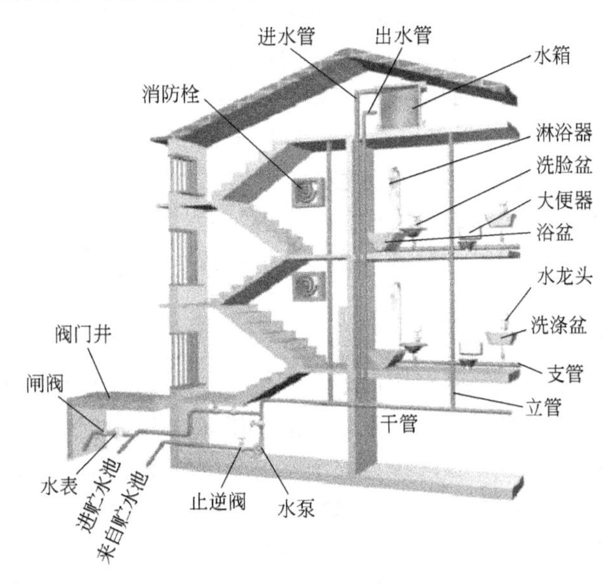

图 8.1　建筑内部给水系统的组成

1. 引入管

对一幢单独建筑物而言，引入管是室外给水管网与室内管网之间的联络管段，也称进户管。对于一个工厂、一个建筑群体、一个学校区，引入管系指总进水管。

2. 水表节点

水表节点是指引入管上装设的水表及其前后设置的闸门、泄水装置等总称。闸门用以关闭管网，以便修理和拆换水表；泄水装置为检修时放空管网、检测水表精度及测定进户点压力值。水表节点形式多样，选择时应按用户用水要求及所选择的水表型号等因素决定。

分户水表设在分户支管上，可只在表前设阀，以便局部关断水流。为了保证水表计量准确，在翼轮式水表与闸门间应有8～10倍水表直径的直线段，其他水表约为300mm，以使水表前水流平稳。

3. 管道系统

管道系统是指建筑内部给水水平或垂直干管、立管、支管等。

4. 给水附件

给水附件指管路上的闸阀等各式阀类及各式配水龙头、仪表等。

5. 升压和储水设备

在室外给水管网压力不足或建筑内部对安全供水、水压稳定有要求时，需设置各种附属设备，如水箱、水泵、气压装置、水池等升压和储水设备。

6. 室内消防

按照建筑物的防火要求及规定需要设置消防给水时，一般应设消火栓消防设备。有特殊要求时，另专门装设自动喷水灭火或水幕灭火设备等。

（三）建筑内部给水系统的给水方式

给水方式即给水系统的供水方案。典型给水方式有以下几种。

1. 直接给水方式

当室外给水管网提供的水压、水量和水质都能满足建筑要求时，可直接把室外管网的水引向建筑各用水点，这样可充分利用室外管网提供的条件进行给水，该给水方式称为直接给水方式，如图8.2所示。

在初步设计时，给水系统所需压力（自室外地面算起）可估算确定（高层建筑除外）：一层为100kPa，二层为120kPa，二层以上每增加一层增加40kPa。对于引入管或室内管道较长或层高超过3.5m时，上述值应适当增加。

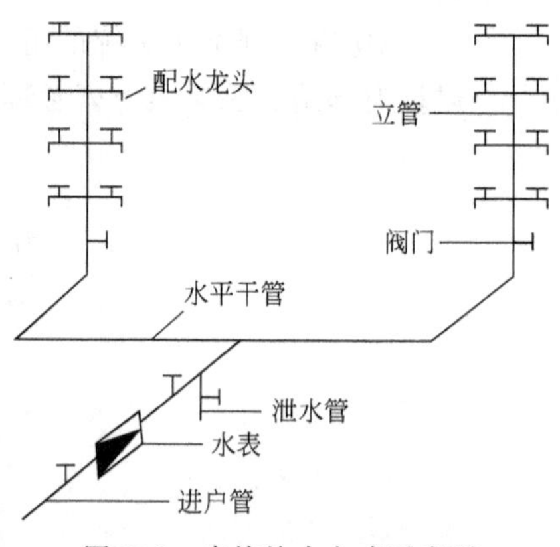

图8.2　直接给水方式示意图

2. 设水箱的给水方式

这种给水方式适用于室外管网水压周期性不足，一般是一天内大部分时间能满足要求，只在用水高峰时刻，由于用水量增加，室外管网水压降低而不能保证建筑的上层用水，并且允许设置水箱的建筑物。当室外管网压力大于室内管网所需压力时，则由室外管网直接向室内管网供水，并向水箱充水，以储备一定水量。当室外管网压力不足，不能满足室内管网所需压力时，则由水箱向室内系统补充供水，如图8.3所示。

这种给水方式的优点是系统比较简单，投资较省；充分利用室外管网的压力供水，节省电耗；同时，系统具有一定的储备水量，供水的安全可靠性较好。缺点是系统设置了高位水箱，增加了建筑物的结构荷载，并给建筑设计的立面处理带来一定难度；同时，若管理不当，水箱的水质易受到污染。

3. 设水泵的给水方式

这种给水方式适用于室外管网水压经常性不足的生产车间、住宅楼或者居住小区集中加压供水系统。当室外管网压力不能满足室内管网所需压力时，利用水泵进行加压后向室内给水系统供水，当建筑物内用水量较均匀时，可采用恒速水泵供水；当建筑物内用水不均匀时，宜采用自动变频调速水泵供水，以提高水泵的运行效率，达到节能的目的，如图8.4所示。

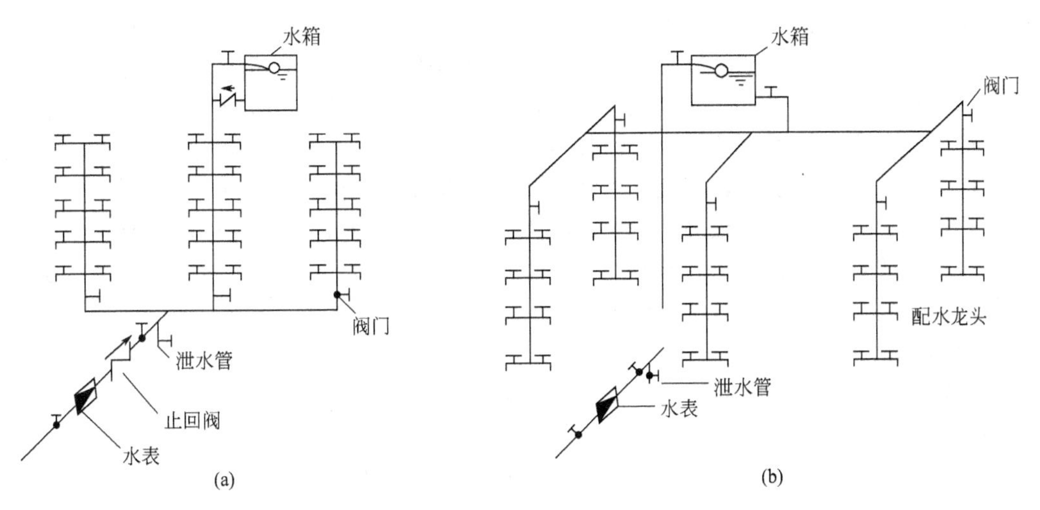

图 8.3 设水箱的给水方式示意图

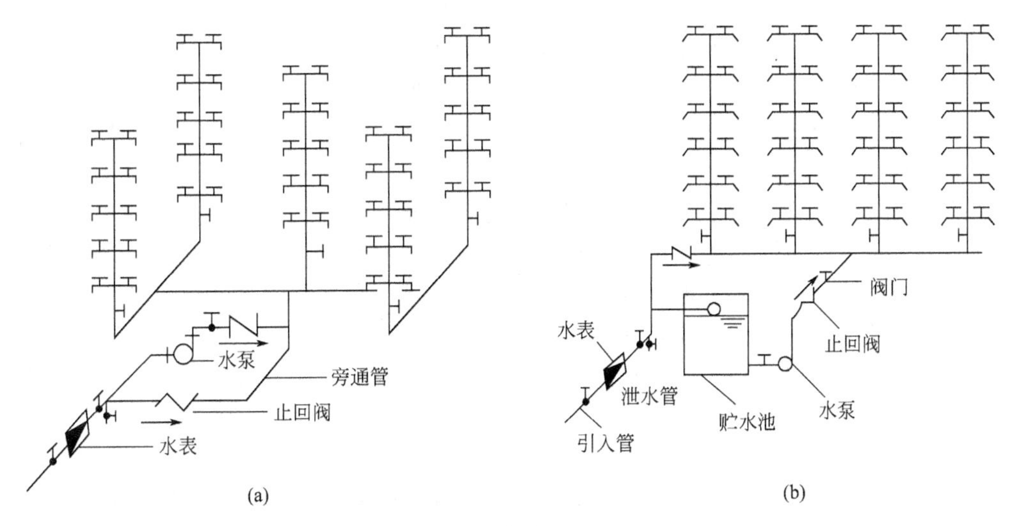

图 8.4 设水泵的给水方式示意图

这种给水方式避免了以上设水箱的缺点，但由于市政给水管理部门大多明确规定不允许生活用水水泵直接从室外管网吸水，因而必须设置断流水池。断流水池可以兼作储水池使用，从而增加了供水的安全性。

4. 设水池、水泵和水箱的给水方式

这种给水方式适用于当室外给水管网水压经常性或周期性不足，又不允许水泵直接从室外管网吸水并且室内用水不均匀。利用水泵从储水池吸水，经加压后送到高位水箱或直接送给系统用户使用。当水泵供水量大于系统用水量时，多余的水充入水箱储存；当水泵供水量小于系统用水量时，则由水箱出水，向系统补充供水，以满足室内用水要求。

这种给水方式由水泵和水箱联合工作，水泵及时向水箱充水，可以减小水箱容积。同时在水箱的调节下，水泵的工作稳定，能经常处在高效率下工作，节省电耗。停水、停电时可延时供水，供水可靠，供水压力较稳定，缺点是系统投资较大，且水泵工作时会带来一定的噪声干扰。

5. 设气压给水装置的给水方式

这种给水方式适用于室外管网水压经常不足，不宜设置高位水箱或水塔的建筑（如隐蔽的国防工程、地震区建筑、建筑艺术要求较高的建筑等)，但对于压力要求稳定的用户不适宜。

气压给水装置是利用密闭储罐内空气的压缩或膨胀使水压上升或下降的特点来储存、调节和压送水量的给水装置，其作用相当于高位水箱和水塔，但其位置可根据需要较灵活地设在高处或低处。水泵从储水池吸水，经加压后送至给水系统和气压水罐内；停泵时，再由气压水罐向室内给水系统供水，由气压水罐调节储存水量及控制水泵运行。

这种给水方式的优点是设备可设在建筑物的任何高度上，安装方便，具有较大的灵活性，水质不易受污染，投资省，建设周期短，便于实现自动化等。缺点是给水压力波动较大，管理及运行费用较高，且调节能力小。

(四) 高层建筑给水系统

高层建筑是指10层及10层以上的住宅或建筑高度超过24m的其他建筑。高层建筑如果采用同一给水系统，势必使低层管道中静水压力过大，而产生如下不利现象。

① 需要采用耐高压管材配件及器件而使得工程造价增加。

② 开启阀门或水龙头时，管网中易产生水锤。

③ 低层水龙头开启后，由于配水龙头处压力过高，使出流量增加，造成水流喷溅，影响使用，并可能使顶层龙头产生负压抽吸现象，形成回流污染。

在高层建筑中，为了充分利用室外管网水压，同时为了防止下层管道中静水压力过大，其给水系统必须进行竖向分区。其分区形式主要有串联式、并联式、减压式和无水箱式。

二、排水工程

建筑物内部排水系统的任务是将建筑物内的卫生器具或生产设备收集的污水、废水和屋面的雨雪水，迅速地排至室外及市政污水管道，或排至室外污水处理构筑物处理后再予以排放。建筑物内部装设的排水管道，按其所接纳排除的污、废水性质，可分为三类：①生活排水管道；②工业废水管道；③建筑内部雨水管道。

生活排水管道用以排除人们日常生活中的盥洗、洗涤的生活废水和生活污水。生活污水大多排入化粪池，而生活废水则自接排入室外合流制下水管道或雨水管道中。

工业废水管道用以排除生产工艺过程中的污水、废水。由于工业生产门类繁多，污、废水性质极其复杂，因此又可按其污染程度分为生产污水和生产废水两种，前者仅受到轻度污染，如循环冷却水等；后者受到的污染程度较为严重，通常需要经过厂内处理后才能够排放。

建筑物内部的雨水管道用以接纳排除屋面的雨雪水，一般用于高层建筑和大型厂房的屋面雨雪水的排除。

上述三大类污水、废水，如果分别设置管道排出建筑物外，称建筑分流制排水，如果将其中两类或者三类污水、废水合流排出，则称建筑合流制排水。确定建筑排水的分流或合流体制，应注意建筑物与市政的排水体制是否适应，必须综合考虑经济技术情况。具体考虑的因素有：建筑物排放污水、废水的性质，市政排水体制和污水处理设施的完善程度，污水是否回用，室内排水点和排出建筑的位置等。

(一) 建筑内部排水系统的分类

建筑内部排水系统根据接纳污、废水的性质，可分为三类。

1. 生活排水系统

其任务是将建筑内生活废水(即人们日常生活中排泄的污水等)和生活污水(主要指粪便污水)排至室外。我国目前建筑排污分流设计中是将生活污水单独排入化粪池，而生活废水则直接排入市政下水道。

2. 工业废水排水系统

用来排除工业生产过程中的生产废水和生产污水。生产废水污染程度较轻，如循环冷却水等。生产污水的污染程度较重，一般需要经过处理后才能排放。

3. 建筑内部雨水管道

用来排除屋面的雨水，一般用于大屋面的厂房及一些高层建筑雨雪水的排除。

若生活污水、工业废水及雨水分别设置管道排出室外称建筑分流制排水，若将其中两类以上的污水、废水合流排出则称建筑合流制排水。建筑排水系统是选择分流制排水系统还是合流制排水系统，应综合考虑污水污染性质、污染程度、室外排水体制是否有利于水质综合利用及处理等因素来确定。

（二）建筑内部排水系统的组成

一般建筑物内部排水系统由下列部分组成，如图 8.5 所示。

1. 卫生器具或生产设备受水器

它是建筑内部排水系统的起点，污水、废水从器具排水栓经器具内的水割装置或器具排水管连接的存水弯排入排水管系。

2. 排水管系

由器具排水管（连接卫生器具和横支管之间的一段短管，除坐式大便器地漏外，其间包括存水弯)、有一定坡度的横支管、立管、埋设在室内的总干管和排出到室外的排出管等组成。

3. 通气管系

有伸顶通气立管、专用通气内立管、环形通气管等几种类型。其主要作用是让排水管与大气相通，稳定管系中的气压波动，使水流畅通。

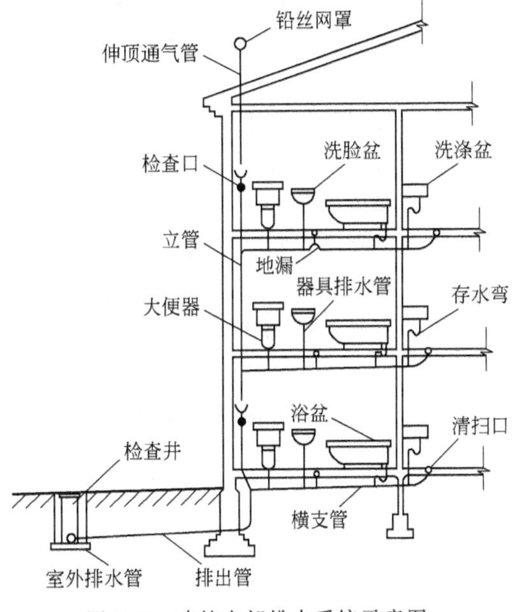

图 8.5 建筑内部排水系统示意图

4. 清通设备

一般有检查口、清扫口，检查井以及带有清通门的弯头或三通等设备，作为疏通排水管道之用。

5. 抽升设备

民用建筑中的地下室、人防建筑物、高层建筑的地下技术层、某些工业企业车间或半地下室、地下铁道等地下建筑物内的污、废水不能自流排至室外时必须设置污水抽升设备。如用水泵、气压扬液器、喷射器将这些污废水抽升排放，以保持室内良好的卫生环境。

6. 室外排水管道

自排水管接出的第一检查井后至城市下水道或工业企业排水主干管间的排水管段即为室外排水管道，其任务是将建筑内部的污、废水排送到市政或厂区管道中去。

7. 污水局部处理构筑物

当建筑内部污水未经处理不允许直接排入城市下水道或水体时，在建筑物内或附近应设置局部处理构筑物予以处理。

我国目前多采用在民用建筑和有生活间的工业建筑附近设化粪池，使生活粪便污水经化粪池处理后排入城市下水道或水体。污水中较重的杂质如粪便、纸屑等在池中数小时后沉淀形成池底污泥，三个月后污泥经厌氧分解、酸性发酵等过程后脱水熟化便可清掏出来。

第二节　水利工程

为了充分利用水利资源，必须建造相应的工程建筑物，这种工程建筑物叫水工建筑物。研究水利资源利用的一般理论及设计、施工和管理问题的应用科学，称为水利工程学。

水利工程的目的是控制或调整天然水在空间和时间上的分布，防止和减少旱涝洪水灾害，合理开发和利用水利资源，为工农业生产和人民生活提供良好的环境和物质条件。水利工程原来是土木工程的一个分支，由于其本身的发展，现在已成为一门相对独立的学科，但仍与土木工程有密切的联系。水利工程包括农田水利工程、防洪工程、水力发电工程、治河工程、内河航道工程、跨流域调水工程。

一、防洪工程

防洪包括防御洪水危害人类的对策、措施和方法。它是水利科学的一个分支，主要研究对象包括水的自然规律、河道、洪泛区状况及其演变。防洪工作的基本内容可分为建设、管理、防汛和科学研究。

防洪工程是控制、防御洪水以减免洪灾损失所修建的工程。主要有堤、河道整治工程、分洪工程和水库等。按照功能和兴建的目的可以分为挡、泄和蓄几类。

挡：主要是运用工程措施挡住洪水对保护对象的侵袭。如河、湖堤、海堤、闸、围堤等。

泄：主要增加泄洪能力。常用的措施有修筑河堤、整治河道、开辟分洪道等。

蓄：主要作用是拦蓄调节洪水，削减洪峰，减轻下游防洪负担。如利用水库、分洪区工程等。开辟分洪区，分蓄河道超额洪水，一般适用于人口较少地区，也是河流防洪系统中重要的组成部分。

一条河流或一个地区的防洪任务，通常由多种措施结合构成的工程系统来承担。本着除害与兴利相结合、局部与整体统筹兼顾、蓄泄兼筹、综合治理等原则，统一规划。一般在上、中游干支流山谷区修建水库拦蓄洪水，调节径流；山丘地区广泛开展水土保持，蓄水保土，发展农林牧业，改善生态环境；在中、下平原地区，修筑堤防，整治河道，治理河口，并因地制宜修建分蓄洪工程，以达到减免洪灾的目的。

1. 堤

图 8.6　防洪堤

堤是沿河、渠、湖、海岸边或行洪区、分洪区、围垦区边缘修筑的挡水建筑物，如图 8.6 所示。其作用为：防御洪水泛滥，保护居民、田地和各种设施；限制分洪区、行洪区的淹没范围；围垦洪泛区或海滩，增加土地开发利用的面积；抵挡风浪或抗御海潮；约束河道水流、控制河道水流，加大流速，以利于泄洪排沙。在河流水系较多的地区，把沿干流修的堤称为干堤，沿支流修的堤称为支堤；形成围堰的堤称为围堤，沿海岸修建的堤称为海堤或海塘。

世界各国堤防以土堤为最多。为加强土堤的抗冲击性能，也常在土堤淋水坡砌石或用其他材料护坡。石堤以块石砌筑，堤的断面比土堤小。

根据防洪的要求，堤可以单独使用，也可以配合其他工程，或组成防洪工程系统，联合运用。堤防工程是防洪系统中的一个重要组成部分，不论新建、改建或加固原有堤防系统，都需要进行规划、设计。

2. 河道整治

河道整治是按照河道演变规律，因势利导，调整、稳定河道主流位置，改善水流、泥沙运动和河床冲淤部位，以适应防洪、航运、供水、排水等国民经济建设要求的工程措施。河道整治包括：控制调整河势，截弯取直，河道展宽和疏浚等。

河道整治要遵循以下原则：上下游、左右岸统筹兼顾；依照河势演变规律因势利导，并抓紧演变过程中的有利时机；河槽、滩地要综合治理；根据需要与可能，分清主次，有计划、有重点的布设工程；对于工程结构和建筑材料，要因地制宜，就地取材，以节省投资。

河道整治的主要措施如下。

① 修建建筑物，控制调整河势。如修建丁坝、顺坝、锁坝、护岸、潜坝、鱼嘴等，有的还用环流建筑物。一般在河道凹岸修建整治建筑物，以稳定滩岸，改善不利河湾，固定河势流路。

② 实施河道裁弯工程，此种方法主要用于比较弯曲的河道。

③ 实施河道展宽工程，主要用于堤距过窄或有少数突出山嘴的卡口河段，通过退堤展宽河道。

④ 实施疏浚，可通过爆破、机械开挖及人工开挖完成。在平原河道，多采用挖泥船等机械疏浚，切除弯道内的不利滩嘴，以提高河道的通航能力。在山区河道，通过爆破和机械开挖，拓宽、疏浚水道，切除有害石梁、暗礁，以整治滩险，满足航运要求。

3. 分洪工程

分洪工程一般由进洪设施与分洪道、蓄滞洪区、避洪措施、泄洪排水设施等部分组成。以分洪道为主的亦称分洪道工程，在我国又称减河；以蓄滞洪区为主的亦称分洪区或蓄洪区。

进洪设施设于河道的一侧，一般是在被保护区上游附近，河势较为稳定的河道凹岸，用于分泄超过河道安全泄量的超额流量。

分洪道是超额洪水进入承泄区的工程，只有过洪能力，没有明显的挑蓄作用。分洪道根据泄洪出路不同可分为四类，即分洪入海、分洪入蓄洪区、分洪入临近其他河道、绕过保护区汇原河道的分洪道。

蓄洪区是利用平原湖泊、洼地滞蓄调节洪水的区域，其范围一般由围堤划定。蓄洪区在世界上大江大河的防洪中广为应用，工程较简单，施工期短，投资较少。我国有些蓄洪区在大水年蓄洪，小水年垦殖，这样的蓄洪区称为蓄洪垦殖区。

避洪工程是在分洪区应用时，为保障区内人民生命安全，并减少财产损失而兴建的工程。它是分洪蓄洪工程的重要组成部分，主要包括安全区、安全台、避水楼房、转移道路、桥梁和交通工具、救生设备、通信设备和预报警系统。

排水泄洪工程是为及时有效的排出分洪区内的分洪水量而设置的工程措施。排水方式有自流排（如排水涵闸）和堤排（如机电排水站）两种。

4. 水库

水库用于坝、堤、水闸、堰等工程，于山谷、河道或低洼地区形成的人工水域。

二、农田水利工程

为发展农业生产服务的水利事业，基本任务是通过水利工程技术措施，改变不利于农业生产发展的自然条件，为农业高产高效服务。主要内容是：①采取蓄水、引水、跨流域调水等措施调节水资源的时空分布，为充分利用水、土资源和发展农业创造良好条件；②采取灌溉、排水等措施调节农田水分状况，满足农作物需水要求，改良低产土壤，提高农业生产水平。

农田水利工程就是通过兴修为农田服务的水利设施，包括灌溉、排水、除涝和防治盐、渍灾害等，建设旱涝保收、高产稳定的基本农田。主要内容是：整修田间灌排渠系，平整土地，扩大田块，改良低产土壤，修筑道路和植树造林等。小型农田水利建设的基本任务，是通过兴修各种农田水利工程设施和采取其他各种措施，调节和改良农田水分状况和地区水利条件，使之满足农业生产发展的需要，促进农业的稳产高产。我国有悠久的农田水利建设的历史。早在夏商时期，人们就把土地规划成井田。井田即方块田，把土地按相等的面积作整齐划分，灌溉区道布置在各块耕地之间。五代两宋时期建设了太湖圩田。明清时期建设了江汉平原的垸田及珠江三角洲的基围等。这些小型农田水利形式在以后得到继承和发展。至20世纪50年代初期，我国修建了许多近代灌溉工程，干支级渠道比较顺直整齐，但对田间渠系和田块没有及时进行建设和整修，田间工程配套不全。旱作灌区，土地不平整，大畦漫灌，水量浪费严重；水稻灌区，串灌串排现象普遍存在，不仅影响合理灌溉、排水晒田，而且造成肥料流失、水量浪费。另一方面，田块面积小，形状不规则，与农业机械化生产很不适应。中国开展农田水利建设的主要经验有：①全面规划；②因地制宜地制定具体建设规划；③规划以治水为中心，实行山、水、田、林、路综合治理；④建设规划与中小流域治理规划相结合。

农田水利工程主要是灌溉工程和排涝工程。具体由取水工程、灌溉泵站和排水泵站、渠道工程和渠系建筑物组成。

（一）取水工程

取水工程的主要作用是将河水引入渠道，以满足农田灌溉、水力发电、工业及生活供水等需要。因取水工程位于渠道的首部，所以也称为渠首工程。取水工程可分为无坝取水、有坝取水、水库取水、水泵站引水四类。

无坝取水（见图8.7）的主要建筑物是进水闸。为便于引水和防止泥沙进入渠道，进水闸一般设在河道的凹岸。取水角度应小于90°。一般来说，设计取水流量不超过河流流量的30%，否则难以保证各用水时期都能引取足够的流量。无坝取水工程虽然简单，但由于没有调节河流水位和流量的能力，完全依靠河流水位高于渠道的进口高程而自流引水，因此引水流量受河流水位变化的影响很大。必要时，可在渠道前修顺坝，以增加引水流量。

有坝取水（见图8.8）是一种修建水坝或节制闸，以调剂河道水位的一种取水方式。当河流流量能满足灌溉用水要求时，只有河水位低取于灌取需要的高程时，适于采用这种取水方式。与无坝取水相比较，主要优点是可避免河流水位变化的影响，并且能稳定引水流量，主要缺点是建闸坝费用较高，河床也需要有适合的地质条件。

水库取水既可调节流量又可抬高水位。由于灌溉区位置不同，可采取不同的取水方式。

在平原地区的下游河道，由于枯水位低于灌区高程，自然条件或经济条件又不适合修建闸坝工程，只有修建水泵站引水灌溉。引水流量依水泵能力而定。

（二）灌溉泵站和排水泵站

泵站建筑物由排灌泵站的进水、出水、泵房等建筑物组成。泵站建筑物应根据不同类型泵站的特点、灌排渠系布置、水文、气象、地形、地质及水源与能源等条件，在满足灌排要求的情况下，进行合理布置，达到安全、高效、经济的目的（见图8.9）。

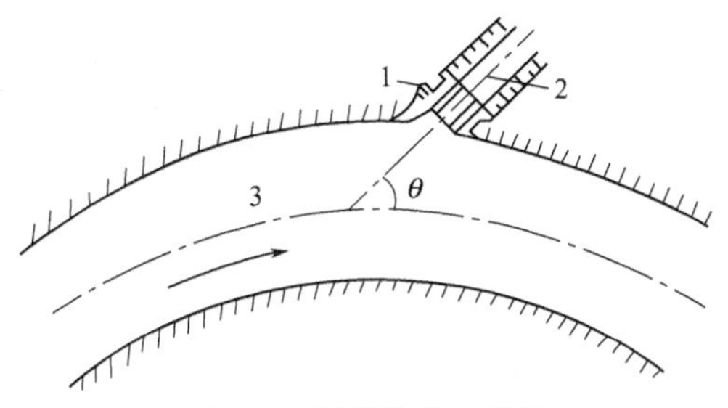

图 8.7　无坝取水示意图

1—进水闸；2—干渠；3—河流

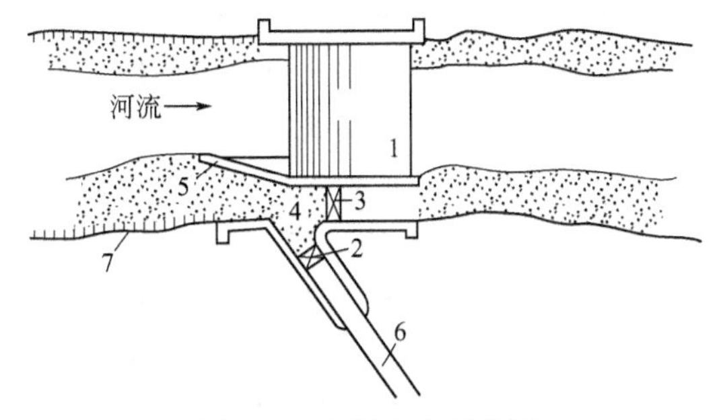

图 8.8　有坝取水示意图

1—壅水坝；2—进水闸；3—排沙闸；

4—沉沙池；5—导水墙；6—干渠；7—堤防

图 8.9　水泵工程图

泵站由以下几部分组成。

① 进水建筑物　包括引水渠道、前池、进水池等。其主要作用是衔接水源地与泵房，改善流态，减少水力损失，为主泵创造良好的引水条件。

② 出水建筑物　有出水池和压力水箱两种主要形式。出水池是连接压力管道和灌排干渠的衔接建筑物，起消能稳流作用。压力水箱是连接压力管道和压力涵管的衔接建筑物，起汇流排水的作用。这种结构形式适用于排水泵站。

③ 泵房　安装主机组和辅助设备的建筑物，是泵站的主体工程，其主要作用是为主机组和运行人员提供良好的工作条件。排灌泵站泵房结构形式较多，常用的有固定式和移动式两种。固定式泵房按基础形式的特点又可分为分基型、干室型、湿室型和块基型四种。泵房基础与水泵机组基础分开修建时称分基型泵房。泵房及其底部均用钢筋混凝土浇筑成封闭的整体，在泵房下部形成一个无水的地下室，称干室型泵房。若泵房下部有一个与前池相通并充满水的地下室，则称湿室型泵房。当用钢筋混凝土把水泵的进水流道与泵房的底板浇成一块整体，并作为泵房的基础时，称块基型泵房。移动式泵房可分为泵船和泵车两种。泵房结构形式的确定，主要根据主机组结构性能、水源水位变幅、地基条件及枢纽布置，通过技术经济比较，择优选定。

排灌泵站的建筑布置因泵站的用途而有不同。

① 灌溉泵站　站址通常选择在灌区较高处，使其控制面积最大，渠系及其建筑物布置方便，工程量小，投资省。当水源处岸坡平缓，水源和灌区相距较远且高程相差较大时，进水建筑物通常采用有引水渠道的布置形式；当水源处岸坡较陡，站址与灌区的距离及控制高程接近时，其进水建筑物常采用无引水渠道的方式布置。泵房应按防洪要求设计。

② 排水泵站　站址一般选在地势较低的内湖或洼地出口处，使泵站能够排出较大区域的涝水。设计时应充分考虑自排，做到自排与堤排相结合，这类泵站常采用闸、（泵）站结合的方式布置。

③ 排灌结合泵站（见图 8.10）　有闸、（泵）站分建式和闸、（泵）站合建式两种布置形式。分建式布置是指闸、（泵）站分开建筑，利用排水闸、灌溉闸、泄水闸等的联合运用，实现排灌结合。合建式布置是将闸、（泵）站建筑在同一基础上，在泵房主泵流道的进出口外侧设置闸门，兼作自排泄水和灌溉引水的涵闸，利用闸门改变流向，进行灌排作业。这种方式比分建式工程紧凑，设闸（门）少，投资省，运用方便。

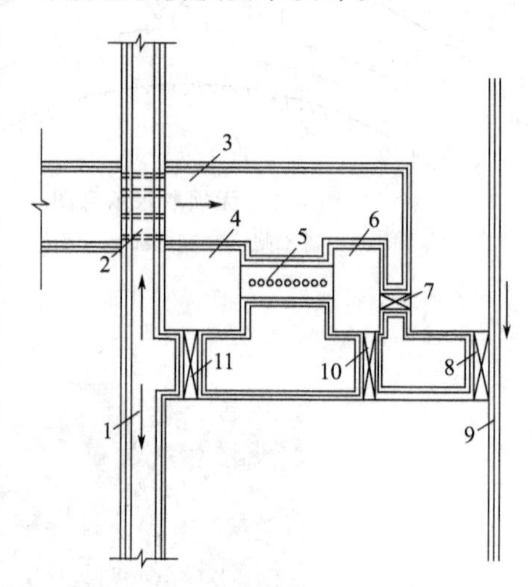

图 8.10　排灌结合泵站布置图

1—灌溉渠；2—交叉建筑物；3—排水渠；4—管理所；5—泵房；6—仓库；7—3 号闸；8—防洪闸；9—汉江；10—2 号闸；11—1 号闸

（三）渠道工程和渠系建筑物

为渠道正常工作和发挥其各种功能而在渠道上兴建的水工建筑物，又称灌区配套建筑物。分为：①控制、调节和配水建筑物，用于调节水位，分配流量，如节制闸、分水闸、斗门等；②交叉建筑物，用以穿越河渠、洼谷、道路及障碍物，如渡槽、倒虹吸管、涵洞、隧洞等；③泄水建筑物，如泄水闸、退水闸、溢流堰等；④落差建筑物，即落差集中处的连接建筑物，如跌水、陡坡和跌井等；⑤冲沙和沉沙建筑物，如冲沙闸、沉沙池等；⑥量水建筑物，如量水堰、量水槽等，也可利用其他水工建筑物量水；⑦专门建筑物和安全设备，如利用渠道落差发电的水电站，通航渠道上的码头、船闸和为人、畜免于落水而设的安全护栏。渠系建筑物数量多、总体工程量大、造价高，故应向定型化、标准化、装配化和机械化施工等方面发展。

以下仅就渠道、渡槽、倒虹吸管、跌水及陡坡作简要介绍。

1. 渠道

渠道（见图 8.11）是灌溉、发电、航运、给水与排水等广为采用的输水建筑物，它是具有自由水面的人工水道。

图 8.11　渠道

渠道按用途可分为：灌溉渠道、动力渠道（引水发电用）、供水渠道、排水渠道和通航渠道等。

渠道设计包括：渠道线路的选择、断面形式和尺寸的确定，渠道的防渗设计等。渠道线路选择是渠道设计的关键，可结合地形、地质、施工、交通等条件初选几条线路，通过技术经济比较，择优选定。渠道选线的一般原则是：①尽量避开挖方或填方过大的地段，最好能做到挖方和填方基本平衡；②避免通过滑坡区、透水性强和沉降量大的地段；③在平坦地段，线路应力求短直，受地形条件限制，必须转弯时，其转弯半径不宜小于渠道正常水面宽的 5 倍；④通过山岭，可选用隧洞，遇山谷，可用渡槽或倒虹吸管穿越。应尽量减少交叉建筑物。

渠道断面形状，在土基上呈梯形，两侧边坡根据土质情况和开挖深度或垣筑高度确定。一般用 1∶1～1∶2，在岩基上接近矩形。

2. 渡槽

渡槽是输送渠道水流跨越河流、渠道、道路、山谷等障碍的架空输水建筑物，是灌区水工建筑物中应用最广的交叉建筑物之一。主要由输水的槽身、支撑结构、基础及进出口建筑物等部分组成。除用于输送渠道水流外，还可以供排洪和导流之用。

目前常用的渡槽形式，按支撑结构分有梁式和拱式（见图 8.12），按槽身断面形式分为矩形和 U 形；按施工方法分，为现浇整体式、预制装配式及预应力等；按建筑材料分为木渡槽、砌石、混凝土及钢筋混凝土等；按槽身结构形式分为矩形、U 形、梯形、椭圆形及圆管形槽等；按支撑结构的形式分为梁式、拱式、桁架式、组合式、悬吊式或斜拉式。

图 8.12　拱式渡槽

渡槽总体布置工作包括：槽址位置的选择，槽身支撑结构的选择，基础及进出口的布置。渡槽水力计算任务是合理确定槽底纵坡、槽身断面尺寸、计算水头损失，根据水面衔接计算确定渡槽进出口高程。

一般先按通过最大流量 Q 拟定适宜的槽身纵坡和槽身净宽 B、净高 h，然后根据通过设计流量计算水流通过渡槽的总水头损失值，如 Z 等于规划规定的允许水头损失，则可确定最后纵坡、B、h 值，进而定出有关高程和渐变段长等。纵坡加大，则有利于缩小槽身断面，减少工程量，但过大的纵坡，会加大沿程水头损失，降低渠水位的控制高程，还可能使上、下游渠道受到冲刷。

3. 倒虹吸管

倒虹吸管是在渠道同道路、河渠或谷地相交时，修建的压力输水建筑物。它与渡槽相比，具有造价低且施工方便的优点，不过它的水头损失较大，而且运行管理不如渡槽方便。它应用于修建渡槽困难，或需要高填方建渠道的场合；在渠道水位与所跨的河流或路面高程接近时，也常用倒虹吸管。

倒虹吸管由进口段、管身、出口段三部分组成。分为斜管式和竖井式。

（1）进口段　进口段包括渐变段、闸门、拦污栅，有的工程还设有沉沙池。进口段要与渠道平顺衔接，以减少水头损失。渐变段可以做成扭曲面或八字墙等形式，长度为 3～4 倍渠道设计水深。闸门用于管内清淤和检修。不设闸门的小型倒虹吸管，可在进口侧墙上预留检修门槽，需用时临时插板挡水。拦污栅用于拦污和防止人畜落入渠内被吸进倒虹吸管。

在多泥沙河流上，为防止渠道水流携带的粗颗粒泥沙进入倒虹吸管，可在闸门与拦污栅前设置沉沙池。对含沙量较小的渠道，可在停水期间进行人工清淤，对含沙量人的渠道，可在沉沙池末端的侧面设冲沙闸，利用水力冲淤。沉沙池底板反侧墙可用浆砌石或混凝土建造。

(2) 出口段　出口段的布置形式与进口段基本相同。单管可不设闸门；若为宏管，可在出口段侧墙上顶留检修门槽。出口渐变段比进口渐变段稍长。由于倒虹吸管的作用水头一般都很小，管内流速仅在 2.0m/s 左右，因而渐变段的主要作用在于调整出口水流的流速分布，使水流均匀平顺地植入下游渠道。

(3) 管身　管身断面可为圆形或矩形。圆形管因水力条件和受力条件较好，大、中型工程多采用这种形式。矩形管仅用于水头较低的中、小型工程。根据流量大小和运用要求，倒虹吸管可以设计成单管、双管或多管。管身与地基的连接形式及管身的伸缩缝和止水构造等与土坝坝下埋设的涵管基本相同。在管路变坡或转弯处应设置镇墩。为防止管内淤沙和为放空管内积水，应在管段上或镇墩内设冲沙放水孔（可兼作进入孔），其底部高程与河道枯水位齐平。管路常埋入地下或在管身上填土。当管路通过冰冻地区，管顶应在冰冻层以下，穿过河床时，应置于冲刷线以下。管路所用材料可根据水头、管径及材料供应情况选定，常用浆砌石、混凝土、钢筋混凝土及预应力钢筋混凝土等，其中，后两种应用较广。

4. 跌水

跌水根据落差大小，分为单级跌水（见图 8.13）和多级跌水（见图 8.14）两种形式。跌水由进口、跌水墙、侧墙、消力池和出口部分组成。

图 8.13　单级跌水

5. 陡坡

当渠道要通过坡度过陡的地段时，为了保持渠道的设计纵坡，避免大填方和深挖方，可将水流的落差集中，并修建建筑物来连接上下游渠道，这种建筑物称为落差建筑物，主要有跌水和陡坡两类。凡是水流自跌水口流出后，呈自由抛投状态，最后落入下游消力池内的为跌水；而水流自跌水口流出后，受陡槽的约束而沿槽身下泄的叫陡坡。

三、水力发电工程

水力发电突出优点是以水为能源，可循环使用。更重要的是水力发电不会污染环境，成

图 8.14　多级跌水

本比火力发电的成本低。世界各国都尽量开发本国的水能资源。

水电站是将水能转换为电能的综合工程设施。一般包括由挡水、泄水建筑物形成的水库和水电站引水系统、发电厂房、机电设备等。水库的高水位水经引水系统流入厂房推动水轮发电机组发出电能，再经升压变压器、开关站和输电线路输入电网。

（一）水电站

水电站按水能来源分为：利用河流、湖泊水能的常规水电站；利用电力负荷低谷时的电能抽水至上水库，待电力负荷高峰期再放水至下水库发电的抽水蓄能电站；利用海洋潮汐能发电的潮汐电站；利用海洋波浪能发电的波浪能电站。按对天然径流的调节方式分为：没有水库或水库很小的径流式水电站；水库有一定调节能力的蓄水式水电站。按水电站水库的调节周期分为多年调节水电站、年调节水电站、周调节水电站和日调节水电站。年调节水电站是将一年中丰水期的水储存起来供枯水期发电用。其余调节周期的水电站含义类推。按发电水头分为高水头水电站、中水头水电站和低水头水电站。世界各国对此无统一规定。我国称水头 70m 以上的电站为高水头电站，水头 70～30m 的电站为中水头电站，水头 30m 以下的电站为低水头电站。按装机容量分为大型、中型和小型水电站。我国规定装机容量大于 75 万千瓦为大（1）型水电站，75 万～25 万千瓦为大（2）型水电站，25 万～2.5 万千瓦为中型水电站，2.5 万～0.05 万千瓦为小（1）型水电站，小于 0.05 万千瓦为小（2）型水电站。按发电水头的形成方式分为以坝集中水头的坝式水电站、以引水系统集中水头的引水式水电站，以及由坝和引水系统共同集中水头的混合式水电站。

1. 坝式水电站

由河道上的挡水建筑物壅高水位而集中发电水头的水电站。坝式水电站（见图 8.15）由挡水建筑物、泄水建筑物、压力管道、厂房及机电设备等组成。由坝作挡水建筑物时多为中高水头水电站。由闸作挡水建筑物时多为低水头水电站。当水头不高且河道较宽阔时，可用厂房作为挡水建筑物的一部分，这类水电站又称河床式水电站，也属坝式水电站。坝式水电站和引水式水电站是水电开发的两种基本方式。坝式水电站适宜建在河道坡降较缓且流量较大的河段。由挡水建筑物形成的水库常可调节径流，其调节能力取决于调节库容与入库径流比值的大小。不少坝式水电站具有多年调节和年调节的水库，也有的坝式水电站水库容积很小，只能进行日调节甚至不能调节径流。不能调节径流的水电站称为径流式水电站。

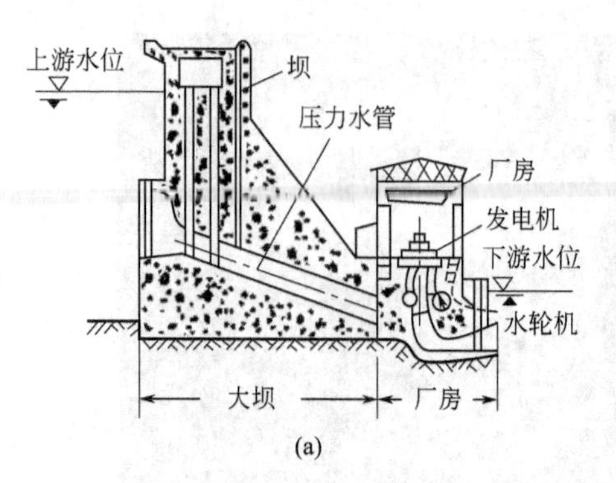

(a)

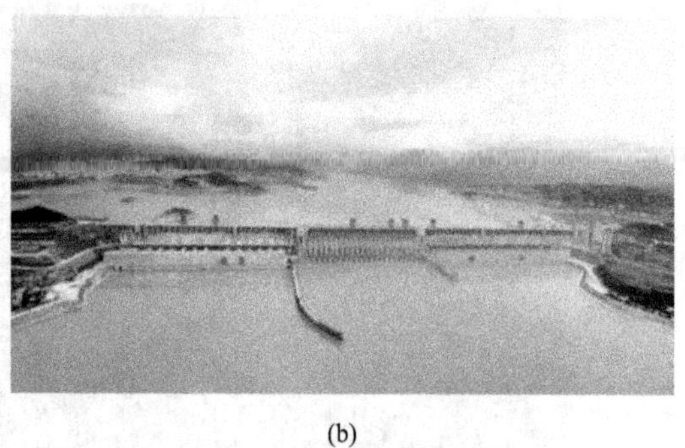

(b)

图 8.15 坝式水电站

坝式水电站具有以下特点：①具有日调节以上性能时，适宜担任电力系统的调峰、调频和备用任务，可增大电站的电力效益和提高供电质量；②枢纽布置集中，便于运行管理；③不会像引水式水电站那样要出现脱水河段，相反其库区可增加河道水深，有利于通航；④对调节性能好的水电站，库水位变幅较大，低水位时减少了利用水头，有时会影响通航，在水轮机选择时要考虑低水头的影响；⑤水库淹没损失大。

坝式水电站按厂房与坝的相对位置可分为：①坝后式，厂房在坝后，压力管道通过坝体，如中国的刘家峡水电站；②坝内式，压力管道和厂房都在坝内，如中国的凤滩水电站；③厂房顶溢流式，厂房在溢流坝后，泄洪水流从厂房顶部越过，也有利用厂房顶作为泄洪道的底坎的，如厂坝连接采用下部结构完全脱开、厂房顶板为钢筋混凝土拉板简支在坝体的新安江水电站；④岸边式，厂房设在下游岸边，引水道在坝侧地下，如我国的白山水电站（二期）；⑤地下式，引水道和厂房都在坝侧地下，如我国的白山水电站（一期）；⑥河床式，厂房本身是挡水建筑的一部分，如我国的大化水电站。

2. 引水式水电站

自河流坡降较陡、落差比较集中的河段，以及河湾或相邻两河河床高程相差较大的地方，利用坡降平缓的引水道引水而与天然水面形成符合要求的落差（水头）发电的水电站，见图 8.16。

图 8.16 鲁布革水电站——引水式水电站

水电站的装机容量主要取决于水头和流量的大小。山区河流的特点是流量不大，但天然河道的落差一般较大，这样，发电水头可通过修造引水明渠或引水隧洞来取得，适合于修建引水式水电站。

引水式水电站包括大坝、泄洪建筑物和取水口建筑物。前者是为了取得调节库容，后者使库水通过取水口建筑物送入明渠经前池、压力钢管到厂房发电（或送入隧洞经调压井、压力钢管到厂房发电）。引水明渠或隧洞的线路需根据具体工程地形和地质条件确定。对天然河道落差较大的河道，明渠或隧洞常常沿河道岸边布置，如河道存有天然弯道时则可采用截弯取直的形式布置，以便充分取得这部分的集中落差。我国四川映秀湾一级水电站是具有相当规模的引水式水电站，装机 13.5 万千瓦，为地下式厂房。

3. 混合式水电站

由坝和引水道两种建筑物共同形成发电水头的水电站，即发电水头一部分靠拦河坝壅高水位取得，另一部分靠引水道集中落差取得。混合式水电站可以充分利用河流有利的天然条件，在坡降平缓河段上筑坝形成水库，以利径流调节，在其下游坡降很陡或落差集中的河段采用引水方式得到大的水头。这种水电站通常兼有坝式水电站和引水式水电站的优点和工程特点。混合式水电站示意图见图 8.17。

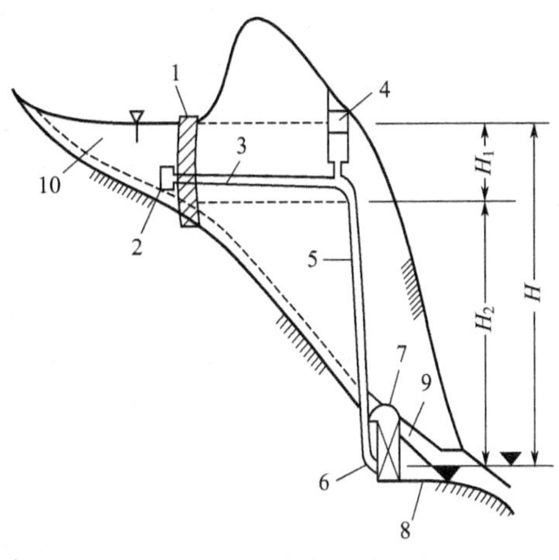

图 8.17　混合式水电站示意图

1—水坝；2—进水口；3—隧洞；4—测压井；5—斜井；6—钢管；7—地下厂房；8—尾水梁；9—交通洞；10—水库

4. 抽水蓄能电站

抽水蓄能电站按上水库有无天然径流汇入分为：上水库水源仅为由下水库抽入水流的纯抽水蓄能电站，除抽入水流外还有天然径流汇入上水库的混合抽水蓄能电站。此外，还有由一河的下水库抽水至其上水库，然后放水至另一河发电的调水式抽水蓄能电站。抽水蓄能电站的土建结构包括上水库、下水库、安装抽水蓄能机组的厂房和连接上下水库间的压力管道。当有合适的天然水域可供利用时，修建上、下水库的工程可显著减小。抽水蓄能电站的机组，早期是发电机组和抽水机组分开的四机式机组，继而发展为水泵、水轮机、发电—电动机组成的三机式机组，进而发展为水泵水轮机和水轮发电电动机组成的二机式可逆机组，极大地减小了土建和设备投资，得以迅速推广。抽水蓄能电站的修建要视可供蓄能的低谷多余电量和水量的多少。建站地点力求水头高，发电库容大、渗漏小，压力输水管道短，距离负荷中心近等。世界上第一座抽水蓄能电站是瑞士于 1879 年建成的勒顿抽水蓄能电站。世界上装机容量最大的抽水蓄能电站是装机 210 万千瓦，于 1985 年投产的美国巴斯康蒂抽水蓄能电站。我国台湾省明潭抽水蓄能电站装机 100 万千瓦，是亚洲最大的抽水蓄能电站。我国广州抽水蓄能电站，第一期工程装机 120 万千瓦，已在 20 世纪 90 年代竣工。

（二）水电建筑物

水电站通常由以下几类建筑物组成。

（1）挡水建筑物　一般为坝或闸，用以截断河流，集中落差，形成水库。

（2）泄水建筑物　用来下泄多余的洪水或放水以降低水库水位，通常用坝拦蓄水流、抬高水位形成水库，并修建溢流坝、溢洪道、泄水孔、泄洪洞等泄水建筑物。

(3) 水建筑物　又称进水口或取水口，是将水引入引水道的进口。

(4) 电站引水建筑物　用来把水库的水引入水轮机。根据水电站地形、地址、水文气象等条件和水电站类型的不同，可以采用明渠、隧洞、管道。有时引水道还包括沉砂地、渡槽、涵洞、倒虹吸管和桥梁等交叉建筑物及将水流自水轮机泄向下游的尾水建筑物。

(5) 平水建筑物　当水电站负荷变化时，用来平衡引水建筑物中的压力和流速的变化，如有压引水道中的调压室及无压引水道中的压力前池等。

(6) 电、变电和配电建筑物　包括安装水轮发电机组及控制设备的厂房，安装变压器的变压器场和安装高压开关的开关站，它们集中在一起，常称为厂房枢纽。

水电站厂房分为主厂房和副厂房，主厂房包括安装水轮发电机组或抽水蓄能机组和各种辅助设备的主机室，以及组装、检修设备的装配场。副厂房包括水电站的运行、控制、试验、管理和操作人员工作、生活的用房。引水建筑物将水流导入水轮机，经水轮机和尾水道至下游。当有压引水道或有压尾水道较长时，为减小水击压力常修建调压室。而在无压引水道末端与发电压力水管进口的连接处常修建前池。为了将电厂生产的电能输入电网还要修建升压开关站。此外，尚需兴建辅助性生产建筑设施及管理和生活用建筑。

第三节　港口工程

一、港口的组成与分类

港口是具有水陆联运设备和条件，供船舶安全进出和停泊的运输枢纽；是水陆交通的集结点和枢纽，工农业产品和外贸进出口物资的集散地，船舶停泊、装卸货物、上下旅客、补充给养的场所。

我国沿海港口建设重点围绕煤炭、集装箱、进口铁矿石、粮食、陆岛滚装、深水出海航道等运输系统进行，特别加强了集装箱运输系统的建设。政府集中力量在大连、天津、青岛、上海、宁波、厦门和深圳等港建设了一批深水集装箱码头，为我国集装箱枢纽港的形成奠定了基础。煤炭运输系统建设进一步加强，新建成一批煤炭装卸船码头。同时，改建、扩建了一批进口原油、铁矿石码头。到 2004 年底，沿海港口共有中级以上泊位 2500 多个，其中万吨级泊位 650 多个；全年完成集装箱吞吐量 6150 万标准箱，跃居世界第一位。一些大港口年总吞吐量超过亿吨，上海港、深圳港、青岛港、天津港、广州港、厦门港、宁波港、大连港八个港口已进入集装箱港口世界 50 强。

1. 港口组成

港口由水域和陆域所组成。水域通常包括进港航道、锚泊地和港池。

① 进港航道要保证船舶安全方便地进出港口，必须有足够的深度和宽度、适当的位置、方向和弯道曲率半径，避免强烈的横风、横流和严重淤积，尽量降低航道的开辟和维护费用。当港口位于深水岸段，低潮或低水位时天然水深已足够船舶航行需要时，无需人工开挖航道，但要标志出船舶出入港口的最安全方便路线。如果不能满足上述条件并要求船舶随时都能进出港口，则必须开挖人工航道。人工航道分单向航道和双向航道。大型船舶的航道宽度为 80～300m，小型船舶的为 50～60m。

② 锚泊地指有天然掩护或人工掩护条件能抵御强风浪的水域，船舶可在此锚泊、等待靠泊码头或离开港口。如果港口缺乏深水码头泊位，也可在此进行船转船的水上装卸作业。内河驳船船队还可在此进行编、解队和换拖（轮）作业。

③ 港池指直接和港口陆域毗连，供船舶靠离码头、临时停泊和调头的水域。港池按构造形式分，有开敞式港池、封闭式港池和挖入式港池。港池尺度应根据船舶尺度、船舶靠离码头方式、水流和风向的影响及调头水域布置等确定。开敞式港池内不设闸门或船闸，水面随水位变化而升降。封闭式港池池内设有闸门或船闸，用以控制水位，适用于潮差较大的地区。挖入式港池在岸地上开挖而成，多用于岸线长度不足，地形条件适宜的地方。

陆域指港口供货物装卸、堆存、转运和旅客集散使用的陆地面积。陆域上有进港陆上通道（铁路、道路、运输管道等）、码头前方装卸作业区和港口后方区。前方装卸作业区供分配货物，布置码头前沿铁路、道路、装卸机械设备和快速周转货物的仓库或堆场（前方库场）及候船大厅等。港口后方区供布置港内铁路、道路、较长时间堆存货物的仓库或堆场（后方库场）、港口附属设施（车库、停车场、机具修理车间、工具房、变电站、消防站等）以及行政、服务房屋等。为减少港口陆域面积，港内可不设后方库场。

2. 港口分类

港口可按多种方法分类，按所在位置的不同可以分为海港、河口港和河港；按用途不同可分为商港、军港、渔港、工业港、避风港；按成因不同可分为人工港和自然港；按港口水域在寒冷季节是否冻结可分为冻港和不冻港；按潮汐关系、潮差大小、是否修建船闸控制船只进港可分为闭口港和开口港；按对进口的外国货物是否办理报关手续分为报关港和自由港。

（1）河口港　位于河流入海口或受潮汐影响的河口段内，可兼为海船和河船服务。一般有大城市作依托，水陆交通便利，内河水道往往深入内地广阔的经济腹地，承担大量的货流量，故世界上许多大港都建在河口附近，如鹿特丹港、伦敦港、纽约港、圣彼得堡港、上海港等。河口港的特点是，码头设施沿河岸布置，离海不远而又不需建防波堤，如岸线长度不够，可增设挖入式港池。

（2）海港　位于海岸、海湾或泻湖内，也有离开海岸建在深水海面上的。位于开敞海面岸边或天然掩护不足的海湾内的港口，通常须修建相当规模的防波堤，如大连港、青岛港、连云港、基隆港、意大利的热那亚港等。供巨型油轮或矿石船靠泊的单点或多点系泊码头和岛式码头属于无掩护的外海海港，如利比亚的卜拉加港、黎巴嫩的西顿港等。泻湖被天然沙嘴完全或部分隔开，开挖运河或拓宽、浚深航道后，可在泻湖岸边建港，如中国的广西北海港。也有完全靠天然掩护的大型海港，如日本的东京港、中国的香港港、澳大利亚的悉尼港等。

（3）河港　位于天然河流或人工运河上的港口，包括湖泊港和水库港。湖泊港和水库港水面宽阔，有时风浪较大，因此同海港有许多相似处，如往往需修建防波堤等。前苏联古比雪夫、齐姆良斯克等大型水库上的港口和中国洪泽湖上的小型港口均属此类。

二、港口水工建筑物

一般包括防波堤、码头、修船和造船水工建筑物。进出港船舶的导航设施（航标、灯塔等）和港区护岸也属于港口水工建筑物的范围。港口水工建筑物的设计，除应满足一般的强度、刚度、稳定性（包括抗地震的稳定性）和沉陷方面的要求外，还应特别注意波浪、水流、泥沙、冰凌等动力因素对港口水工建筑物的作用及环境水（主要是海水）对建筑物的腐蚀作用，并采取相应的防冲、防淤、防渗、抗磨、防腐等措施。

1. 防波堤

位于港口水域外围，用以抵御风浪、保证港内有平稳水面的水工建筑物。突出水面伸向水域与岸相连的称突堤。立于水中与岸不相连的称岛堤。堤头外或两堤头间的水面称为港口口门。口门数和口门宽度应满足船舶在港内停泊、进行装卸作业时水面稳静及进出港航行安全、方便的要求。有时，防波堤也兼用于防止泥沙和浮冰侵入港内。防波堤内侧常兼作码头。

防波堤的堤线平面布置形式有单突式、双突式、岛式和混合式，如图 8.18 所示。为使水流归顺，减少泥沙侵入港内，堤轴线常布置成环抱状。防波堤按其断面形状及对波浪的影响可分为斜坡式、直立式、混合式、透空式、浮式，以及配有喷气消波设备和喷水消波设备的等多种类型，如图 8.19 所示。一般多采用前三种类型。

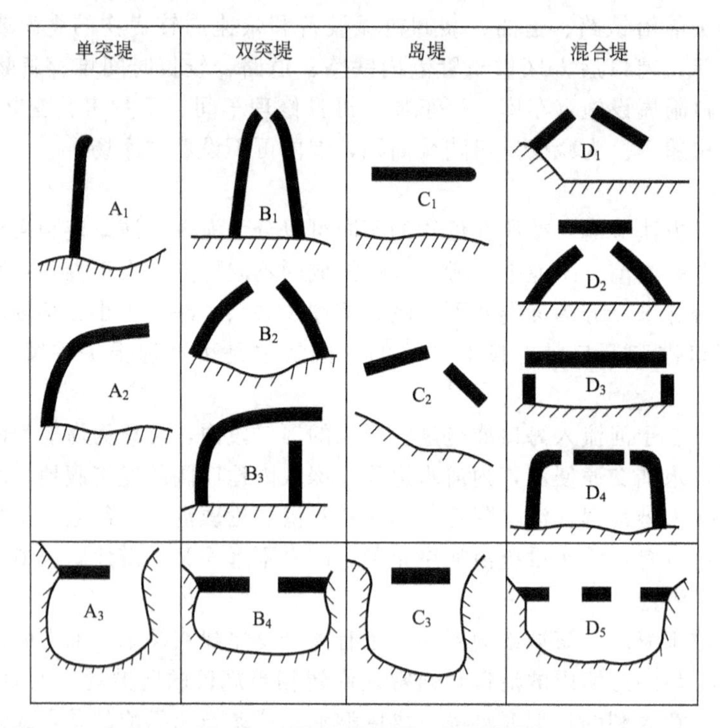

图 8.18 防波堤的平面布置形式

① 斜坡式防波堤 常用的形式有堆石防波堤和堆石棱体上加混凝土护面块体的防波堤。斜坡式防波堤对地基承载力的要求较低，可就地取材；施工较为简易，不需要大型起重设备，损坏后易于修复。波浪在坡面上破碎，反射较轻微，消波性能较好。一般适用于软土地基。缺点是材料用量大，护面块石或人工块体因重量较小，在波浪作用下易滚落走失，必须经常修补。

② 直立式防波堤 可分为重力式和桩式。重力式一般由墙身、基床和胸墙组成，墙身大多采用方块式沉箱结构，靠建筑物本身重量保持稳定，结构坚固耐用，材料用量少，其内侧可兼作码头，适用于波浪及水深均较大而地基较好的情况。缺点是波浪在墙身前反射，消波效果较差。桩式一般由钢板桩或大型管桩构成连续的墙身，板桩墙之间或墙后填充块石，其强度和耐久性较差，适用于地基土质较差且波浪较小的情况。

③ 混合式防波堤 采用较高的明基床，是直立式上部结构和斜坡式堤基的综合体，适用于水较深的情况。目前，防波堤建设日益走向深水，大型深水防波堤大多采用沉箱结构。在斜坡式防波堤上和混合式防波堤的下部采用的人工块体的类型也日益增多，消波性能越来越好。

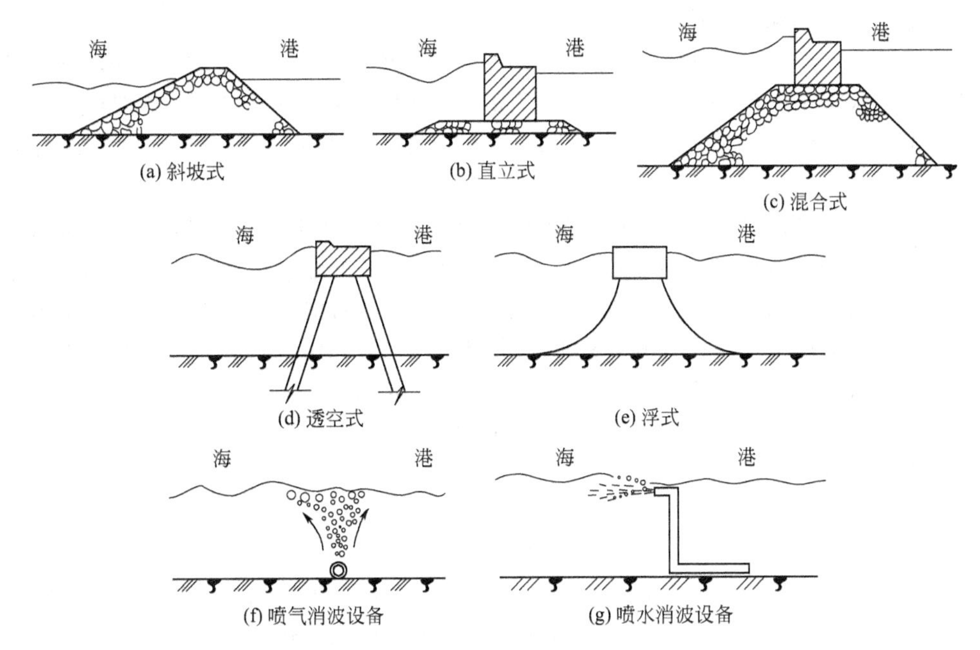

图 8.19 防波堤类型

2. 码头

供船舶停靠、装卸货物和上下旅客的水工建筑物。广泛采用的是直立式码头，便于船舶停靠和机械直接开到码头前沿，以提高装卸效率。内河水位差大的地区也可采用斜坡式码头，斜坡道前方设有趸船作码头使用；这种码头由于装卸环节多，机械难以靠近码头前沿，装卸效率低。在水位差较小的河流、湖泊中和受天然或人工掩护的海港港池内也可采用浮码头，借助活动引桥把趸船与岸连接起来，这种码头一般用做客运码头、卸鱼码头、轮渡码头以及其他辅助码头。

码头结构形式有重力式、高桩式和板桩式。主要根据使用要求、自然条件和施工条件综合考虑确定。

① 重力式码头　靠建筑物自重和结构范围的填料重量保持稳定，结构整体性好，坚固耐用，损坏后易于修复，有整体砌筑式和预制装配式，适用于较好的地基。

② 高桩式码头　由基桩和上部结构组成，桩的下部打入土中，上部高出水面，上部结构有梁板式、无梁大板式、框架式和承台式等。高桩码头属透空式结构，波浪和水流可在码头平面以下通过，对波浪不发生反射，不影响泄洪，并可减少淤积，适用于软土地基。近年来广泛采用长桩、大跨结构，并逐步用大型预应力混凝土管柱或钢管柱代替断面较小的桩，而成为管柱码头。

③ 板桩式码头　由板桩墙和锚碇设施组成，并借助板桩和锚碇设施承受地面使用荷载和墙后填土产生的侧压力。板桩码头结构简单，施工速度快，除特别坚硬或过于软弱的地基外，均可采用，但结构整体性和耐久性较差。

3. 修船和造船水工建筑物

有船台滑道型和船坞型两种。待修船舶通过船台滑道被拉曳到船台上，修好船体水下部分以后，沿相反方向下水，在修船码头进行船体水上部分的修理和安装或更换船机设备。新建船舶在船台滑道上组装并油漆船体水下部分后下水，在舰装码头安装船机设备和油漆船体水上部分。

船坞分为干船坞和浮船坞。

① 干船坞　为一低于地面、三面封闭，一面设有坞门的水工建筑物。待修船舶进坞后，关闭坞门，把水抽干，修好船体水下部分后灌水，使船起浮，打开坞门，使船出坞。新建船舶在坞内组装船体结构，油漆船体水下部分和安装部分船机设备后出坞，然后进行下一步工作。

② 浮船坞　由侧墙和坞底组成。修船时先向坞舱灌水使坞下沉，拖入待修船舶后，排出坞舱水，使船舶坐落坞底进行修理。在浮船坞新建船舶的建造情况和干船坞相似。浮船坞可系泊在船厂附近水面上，也可用拖轮拖至他处使用。船台滑道和船坞均要求有坚固的基础以承受船体传下的巨大压力。在软弱地基上修建时，一般采用桩基础。在透水性土上修建大型船坞时，一般采用减压排水式结构，用打板桩或采取人工排水设施降低地下水位，减少空坞时地下水对坞底板产生的巨大浮托力和坞墙的侧压力。

三、港口规划与施工

1. 港口技术特征

主要有港口水深、码头泊位数、码头线长度、港口陆域高程等。

（1）港口水深　港口的重要标志之一。表明港口条件和可供船舶使用的基本界限。增大水深可接纳吃水更大的船舶，但将增加挖泥量，增加港口水工建筑物的造价和维护费用。在保证船舶行驶和停泊安全的前提下，港口各处水深可根据使用要求分别确定，不必完全一致。对有潮港，当进港航道挖泥量过大时，可考虑船舶乘潮进出港。现代港口供大型干货海轮停靠的码头水深 10～15m，大型油轮码头 10～20m。

（2）码头泊位数　根据货种分别确定。除供装卸货物和上下旅客所需泊位外，在港内还要有辅助船舶和修船码头泊位。

（3）码头线长度　根据可能同时停靠码头的船长和船舶间的安全间距确定。

（4）港口陆域高程　根据设计高水位加超高值确定，要求在高水位时不淹没港区。为降低工程造价，确定港区陆域高程时，应尽量考虑港区挖、填方量的平衡。港区扩建或改建时，码头前沿高程应和原港区后方陆域高程相适应，以利于道路和铁路车辆运行。同一作业区的各个码头通常采用同一高程。

2. 港口规划

港口建设牵涉面广，关系到临近的铁路、公路和城市建设，关系到国家的工业布局和工农业生产的发展。必须按照统筹安排、合理布局、远近结合、分期建设的原则制定全国，特别是沿海港口的建设规划。贯彻深水深用、浅水浅用的原则，合理开发利用或保护好国家的港口资源。制定规划前要做好港口腹地的社会经济调查，弄清建港的自然条件，选择好港址，确定合理的工程规模和总体规划。

港口规划应和所在城市发展规划密切配合和协调。环境问题在总体规划中必须放在重要位置考虑，适当配置临海、临江公园和临海疗养设施，严格防止对周围环境的污染。

（1）港址选择　港口规划工作的重要步骤，港口经济腹地范围、交通、工农业生产和矿藏情况及货种、货流和货运量情况是确定港址的重要依据；要广泛调查研究，分析论证。自然条件是决定港址的技术基础，故对有条件建港的地区应进行港口工程测量、滨海水文、气象、地质、地貌等方面的深入调查研究，辅以必要的科学实验，然后对港址进行比较选择，务求做到技术上可能，经济上合理。

（2）港口总平面布置　港口工程设计的首要工作。其任务是将港口各个作业区和港口水域及陆域的各个组成部分和工程设施进行合理的平面布置，使各装卸作业和运输作业系统、生产建筑和辅助建筑系统等相互配合和协调，以提高港口的综合通过能力，降低运输成本。

3. 港口施工

港口工程施工有许多地方与其他土木工程相同，但有自己的特点。港口工程往往在水深、浪大的海上或水位变幅大的河流上施工，水上工程量大，质量要求高，施工周期短，一些海港还受台风或其他风暴的袭击。因此要求尽可能采取装配化程度高，施工速度快的工程施工方案，尽量缩短水上作业时间，并采取切实可行的措施保证建筑物在施工期间的稳定性，防止滑坡或其他形式的破坏。由于施工方法不当或对风暴的生成机理和破坏性认识不足，措施不力，造成施工期间建筑物的破坏事例时有发生，应引为借鉴。

第四节　典型案例——三峡水电站工程

1. 地理位置

三峡工程全称为长江三峡水利枢纽工程。整个工程包括一座混凝土重力式大坝，泄水闸，一座堤后式水电站，一座永久性通航船闸和一架升船机。三峡工程建筑由大坝、水电站厂房和通航建筑物三大部分组成。

三峡大坝的选址最初有南津关、太平溪、三斗坪等多个候选坝址。最终选定的三斗坪坝址，位于葛洲坝水电站上游 38km 处，地势开阔，地质条件为较坚硬的花岗岩，地震烈度小。江中有一沙洲中堡岛，将长江一分为二，左侧为宽约 900m 的大江和江岸边的小山坛子岭，右侧为宽约 300m 的后河，可为分期施工提供便利。

2. 大坝工程情况

关于大坝的坝高，在筹划中曾有低坝、中坝、高坝三种方案。20 世纪 50 年代，在前苏联专家的影响下，各方多支持高坝方案。到了 20 世纪 80 年代初，“短、平、快”的思路占了主流，因而低坝方案非常流行。但是，出于为重庆改善航运条件的考虑，各方最终同意建设中坝。

三峡大坝为混凝土重力坝，大坝坝顶总长 3035m，底部宽 115m，顶部宽 40m，高程 185m，正常蓄水位 175m。大坝坝体可抵御万年一遇的特大洪水，最大下泄流量可达每秒钟 10 万立方米。整个工程的土石方挖填量约 1.34 亿立方米，混凝土浇筑量约 2800 万立方米，耗用钢材 59.3 万吨。水库全长 600 余千米，水面平均宽度 1.1km，总面积 1084km^2，总库容 393 亿立方米，其中调洪库容约 220 亿立方米，调节能力为季调节型。

3. 输电情况

26 台 70 万千瓦的水轮发电机组，1820 万千瓦的总装机容量，年发电量 847 亿千瓦时。按照设计方案，三峡电站分为左岸和右岸电站，左、右岸电站又各分为两个电厂。其中，左一电厂装机 8 台，出线 5 回；左二电厂装机 6 台，出线 3 回；右一、右二电厂装机均为 6 台，出线分别为 4 回和 3 回。这 15 回出线将分别把 26 台机组发出的电能送至坐落在湖北境内的一批 500kV 变电站和换流站，再向各地辐射。

4. 供电区域

三峡电站供电区域为湖北、河南、湖南、江西、上海、江苏、浙江、安徽、广东八省一市。由于华中、川渝地区电力供求关系的变化，国务院决定三峡电站不向川渝送电。因此，三峡电力外送将形成三大主要通道。

中通道：在华中四省建500kV交流输电线路4970km，鄂豫间两回，鄂湘间两回，鄂赣间一回，变电容量1350万千伏安（其中湖北境内的500kV线路2630km，变电容量525万千伏安）；设计输电能力900万千瓦。

东通道：除利用现有的葛洲坝至上海直流线路输电120万千瓦外，2002年前建成第二回东送500kV直流输电线路和湖北宜昌、江苏常州换流站，额定容量300万千瓦；2008年再建成第三回送上海的直流线路，增加容量300万千瓦。同时，在华东地区配套建设500kV交流输电线路850km，变电容量850千伏安。

南通道：2004年前建成一条973km的500kV直流输电线路和湖北荆州、广东惠州两个换流站，送电能力为300万千瓦。

5. 工程组织

三峡工程在建设中全面实行项目法人责任制、招标投标制、建设工程监理制、合同管理制等制度，以确保工程质量。为了实现竞争，还把主要建设项目拆成单项进行招标。三峡工程的业主是中国长江三峡工程开发总公司，设计单位和主要监理单位都是水利部长江水利委员会。主要施工单位有中国葛洲坝集团公司（葛洲坝股份有限公司）、中国安能建设总公司（中国人民武装警察部队水电部队）、中国水利水电第四工程局（联营体）、中国水利水电第八工程局（联营体）、中国水利水电第十四工程局（联营体）等，这些企业曾经承担了包括葛洲坝水电站、二滩水电站、引滦入津工程在内的许多大型水利工程建设。

小　结

本章主要介绍了建筑内部给排水系统分类、组成、给排水方式、高层建筑给水系统给水特点、农田水利工程、防洪工程、水力发电工程、港口工程特点。

能力训练题

一、选择题

1.（　　）布满整个排水区域，主体式管道和渠道，管段之间由附属构筑物连接。

A. 排水管道　B. 给水系统　C. 排水系统　D. 管渠系统

2. 当涝水可通过排水干渠汇集于蓄涝区内时，宜（　　）修建较大泵站。

A. 集中　B. 分散　C. 统一　D. 零星

3.（　　）的作用是将河水引入渠道，以满足农田灌溉、水力发电、工业及生活供水等需要。

A. 农田水利　B. 排水工程　C. 防洪工程　D. 取水工程

4. 防洪工程中的（　　）主要是运用工程措施挡住洪水对保护对象的侵袭。

A. 滞　B. 蓄　C. 泄　D. 挡

5. 渠道断面最常采用的是（　　）断面。

A. 正方形　B. 圆形　C. 三角形　D. 梯形

二、填空题

1. 防洪工作的基本内容可分为______、______、______、______。

2. 防洪工程主要有______、______、______、______等。

3. 防洪非工程措施的基本内容为______、______、______、______。

4. 取水工程有______、______、______、______几种取水方式。

三、简答题

1. 建筑内部给排水系统的分类及组成是什么？
2. 防洪规划的原则是什么？
3. 常见港口建筑物有哪几种？各自作用是什么？

能力拓展训练

现场实习建筑内部给排水系统施工方法，总结具体工程内部给排水设计特点；实地参观本地区水利工程。

第九章　土木工程设计及施工

【知识目标】

- 了解建筑设计发展史
- 掌握建筑设计概念
- 熟悉结构设计原则与步骤
- 熟悉施工程序
- 掌握建筑施工内容
- 掌握建筑施工准备
- 掌握建筑施工特点

【能力目标】

- 能区分建筑设计和结构设计
- 掌握建筑一般施工方法，研究新技术、新方法

开章语　土木工程设计中的建筑物的设计包括建筑设计、结构设计、给排水设计、暖气通风设计和电气设计。每一部分的设计都应围绕设计的 4 个基本要求：功能要求、美观要求、经济要求和环保要求。土木工程施工就是以科学的施工组织设计为先导，以先进、可靠的施工技术为后盾，保证工程项目高质量、安全、经济地完成。

第一节　土木工程设计

一、建筑设计

广义的建筑设计是指设计一个建筑物或建筑群所要做的全部工作。由于科学技术的发展，在建筑上利用各种科学技术的成果越来越广泛深入，设计工作常涉及建筑学、结构学以及给水、排水，供暖、空气调节、电气、煤气、消防、防火、自动化控制管理、建筑声学、建筑光学、建筑热工学、工程估算、园林绿化等方面的知识，需要各种科学技术人员的密切协作。

但通常所说的建筑设计，是指“建筑学”范围内的工作。它所要解决的问题包括建筑物内部各种使用功能和使用空间的合理安排（见图 9.1），建筑物与周围环境、与各种外部条件的协调配合，内部和外表的艺术效果（见图 9.2），各个细部的构造方式（见图 9.3），建筑与结构、建筑与各种设备等相关技术的综合协调，以及如何以更少的材料、更少的劳动力、更少的投资、更少的时间来实现上述各种要求。其最终目的是使建筑物做到适用、经济、坚固、美观。

1. 建筑设计的发展史

在古代，建筑技术和社会分工比较单纯，建筑设计和建筑施工并没有很明确的界限，施工的组织者和指挥者往往也就是设计者。在欧洲，由于以石料作为建筑物的主要材料，这两种工作通常由石匠承担；在中国，由于建筑以木结构为主，这两种工作通常由木匠承担。他

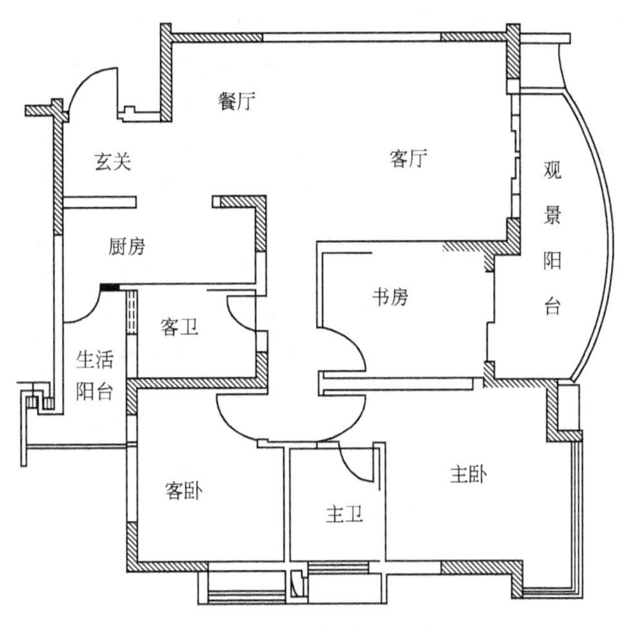

图 9.1 建筑平面布置

图 9.2 房屋建筑设计

图 9.3 楼梯建筑设计

们根据建筑物的主人的要求，按照师徒相传的成规，加上自己一定的创造性，营造建筑并积累了建筑文化。

在近代，建筑设计和建筑施工分离开来，各自成为专门学科。这在西方是从文艺复兴时期开始萌芽，到产业革命时期才逐渐成熟；在中国则是清代后期在外来的影响下逐步形成的。

随着社会的发展和科学技术的进步，建筑所包含的内容、所要解决的问题越来越复杂，涉及的相关学科越来越多，材料、技术方面的变化越来越迅速，单纯依靠师徒相传、经验积累的方式，已不能适应这种客观现实；加上建筑物往往要在很短时期内竣工使用，难以由匠师一身二任，客观上需要更为细致的社会分工，这就促使建筑设计逐渐形成专业，成为一门独立的分支学科。

2. 建筑设计的工作核心

建筑师在进行建筑设计时面临的矛盾有：内容和形式之间的矛盾；需要和可能之间的矛

盾；投资者、使用者、施工制作、城市规划等方面和设计之间，以及它们彼此之间由于对建筑物考虑角度不同而产生的矛盾；建筑物单体和群体之间、内部和外部之间的矛盾；各个技术工种之间在技术要求上的矛盾；建筑的适用、经济、坚固、美观这几个基本要素本身之间的矛盾；建筑物内部各种不同使用功能之间的矛盾；建筑物局部和整体、这一局部和那一局部之间的矛盾等。这些矛盾构成非常错综复杂的局面，而且每个工程中各种矛盾的构成又各有其特殊性。

所以说，建筑设计工作的核心，就是要寻找解决上述各种矛盾的最佳方案。通过长期的实践，建筑设计者创造、积累了一整套科学的方法和手段，可以用图纸、建筑模型或其他手段将设计意图确切地表达出来，才能充分暴露隐藏的矛盾，从而发现问题，同有关专业技术人员交换意见，使矛盾得到解决。此外，为了寻求最佳的设计方案，还需要提出多种方案进行比较。方案比较，是建筑设计中常用的方法。从整体到每一个细节，对待每一个问题，设计者一般都要设想好几个解决方案，进行一连串的反复推敲和比较。即或问题得到初步解决，也还要不断设想有无更好的解决方式，使设计方案臻于完善。

总之，建筑设计是一种需要有预见性的工作，要预见到拟建建筑物存在的和可能发生的各种问题。这种预见，往往是随着设计过程的进展而逐步清晰、逐步深化的。

为了使建筑设计顺利进行，少走弯路，少出差错，取得良好的成果，在众多矛盾和问题中，先考虑什么，后考虑什么，大体上要有个程序。根据长期实践得出的经验，设计工作的着重点常是从宏观到微观、从整体到局部、从大处到细节、从功能体型到具体构造，步步深入的。

为此，设计工作的全过程分为几个工作阶段：搜集资料、初步方案、初步设计、技术设计施工图和详图等，循序进行，这就是基本的设计程序。它因工程的难易而有增减。

设计者在动手设计之前，首先要了解并掌握各种有关的外部条件和客观情况：自然条件，包括地形、气候、地质、自然环境等；城市规划对建筑物的要求，包括用地范围的建筑红线、建筑物高度和密度的控制等；城市的人为环境，包括交通、供水、排水、供电、供燃气、通信等各种条件和情况；使用者对拟建建筑物的要求，特别是对建筑物所应具备的各项使用内容的要求；对工程经济估算依据和所能提供的资金、材料施工技术和装备等；以及可能影响工程的其他客观因素。这个阶段，通常称为搜集资料阶段。

在搜集资料阶段，设计者也常协助建设者做一些应由咨询单位做的工作，诸如确定计划任务书，进行一些可行性研究，提出地形测量和工程勘察的要求，以及落实某些建设条件等。

3. 建筑环境设计有三大步骤

第一，对要勘测对象的外部环境进行观察，分析是否合适。

第二，对要勘察对象的地基和整体形状进行观察。

第三，为楼体预先定向，确定房屋朝何方向最佳。

二、结构设计原则

1. 设计目标

土木工程结构设计（见图 9.4）的目标是使结构必须满足下列三方面功能要求。

（1）安全性　结构能承受正常施工和正常使用时可能出现的各种作用；在设计规定的偶然事件（如地震等）发生时和发生后，仍能保持必需的整体稳定性，即结构只发生局部损坏

图 9.4　轻钢结构房屋

而不致发生连续倒塌。

(2) 适用性　结构在正常使用荷载作用下具有良好的工作性能。如不发生影响正常使用的过大变形，或出现令使用者不安的过宽裂缝等。

(3) 耐久性　结构在正常使用和正常维护条件下具有足够的耐久性。如钢筋不过度腐蚀、混凝土不发生过分化学腐蚀或冻融破坏等。

为了保证结构实现上述目标，必须保证结构在各种广义外荷载作用下的承受能力大于各种外荷载的作用效应。

2. 荷载及荷载效应

(1) 荷载的类型

① 随时间的变异分类

a. 永久荷载　在设计基准期内作用值不随时间变化，或其变化与平均值相比可以略去不计的荷载。如结构自重、土压力、水位不变的压力等。

b. 可变荷载　在设计基准期内作用值随时间变化，或其变化与平均值相比不可略去不计的荷载。如结构施工中的人员和物件的重力、车辆重力、设备重力、风荷载、雪荷载、冰荷载、水位变化的水压力、温度变化等。

c. 偶然荷载　在设计基准期内不一定出现，而一旦出现其量值很大且持续时间很短的荷载。如地震、爆炸、撞击、火灾、台风等。

② 按随空间位置的变异分类

a. 固定荷载　在结构空间位置上具有固定的分布，但其量值可能具有随机性的荷载。例如结构的自重、固定的设备等。

b. 自由荷载　在结构空间位置上的一定范围内可以任意分布，出现的位置及量值可能具有随机性的荷载。如房屋楼面上的人群和家具荷载、厂房中的吊车荷载、桥梁上的车辆荷载等。自由荷载在空间上可以任意分布，设计时必须考虑它在结构上引起的最不利效应的分布位置和大小。

③ 按结构的反应特点分类

a. 静态荷载　对结构或结构构件不产生动力效应，或其产生的动力效应与静态效应相比可以略去不计的荷载。如结构自重、雪荷载、土压力、建筑的楼面活荷载等。

b. 动态荷载　对结构或结构构件产生不可略去的动力效应的荷载。如地震荷载、风荷载、大型设备的振动、爆炸和冲击荷载等。结构在动态荷载下的分析，一般按结构动力学方法进行分析。对有些动态荷载，可转换成等效静态荷载，然后按照静力学方法进行结构分析。

④ 按直接、间接作用分类　施加在结构上的集中力或分布力，或引起结构外加变形或约束变形的原因，都称为结构上的作用，简称作用。作用分直接作用和间接作用两类。

a. 直接作用　结构自重，楼面上的人群、设备等的重力，屋盖上的风雪等都是直接作用在结构上的力。

b. 间接作用　由于温度变化、结构材料的收缩或徐变、地基沉陷、地震等都会引起结构产生外加变形或约束变形，但它们不是直接以力的形式出现的。注意，荷载只是指施加在结构上的集中力或分布力，而不能把间接作用也称为荷载。

(2) 荷载效应　由荷载引起的结构或构件的内力、变形等称为荷载效应，常用“S”表示。例如，构件截面上的弯矩、剪力、轴向力、扭矩以及某一截面处的挠度、裂缝宽度等。

3. 结构抗力

结构或结构构件承受内力和变形的能力，称为结构抗力。例如构件的承受能力、刚度等，常用“R”表示。

结构的抗力的大小取决于材料强度、构件几何特征、计算模式等因素，由于受这些因素的不定的影响，结构抗力也是一个随机变量。

4. 结构的极限状态

结构的极限状态是一种临界状态，当结构超过这一状态时，将丧失其预定的功能。因此在设计时必须保证结构的工作状态不能越过极限状态。结构有两类极限状态：正常使用极限状态和承载能力极限状态。

结构构件的工作状态可以用荷载效应 S 与结构抗力 R 的关系式来表示。当其工作状态达到极限时，可用极限平衡式表示，即 $S=R$，也可写成 $Z=R-S=0$。因而，若用 Z 值大小来描述结构的工作状态，就可以得到如下结论：

当 $Z>0$ 时，结构处于可靠状态；

当 $Z=0$ 时，结构处于极限状态；

当 $Z<0$ 时，结构处于失效状态。

结构设计中，避免出现 $Z<0$ 的状态。

三、结构设计的一般步骤

结构设计包括三个部分：概念设计、计算分析及构造设计。概念设计体现了结构工程师的设计理念，计算分析则是通过有限元软件分析结构从而从数值上定量地印证设计理念，而构造设计则是通过适当合理的构造设计来实现设计理念。现在的建筑结构越来越复杂，掌握良好的设计方法和按照正确的设计步骤进行设计，将会使得设计效率大大提高，达到事半功倍的效果。对于一个大型的建筑项目，建筑结构设计主要可分为四个阶段：方案设计阶段，结构分析阶段，构件设计阶段，施工图设计阶段。

1. 方案设计

方案设计又称为初步设计。结构方案设计包括结构选型、结构布置和主要构件的截面尺寸估算。

2. 结构分析

结构分析是要计算结构在各种作用下的效应，是结构设计的重要内容。结构分析的正确与否直接关系到所设计的结构能否满足安全性、适用性和耐久性等结构功能要求。

结构分析的核心问题是计算模型的确定，包括计算简图和要求采用的计算理论。

3. 构件设计

构件设计包括截面设计和节点设计两个部分。对于混凝土结构，截面设计有时也称为配筋计算。节点设计也称为连接设计。对于钢结构，节点设计比截面设计更为重要。

构件设计有两项工作内容：计算和构造。在结构设计中一部分内容是根据计算确定的，而另一部分内容则是根据构造确定的。构造是计算的重要补充，两者是同等重要的，在不同设计规范中对构造都有明确的规定。

我国工程结构设计经历了容许应力法、破坏阶段法、极限状态设计法和概率极限状态法四个阶段，其中极限状态设计法明确地将结构的极限状态分成承载力极限状态和正常使用极限状态，前者要求结构可能的最小承载力不可小于可能的最大外荷载产生的内力。后者则是对构件的变形和裂缝的形成或开裂程度的限制。在安全程度上则是有单一安全因数或多因数形式，考虑了荷载的变异，材料性能的变异和工作条件的不同。

4. 施工图设计

设计的最后一个阶段是绘制施工图。图是工程师的语言，工程师的设计意图是通过图纸来表达的。如同人的语言表达，图面的表达应该做到正确、规范、简明和美观。正确是指无误地反映计算成果；规范才能确保别人准确理解你的设计意图。

第二节　土木工程施工

土木工程施工包括工业与民用建筑工程、环境工程、岩土工程、交通工程、桥梁工程、管道工程等工程的施工，本节主要介绍建筑工程的施工过程。

建筑工程施工是指通过有效的组织方法和技术途径，按照施工设计图纸和说明书的要求，建成供使用的建筑物的过程，它是建筑结构施工、建筑装饰施工和建筑设备安装的总称。

一、建筑施工的程序

建筑施工常分为以下几个阶段。

① 落实施工任务，签订施工合同。

② 统筹安排、做好施工合同。

③ 做好施工准备工作，提出开工报告。

④ 组织全面施工、加强现场管理。

⑤ 竣工验收，交付使用。

二、建筑施工的内容

建筑施工包括建筑施工管理和建筑施工技术两大部分。

（一）建筑施工管理

建筑施工管理工作以施工组织设计为核心，将全部施工活动，在时间和空间上科学的组织起来，合理使用人力、物力、财力，使建筑工程质量好、工期短、工效高、成本低，满足使用功能的要求。

1. 施工组织设计

施工组织设计是施工单位编制的，用以指导整个施工活动从施工准备到竣工验收的组织、技术、经济的综合性技术文件，是编制建设计划、组织施工力量、规划物资资源、制定施工技术方案的依据。它又分施工组织总设计、单位工程施工组织设计和分部分项工程施工组织设计三类。

为了方便施工管理和质量验收，建设工程一般划分为建设项目、单项工程、单位工程、分部分项工程和分项工程。

建设项目是按照一个总体设计进行建设的各工程的总和，如兴建一个工厂、一个住宅小区等。

所谓单项工程，是指有独立设计文件，建成后可以独立发挥设计文件所确定效益的工程。一个建设项目有的有几个单项工程，有的只有一个单项工程。如住宅小区可以包括多个住宅单体和配套设施，其中的某一幢住宅，即是一个单项工程。

所谓单位工程，是指建筑物具有独立施工条件和能形成独立使用功能的部分。一个单项工程有的有几个单位工程，有的只有一个单位工程。如一幢住宅楼，可以分成建筑工程、室外安装工程等单位工程。

分部分项工程是按建筑物的主要部位或专业性质对单位工程的细分，如建筑工程可以分为地基基础工程、主体结构工程、安装工程、给排水及采暖工程、建筑电气工程等。

分项工程则是按主要工种、施工工艺、设备类别等对分部工程的再划分，如地基基础工程或主体结构工程可以再分为钢筋工程、混凝土工程、模板工程等分项工程。

2. 施工组织设计的基本原则

施工组织设计是用来指导施工项目全过程各项活动的技术、经济和组织的综合性文件，是施工技术与施工项目管理有机结合的产物，它是工程开工后施工活动能有序、高效、科学合理地进行的保证。

① 配套投产，根据建设项目的生产工艺流程、投产先后顺序，都要服从施工组织总设计的规划和安排。安排各单位工程开竣工期限，满足配套投产。

② 确定重点，保证进度。

③ 建设总进度一定要留有适当的余地。

④ 重视施工准备，有预见地把各项准备工作做在工程开工的前头。

⑤ 选择有效的施工方法，优先采用新技术、新工艺，确保工程质量和生产安全。

⑥ 充分利用正式工程，节省暂设工程的开支。

⑦ 施工总平面图的总体布置和施工组织总设计规划应协调一致、互为补充。

3. 施工组织设计的基本内容

施工组织设计的内容要结合工程对象的实际特点、施工条件和技术水平进行综合考虑，一般包括以下基本内容。

（1）工程概况

① 本项目的性质、规模、建设地点、结构特点、建设期限、分批交付使用的条件、合同条件。

② 本地区地形、地质、水文和气象情况。

③ 施工力量，劳动力、机具、材料、构件等资源供应情况。

④ 施工环境及施工条件等。

(2) 施工部署及施工方案

① 根据工程情况，结合人力、材料、机械设备、资金、施工方法等条件，全面部署施工任务，合理安排施工顺序，确定主要工程的施工方案。

② 对拟建工程可能采用的几个施工方案进行定性、定量的分析，通过技术经济评价，选择最佳方案。

(3) 施工进度计划

① 施工进度计划反映了最佳施工方案在时间上的安排，采用计划的形式，使工期、成本、资源等方面，通过计算和调整达到优化配置，符合项目目标的要求。

② 使工序有序地进行，使工期、成本、资源等通过优化调整达到既定目标，在此基础上编制相应的人力和时间安排计划、资源需求计划和施工准备计划。

(4) 施工平面图　施工平面图是施工方案及施工进度计划在空间上的全面安排。它把投入的各种资源、材料、构件、机械、道路、水电供应网络、生产、生活活动场地及各种临时工程设施合理地布置在施工现场，使整个现场能有组织地进行文明施工。

(5) 主要技术经济指标　技术经济指标用以衡量组织施工的水平，它对施工组织设计文件的技术经济效益进行全面评价。

(二) 建筑施工技术

建筑施工技术着重研究建筑工程主要工种工程施工的工艺原理和施工方法，同时还要研究保证工程质量和施工安全的技术措施。

建筑施工过程包括以下几个分部工程。

(1) 土方工程　土方工程是建筑工程施工中的主要分部工程之一，它包括土的开挖、填筑和运输等主要施工过程，以及排水、降水和土壁支撑等辅助工作。

(2) 地基处理与桩基处理　基础是建筑物的重要组成部分，该部分施工包括地基局部处理、地基加固、桩基工程（见图 9.5）等。

图 9.5　桩基工程

(3) 砌体工程　包括脚手架工程、砖砌体、毛石砌体等。

(4) 钢筋混凝土工程　钢筋混凝土工程由模板工程、混凝土工程、钢筋工程（见图 9.6）等多个分项工程组成。

图 9.6　钢筋工程施工

（5）预应力混凝土工程　预应力混凝土不仅广泛地应用于工业与民用建筑，而且已应用到矿井、海港码头等新的领域，按施加预应力的时间可以分为先张法和后张法。

（6）结构安装工程　就是用起重运输机械将预先在工厂或施工现场制作的结构构件，按照设计要求在施工现场组装起来，以构成一幢完整的建筑的整个施工过程。

（7）防水工程　防水工程按其部位分为屋面防水、卫生间防水、外墙板防水、地下室防水等。

（8）装饰工程　建筑装饰工程内容包括一般工业与民用建筑的抹灰工程、门窗工程、玻璃工程、吊顶工程、隔断工程、饰面工程、涂料工程、裱糊工程、刷浆工程。

三、建筑施工准备

施工准备是为工程施工建立必要的技术和物质条件，它不仅在开工之前，而且贯穿在施工过程之中。主要包括以下几个方面的工作。

（1）技术准备　包括熟悉、审查施工图纸，掌握工程地质、水文和地区的自然环境，编制施工预算和施工组织设计。

（2）现场准备　包括“五通一平”即水通、电通、路通、信通、网通和平整场地，测量放线和搭建临时用房。

（3）物资准备　包括建筑材料、机具设备、模板、脚手架和冬雨季施工物资以及供应商的落实等。

（4）人员准备　包括组建项目班子、技术人员和劳动力配备以及工程分包商的落实等。

四、建筑工程验收

工程验收就是对工程施工质量进行鉴定。它不仅存在于完工之后的竣工验收，而且贯穿在施工过程之中。

建筑工程施工质量验收标准中，验收的概念是指建筑工程在施工单位自行质量评定的基础上，参与建设活动的有关单位，共同对分项、分部、单位工程的质量进行抽检复验，根据相关标准以书面形式对工程质量达到合格与否做出确认。一般分项工程由监理工程师或建设单位技术人员组织施工单位相关人员进行验收；分部工程由总监理工程师或建设单位项目负责人组织施工单位相关人员进行验收，其中地基与基础、主体结构分部工程的勘查、设计单位的相关人员也参加相关分部工程验收；单位工程完工后，由建设单位负责人组织施工、设计、监理等单位进行单位工程验收。单位工程质量验收合格后，建设单位还要按规定向建设行政管理部门备案。

五、建筑施工的特点

建筑施工是生产各种类型、各种结构的建筑产品，它不同于一般的工业产品，具有自己的特点。

1. 建筑施工的固定性、流动性

建筑物的地点是固定的，从建造开始直至被拆除均不能移动。与建筑物的固定性相对的是在施工过程中使用的材料、设备等不仅随着建筑物建造地点的不同流动，而且还在建筑物的不同部位流动施工。

2. 施工的多样性、复杂性

建筑物在满足使用要求的前提下，还要体现出一定的艺术价值、民族的风格等。

3. 建筑施工的时间长

由于建筑物的体积庞大，工序多，所以施工的时间较长，少则几个月，多则几年。

4. 建筑产品生产的露天作业、高空作业多

建筑不可能在工厂、车间内直接施工，受自然条件的影响比较大。建筑物的体形庞大，特别是高层建筑的出现，施工过程中的作业量更大。

5. 建筑施工协作单位多

在施工过程中需要施工企业内部各部门、各工种之间的协调合作，同时也需要城市规划、土地征用、勘察设计、质量监督等部门的协作配合。

小　　结

本章主要学习了建筑设计的概念、发展史、步骤及建筑设计内容，学习了结构设计的原则及步骤；同时介绍了施工程序、施工准备、施工内容及竣工验收等相关内容。

能力训练题

一、填空题

1. 结构或结构构件承受内力和变形的能力，称为________。例如构件的承受能力、刚度等。

2. 施工组织设计的内容要结合工程对象的实际特点、________和技术水平进行综合考虑。

二、选择题

1. 荷载按随空间位置的变异分类的是（　　）。

A. 固定荷载　　B. 永久荷载　　C. 可变荷载　　D. 偶然荷载

2. 属于分部工程的是（　　）。

A. 混凝土工程　　B. 钢筋工程　　C. 主体工程　　D. 一个住宅楼

三、判断题

1. 建筑设计的最终目的就是满足建筑物三大功能要求。（　　）

2. 在近代，建筑设计和建筑施工紧密联系，互相制约，建筑设计必须满足建筑施工的要求，不能分门别类。（　　）

四、简答题

1. 总结建筑设计和结构设计不同之处。

2. 工程施工内容包括哪些？
3. 建筑工程施工准备工作有哪些？
4. 建筑工程施工特点是什么？

能力拓展训练

到附近施工现场实习，掌握其中某一分项工程的施工过程。

第十章　土木工程新领域及发展前景

【知识目标】

- 了解土木工程防灾减灾及计算机在土木工程中的应用
- 了解土木工程发展前景

【能力目标】

- 正确判别灾害类型和危害能力
- 识别计算机在土木工程的应用能力
- 具有领悟土木工程发展前景能力

开章语　随着社会发展和科学技术的进步，土木工程也在不断地扩充新的领域，创造新的成就，这是一代代土木工程者辛勤劳动的结晶。目前土木工程在海洋工程、航空航天工程、核能和平利用、防灾减灾、计算机应用、国际工程、房地产开发、工程结构改造与加固等新领域都有重大的发展和突破，有些领域已经形成或正在形成新的学科，了解这些新领域的内容和发展方向都很有必要。

第一节　土木工程的防灾减灾与计算机应用

一、土木工程的防灾与减灾

1. 概述

全世界每年都发生很多自然和人为的灾害，严重的灾害能够导致土木工程设施的倒塌和破坏，造成巨大的经济损失和人员伤亡。

联合国开发计划署2004年发表了《减少灾害危险》的报告，指出在过去20年中，全球有150万人死于自然灾害，平均每天有184人死亡，死亡者中生活在贫困国家的占53%，自然灾害给发展中国家带来的损失远远超过发达国家。该报告还指出，每年全球面临地震、热带风暴、洪水和干旱威胁的人口分别为1.3亿、1.19亿、1.96亿和2.2亿。

我国是一个自然灾害种类齐全且发生频率很高的国家，各种自然灾害带来的损失是相当严重的。如1976年唐山发生里氏7.8级的强烈地震；1991年淮河、长江支流、松花江干流的水灾；1998年长江和嫩江发生特大洪水；2004年第14号台风“云娜”侵袭浙江；2008年四川汶川特大地震，均造成了巨大的人员伤亡和财产损失。

面对自然灾害，人类并不是完全无能为力的。实践证明，只要采取必要的防灾、减灾措施，就可以大大减少灾害损失。而提高土木工程的抗灾能力则是防灾、减灾措施的重要组成部分。

自然灾害威胁着全人类的生存安全，防灾、减灾是国际性的课题，需要国际社会联合行动、共同应对。1990年联合国发起了“国际减灾十年”活动，我国是积极参与的国家。10年来，国际减灾活动取得了显著的成效。根据1999年7月召开的国际减灾十年活动论坛的建议，联合国决定在“国际减灾十年”活动的基础上开展一项全球性的“国际减灾战略”活动，这将成为下一阶段国际社会共同行动的基础。该战略的主要目标是：提高人类社会对自然、技术和环境灾害的抗御能力，从而减轻灾害施加于当今脆弱的社会和经济之上的综合风险，通过对风险预防战略全面纳入可持续发展活动，促进从抗御灾害向风险管理转变。为实施该项减灾战略，联合国建立了减灾工作委员会和减灾秘书处。这是新世纪全球减灾的重大决策，也是世界减灾业新的里程碑。同时，联合国决定继续开展“国际减灾日”活动，时间为每年10月的第二个星期三。

我国政府长期以来一贯重视防灾减灾事业，为了响应联合国“国际减灾十年”活动的号召，率先于1989年4月成立了以国务院副总理为首的28个部委组成的“中国国际减灾十年委员会”，十年来完成了大量卓有成效的工作，特别是制定了国家级的减灾规划。1998年联合国把世界防灾减灾最高奖——“联合国灾害防御奖”授予了中国的国际减灾十年委员会负责人和科学家。

2. 灾害的主要类型及危害

在过去的一个世纪里，自然或人为灾害给全球人类造成了不可估量的损失。联合国公布的最具危害性的灾情如下。

① 地震灾害：2008年四川汶川地震，造成69000人死亡，18000多人失踪。

② 风灾：1970年孟加拉台风死难人数为30万。

③ 水灾：每年水灾占全部自然灾害的60%以上。

④ 火山喷发：20世纪10万多人死于此灾难。

⑤ 海洋灾难：1960年智利海啸，1万人遇难。

⑥ 生物灾难：1945年缅甸的鳄鱼一天吞吃900人。

⑦ 地质灾害：20世纪最大的山体滑坡，使得19万人死亡。

⑧ 火灾：1938年长沙纵火案烧死3万人。

⑨ 交通灾害：1982年阿富汗隧道惨案，死亡人数1100人。

⑩ 城市灾害新灾源：城市污染、有害气体等。

下面简要介绍近年来世界范围内发生的一些典型灾害的情况。

(1) 地震灾害　2008年5月12日14时28分，在我国四川东部龙门山构造带汶川附近发生了里氏8.0级强烈地震。此次地震不仅在震中区附近造成灾难性的破坏，而且在四川省和邻近省市大范围造成破坏，其影响更是波及全国绝大部分地区乃至境外，是新中国建立以来我国大陆发生的破坏性最为严重的地震，造成的直接经济损失达8451亿元，造成69000人死亡，18000多人失踪。图10.1为四川汶川地震灾区现场。

(2) 海啸　2004年12月26日，印度洋海底爆发了里氏9.0级强烈地震，引发了印度洋大海啸，巨浪以每小时800km的起始速度冲向海岸。在这罕见的地震和地震引发的海啸中，有12个国家直接受灾，其他39个国家有公民在海啸中丧生，死亡人数约30万，其中印度尼西亚238945人，斯里兰卡30957人，印度16389人，泰国5393人。图10.2为印度洋海啸前后海洋面情况。

(3) 洪水　2002年6月，我国陕西遭受百年不遇的洪水灾害，逾400人死亡或失踪。

2004年5月，加勒比地区暴发洪水灾害，大约2万人死亡或者失踪。海地以及多米尼加共和国内成千上万的民众需要援助。

2004年8月，孟加拉国因洪水灾害，死亡的人数达到703人。

2005年2月，巴基斯坦持续多日洪水和雪崩灾害，造成500多人死亡，2000多人失踪，

图 10.1 四川汶川地震灾区现场

数万人无家可归。

2005 年 5 月 31 日至 6 月 1 日，我国湖南、贵州、四川等省部分地区降暴雨，局部特大暴雨，引发了不同程度的山洪灾害，造成三省农作物受灾 21.7 万公顷，房屋倒塌 3.62 万间，至少死亡 68 人，失踪 53 人。图 10.3 为 1998 年我国洪水肆虐的情景。

(4) 泥石流、山体滑坡等地质灾害　1999 年底，委内瑞拉连续两个星期的大雨使得土壤的水分过于饱和，巴尔加斯州阿维拉山成千上万吨的泥石流倾泻而下，冲毁城镇，造成大约 1.5 万人死亡，直接经济损失将近 20 亿美元。

2003 年 12 月，在菲律宾中部的勒耶特岛和南部的棉兰老岛，暴雨引发了洪水和一系列山体滑坡事故，至少 200 人在这些灾难中死亡。

2004 年 12 月 11 日，我国甬台温高速公路柳市附近发生大面积山体滑坡事故，崩塌石方量达 $1500m^3$，致使温州大桥白鹭屿至乐成镇一段的高速公路双向车道全部瘫痪。

2005 年 3 月 17 日，凌晨 3 时左右，从我国贵州兴义开往广西南宁的一列货运列车，在广西百色市右江区汪甸乡附近，因当地山体滑坡造成多节车厢脱轨。

2005 年 5 月 9 日，我国山西临汾市吉县城南桥南水洞沟自然村发生特大山体滑坡，滑坡山体塌方长度 250m，高度 80m，土方量约 65 万立方米，依山而建的数排窑洞内 11 户农家的 24 人被埋在数十米厚的黄土下。

2005 年 5 月 9 日上午，我国浙江萧甬铁路余姚西至驿亭区间，由于地方一砖瓦厂取土，造成铁路地基体移位，路堤发生整体下沉事故，导致铁路中断行车。

(5) 人为灾害（包括生产事故、技术事故、恐怖事件等）　2001 年 3 月 15 日，巴西石油公司在里约热内卢州坎普斯湾海上油田作业的 P-36 号海洋平台在发生爆炸后经救援无效，于 3 月 20 日沉没。P-36 号平台是巴西最大的海洋平台，也是世界上最大的半浮动式海上油井平台之一。这座平台长 112m，高 119m，重达 31400t，耗资 3.56 亿美元。平台于 1999 年 1 月建成，2000 年 3 月投入使用。设计使用寿命为 19 年，能开采 1360m 深的海底石油。设计生产能力为日产原油 18 万桶、天然气 $7500m^3$。平台发生爆炸的原因可能是石油或天然气泄漏。事故造成 10 人死亡，给巴西石油公司带来的直接经济损失至少 10 亿美元。

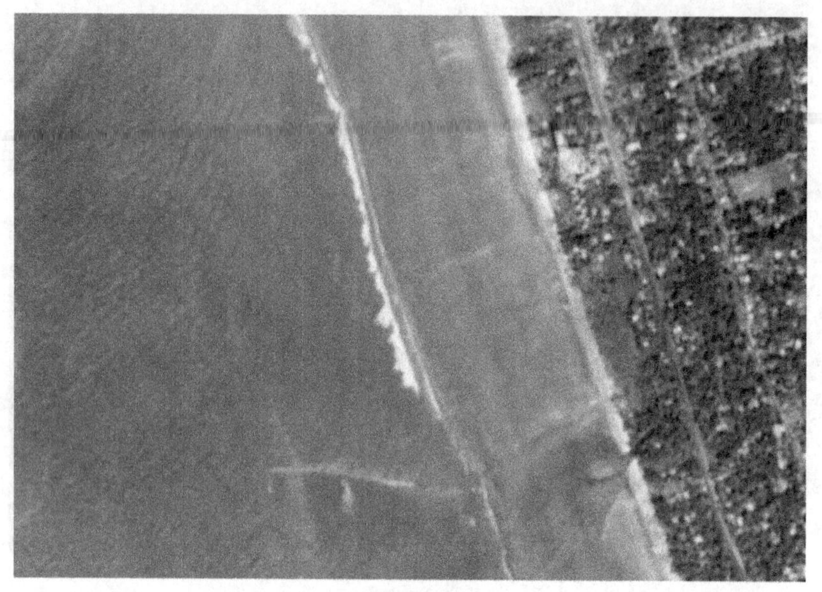

(a) 海啸前的平静

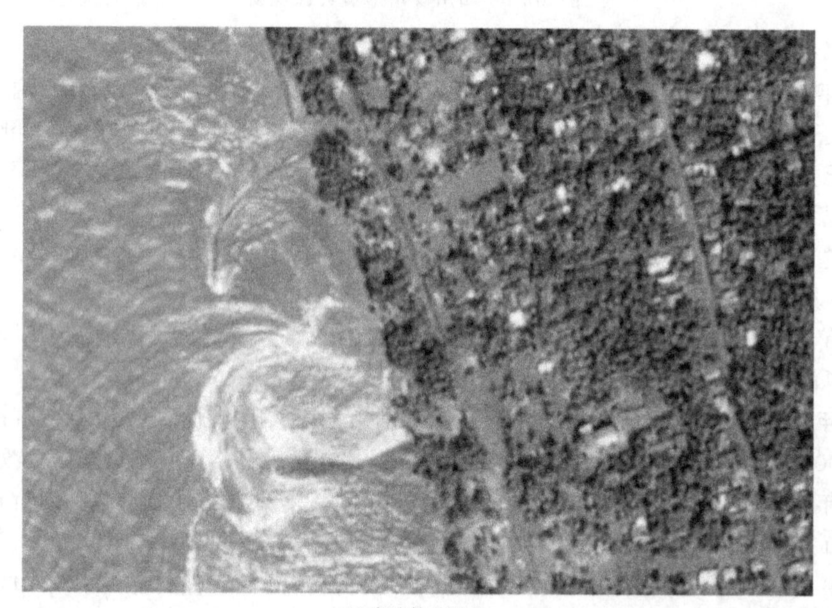

(b) 海啸的出现

图 10.2 印度洋大海啸

2001 年 4 月 21 日，我国陕西省韩城下峪口煤矿发生特大瓦斯爆炸事故，正在井下作业的 52 名矿工有 48 人丧生。

2001 年 9 月 11 日，美国纽约遭到恐怖分子袭击，两架恐怖分子驾驶的飞机撞击了世贸大楼，并引发爆炸和大火，导致这两栋 110 层的钢结构大楼完全坍塌，2792 人遇难，纽约市直接经济损失达 1000 亿美元，对世界范围内的经济损失难以估算。

2004 年 10 月 20 日，我国河南大平煤矿发生特大瓦斯爆炸事故，造成 148 名矿工遇难。

2004 年 11 月 28 日，我国陕西省铜川矿务局陈家山发生瓦斯爆炸，造成 166 人遇难。

2005 年 2 月 14 日，我国辽宁新孙家湾煤矿发生特大瓦斯爆炸，事故遇难者人数达 214 人。

图 10.3　1998 年洪水

3. 现代减灾系统简介

各种灾害给人类带来的损失是巨大的。中国是世界自然灾害严重的少数国家之一，特别是 20 世纪 90 年代以来，每年受灾人口在 2 亿人次以上，受灾死亡数千人，经济损失超过千亿元，自然灾害已经成为影响我国经济发展和社会安定的重要因素，建立科学有效的现代防灾、减灾系统是非常必要的。

现代减灾系统不再是简单的灾害发生以后的抢险救灾，而是一个复杂的有机的系统工程，一般应由三个相互联系的子系统组成，即灾害监测、预报与评估，防灾、抗灾、救灾，安置与恢复、保险与援助、宣传与立法。

灾害监测是减灾工程的先导性措施。通过监测提供数据和信息，从而进行示警和预报，甚至据此直接转入应急的防灾减灾的指挥行动。例如对一些有一定发展过程的灾害，如水灾、风灾等，可以根据灾势发展的监测结果，实施应急的减灾对策。

灾害预报和减灾行动的科学依据。准确的灾害预报可以大幅度的降低灾害损失。目前气象预报准确率较高，但地震预报成功率较低，只有 20%～30%。我国地震预报成功的地震有 1976 年 2 月 4 日的辽宁海城 7.3 级地震，1976 年 5 月 29 日云南龙陵 7.5 级地震，1976 年 8 月 16 日四川松潘 7.2 级地震，1976 年 11 月 7 日四川盐源 6.7 级地震和 1995 年 7 月 12 日云南孟连 7.3 级地震。

灾害评估是对灾害规模及破坏损失程度的估测与评定。灾害评估分为灾前预评估、灾时跟踪评估、灾后终评估。灾前预评估是指在灾害发生之前，对可能发生灾害的地点、时间、规模、危害范围、成灾程度等进行预测性估测，为制定减灾预案提供依据。灾时跟踪评估是指灾害发生后，为了使上级管理部门和社会及时了解灾情，组织抗灾救灾，对灾害现实情况和可能趋向所作的适时性评估。灾后终评估是指灾害结束后通过全面调查，对灾情的完整的总结评定。

防灾包括两方面措施，一是在建设规划和工程选址时要充分注意环境影响与灾害危害，尽可能避开潜在灾害；二是对遭受灾害威胁的人和其他受灾体实施预防性防护措施。前一方面，在国家的大型工程规划中都按规范进行了考虑。但由于全国整体防灾减灾意识仍较淡薄，规范的执行仍不严格，所以仍然有许多工业设施和建筑群建在诸如已有资料证明是地面下沉的危险区，或可能被海水淹没的危险区，还有些新兴的城镇建在滑坡体的危险区等。后一方面与防灾知识和技术的普及有关，这方面在提高全民防灾意识的指导下，具有很大减灾潜力。

抗灾通常是指在灾害威胁下对固定资产所采取的工程性措施。如大江大河的治理，城市、重大工程的抗灾加固等。

救灾是灾害已经开始和灾后采取的最急迫的减灾措施。

我国在建立现代防灾减灾系统方面，已做了大量工作并取得了明显效果。以防震减灾为例，我国在1998年实施了《中华人民共和国防震减灾法》，规定防震减灾工作的指导方针为：预防为主、防御与救助相结合；防震减灾工作应当纳入国民经济和社会发展计划；国家鼓励和支持防震减灾的科学技术研究，推广先进的科学研究成果，提高防震减灾工作水平；各级人民政府应当加强对防震减灾工作的领导，组织有关部门采取措施，做好防震减灾的工作。

二、计算机在土木工程中的应用

计算机是一门先进的计算工具，于20世纪50年代开始应用于土木工程，最初主要用于复杂的工程计算，随着计算机硬件和软件水平的不断提高，目前其应用范围已逐步扩大到土木工程设计、施工管理、仿真分析等各个方面。

1. 计算机辅助设计（CAD）

计算机辅助设计（Computer Aided Design），简称CAD。其最初发展可追溯到20世纪60年代，美国麻省理工学院的Sutherland首先提出了人机交互图形通信系统，并开始在微机上应用CAD。

我国对CAD的应用和研究，开始于20世纪70年代，在80年代中期进入了全面开发应用阶段。目前，由中国建筑科学研究院开发的PKPMCAD系统是我国土木工程领域中应用最广的计算机辅助设计软件。

PKPMCAD主要是面向钢筋混凝土框架、排架、框架-剪力墙、砖混以及底层框架上层砖房等结构的设计软件，适用于一般多层工业与民用建筑及100层以下的高层建筑，不仅可以进行结构分析计算还能够画结构施工图纸。

2. 土木工程结构的力学分析与计算

对土木工程结构进行力学分析与计算是结构设计工作的重要组成部分，结构设计人员根据计算结果判断所设计的结构是否具有足够的强度与刚度，是否能够满足规范规定的使用功能和承载能力的要求，如果不能满足要求，则需要改变构件尺寸或结构材料，然后再重新计算，直到满足各项要求为止。

目前，在土木工程结构的力学分析与计算中应用较广泛的商业软件有SAP、ABARQUS、ANSYS、NASTRAN等软件。

3. 计算机辅助施工管理与专家系统

(1) 计算机辅助施工管理　使用计算机对施工企业进行现代化科学管理，不仅可以快速、有效、自动、系统地存储、修改、查找及处理大量的数据，而且对施工过程中发生的施工进度的变化及可能的工程事故能够进行跟踪，以便迅速查明原因，采取相应处理措施。计算机的应用水平直接反映了管理水平的高低，是提高施工企业管理水平的有效途径之一。

目前计算机在土木工程的招投标、造价分析、工程量计算、施工网络进度计划、施工项目管理、施工平面设计以及施工技术等方面已得到广泛应用，对加快工程进度、提高工程质量、降低施工成本等起到重要作用。

（2）专家系统　专家系统是一个智能计算机程序系统，其内部含有大量的某个领域专家水平的知识与经验，能够利用人类专家的知识和解决问题的方法来处理该领域问题。也就是说，专家系统是一个具有大量的专门知识与经验的程序系统，它应用人工智能技术和计算机技术，根据某领域一个或多个专家提供的知识和经验，进行推理和判断，模拟人类专家的决策过程，以便解决那些需要人类专家处理的复杂问题。简而言之，专家系统是一种模拟人类专家解决领域问题的计算机程序系统。

土木工程的专家系统在结构性能诊断、结构安全监控及大型工程结构设计等方面有着较为广阔的应用前景。

4. 计算机模拟仿真在土木工程中的应用

计算机仿真是利用计算机对自然现象、系统功能以及人脑思维等客观世界进行逼真的模拟。这种模拟仿真是数值模拟的进一步发展。计算机仿真在土木工程中的应用主要体现在以下几个方面。

（1）模拟结构试验　工程结构在各种作用下的反应，特别是破坏过程和极限承载力，是人们关心的问题。当结构形式特殊、荷载及材料特性十分复杂时，人们常常借助于结构的模型试验来检测其受力性能。但模型试验往往受到场地和设备的限制，只能做小比例实验，难以完全反映结构的实际情况。若用计算机仿真技术，在计算机上做模拟实验，则可以很方便地修改试验参数。此外，有些结构难以进行直接实验，用计算机模拟仿真就更能体现出优越性，如汽车高速碰墙的检验试验，地震作用下的构筑物倒塌分析等都可以借助 ANSYS 分析软件进行模拟分析。

（2）工程事故的反演分析　计算机仿真技术可以用于工程事故的反演，以便寻找事故的原因。如核电站、海洋平台、高坝等大型结构，一旦发生事故，损失巨大，又不可能做真实试验来重演事故。计算机仿真则可用于反演，从而确切的分析事故原因。如对美国纽约世界贸易中心大楼飞机撞击后的倒塌过程进行仿真分析，说明了世界贸易中心倒塌的直接原因是火灾导致的钢材软化和楼板塌落冲击荷载引起的连锁反应，仿真结果与真实倒塌过程非常接近。

（3）用于防灾过程　由于自然灾害的原型重复试验几乎是不可能的，因此计算机仿真在这一领域的应用就更有意义。目前已有不少抗灾、防灾的模拟仿真系统制作成功。例如洪水泛滥淹没区的洪水发展过程演示系统。该系统预先存储了泛滥区的地形地貌和地物，只要输入洪水标准（如百年一遇的洪水）及预计河堤决口位置，计算机就可根据水量、流速区域面积及高程数据算出不同时刻的淹没地区，并在显示器和大型屏幕上显示出来。人们从屏幕上可以看到水势从低处向高处逐渐淹没的过程，这样对防洪规划以及遭遇洪水时指导人员疏散很有作用。又如在火灾方面，对森林火灾的蔓延，建筑物中火灾的传播均已开发出相应的模拟仿真系统，这对消防工程起到了很好的指导作用。

（4）施工过程的模拟仿真　许多大型工程如高层建筑、大坝、大桥的施工是相当复杂的，工程质量要求很高，技术难度很大，稍有不慎就可能造成巨大损失。利用计算机仿真技术可以在屏幕上把这类工程施工的全过程预演出来，施工中可能发生的风险、技术难点以及许多原来预想不到的问题就能形象而逼真的暴露出来，便于人们制定相应的有效措施，使对工程施工的质量、进度和投资的控制更加可靠。例如在许多钢结构施工中可以采用 xsteel 进行施工模拟仿真，可以大大减少施工中节点的碰撞问题，从而大幅提高效率并降低成本。

第二节　土木工程的发展前景

一、代表性建筑

进入 21 世纪以来，土木工程发展迅速，新颖、大型的土木工程案例很多，下面简要介绍。

1. 意境深远的中国航空馆

中国航空馆（见图 10.4）由中航工业和东航集团共同投资 2.8 亿元建造，占地面积 4000m^2。建筑外形洁白、柔软、光滑、圆润，如同浦西岸边一朵白云。航空馆展馆设计将世博会环保理念融入其中，利用双层屋面构造方法，导入自然空气，形成独特的符合环保要求的生态夹层；同时采用高效节能、环保、安全、舒适的绿色照明体系，创造出声光交织的表演舞台，令上海世博会的夜景更加璀璨悦目。

图 10.4　中国航空馆

2. 规模宏大杭州湾跨海大桥

杭州湾跨海大桥（见图 10.5），北起浙江省嘉兴市，南抵浙江宁波市，全长 36km，按双向六车道高速公路标准建设，设计时速 100km；总投资约 118 亿元，设计使用寿命 100 年以上。大桥设北、南两个通航孔，北通航孔桥为主跨 448m 的双塔双索面钢箱梁斜拉桥，通航标准 35000t，目前是世界上最长的跨海大桥。

二、工程将向地下、太空、海洋、荒漠开拓

1. 向地下发展

地下工程是土木工程的一个重要领域，是人类拓展生存空间的重要方式。与地面建筑相比，地下工程具有节能、环保、节约土地、抗震防灾、防御战争损毁等优势。在目前土地资源日益紧张的情势下，土木工程向地下发展是必然的趋势。

我国对发展地下工程的迫切性尤为突出。我国城市化进程的进一步加快，要求必须解决好居民出行和人居环境问题，需要大量建设地下交通、停车场、体育文化和地下商业等；为了满足国家加强能源储备的需求，需要建设更多、更大、更可靠的地下储备洞室；由于能源短缺的问题将进一步加剧，要求开发更多的水利水电资源，将要修建更多的输水隧洞及地下

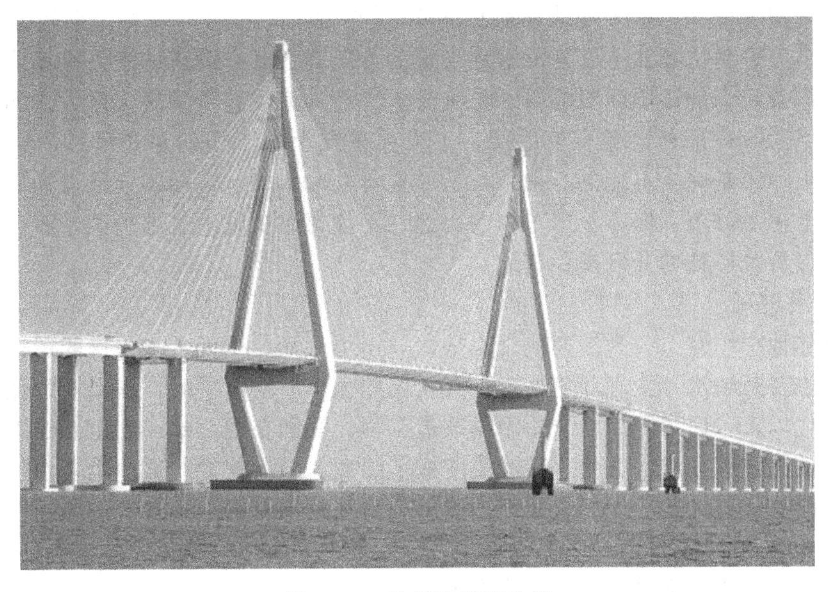

图 10.5 杭州湾跨海大桥

电厂。虽然目前已经建设了一定规模的地下工程，但随着国家经济建设的发展，对地下工程的需求将会大量增加，地下工程的建设规模将更大，建设难度和技术标准要求将更高，这对土木工程是一种新的机遇。国内外许多专家认为，21 世纪是地下空间作为资源加以大力开发利用的世纪，也是地下工程大发展的世纪。

2. 向太空开拓

向太空发展是人类长期的梦想，在 21 世纪这一梦想可能变成现实。美籍华裔科学家林柱铜博士利用从月球带回来的岩石烧制成了水泥，使得有可能在月球上建造工程设施。美国和日本已经计划在月球上建造基地。随着太空站和月球基地的建立，人类可进一步向火星进发。图 10.6 为日本月球科研基地概念图。

图 10.6 日本月球科研基地概念图

3. 向海洋扩展

地球上的海洋面积占整个地球表面积的70%左右，向海洋扩展生存空间是人类共同的愿望。目前已有许多机场建造在填海造地形成的人工岛上，如我国的澳门机场，日本关西国际机场，我国香港大屿山国际机场等。将来土木工程向海洋扩展的潜力巨大，如现代海上采油平台体积巨大，在平台上建有生活区，工人在平台上一工作就是几个月，如果将平台扩大，建成海上城市是完全可能的。另外，从航空母舰和大型运输船的建造得到启发，人们已设想建造海上浮动城市。海洋土木工程的兴建，不仅可解决陆地土地少的矛盾，同时也将为海底油、气资源及矿物的开发提供基地。

4. 向沙漠进军

全世界陆地中约有1/3为沙漠或荒漠地区，千里荒沙、渺无人烟，目前还很少开发。沙漠难以利用主要是缺水，生态环境恶劣，日夜温差太大，空气干燥，太阳辐射强，不适于人类生存。近代以来，许多国家已开始沙漠改造工程。我国在西北部，利用兴修水利，种植固沙植物，改良土壤等方法，已使一些沙漠变成了绿洲。但大规模改造沙漠，首先要解决水的问题，目前已有一些可能的设想方案。沙漠的改造利用不仅增加了有效土地利用面积，同时还改善全球的生态环境。

三、材料向轻质、高强、多功能化发展

近百年来，土木工程的结构材料主要还是钢材、混凝土、木材和砖石。21世纪在工程材料方面有希望获得较大突破。

1. 传统材料的改性

混凝土材料应用很广且耐久性好，但其缺点是强度低、韧性差、自重大、易开裂；以前混凝土常用强度可达C50～C60，特殊工程可达C80～C100。今后高强混凝土、高性能混凝土、轻质混凝土、纤维混凝土、绿色混凝土将会有广阔的发展空间，使混凝土材料的性能大为提高，应用范围更加广泛。

钢材主要问题是易锈蚀，耐火性能差；今后耐火钢、耐锈蚀钢将会更多的应用于土木工程，高效防火涂料的研制和应用也将提高钢结构的防火安全。

2. 化学合成材料的应用

目前的化学合成材料主要用于门窗、管材、装饰材料，今后的发展方向是向大面积维护材料及结构骨架材料发展。一些化工制品具有耐高温、保温隔音、耐磨耐压等优良性能，用于制造隔板等非承重功能构件很理想。玻璃纤维、碳纤维等材料具有轻质、高强、耐腐蚀等优点，在土木工程中有着很好的应用前景。

四、设计方法精确化、设计工作自动化

在19世纪与20世纪，力学分析的基本原理和有关微分方程已经建立，用于指导土木工程设计也取得了巨大成功。但是由于土木工程结构的复杂性和人类计算能力的局限，人们对工程设计计算还只能比较粗糙，有一些还主要依靠经验。三峡大坝用数值法分析其应力分布，其方程组可达几十万甚至上百万个，靠人工计算显然是不可能的。快速电子计算的出现，使这一计算得以实现。类似的海上采油平台、核电站、摩天大楼、海底隧道等巨型工程，有了计算机的帮助，便可合理地进行数值分析和安全评估。此外，计算机技术的进步，使设计由手工走向自动化，这一进程在21世纪将进一步发展和完善。

五、信息和智能化技术引入土木工程

信息和智能化技术在工业、农业、运输业和军事工业等各行各业中得到了愈来愈广泛的应用，土木工程也不例外，将这些高新技术用于土木工程将是今后相当长时间内的重要发展方向。现举一些例子加以说明。

1. 信息化施工

所谓信息化施工是在施工过程中涉及的各部分各阶段广泛应用计算机信息技术，对工期、人力、材料、机械、资金、进度等信息进行收集、存储、处理和交流，并加以科学地综合利用，为施工管理及时、准确地提供决策依据。例如，在隧道及地下工程中将岩土样品性质的信息，掘进面的位移信息收集集中，快速处理及时调整并指挥下一步进行支护，可以大大提高工作效率和安全性。信息化施工可大幅度提高施工效率和保证工程质量，减少工程事故，有效控制成本，实现施工管理现代化。

2. 智能化建筑

智能化建筑目前还没有确切的定义，但有两个方面的要求应予满足。一是房屋设备用先进的计算机系统监测与控制，并可通过自动优化或人工干预来保证设备运行的安全、可靠、高效。例如有客来访，可远距离看到形象并对话，遇有歹徒可摄像、可报警、可自动关闭防护门等。又如供暖制冷系统，可根据主人需要调至一标准温度，室温高了送冷风，室温低了送暖气。二是安装了对居住者的自动服务系统。如早晨准点报时叫醒主人，并可根据需要放送新闻或提醒主人今天的主要活动安排，同时早餐在自动加工，当你洗漱完毕后即可用餐等。对于办公楼来讲，智能化要求配备办公自动化设备，快速通信设备，网络设备，房屋自动管理和控制设备等。

3. 智能化交通

智能化交通一般包括以下几个系统：①先进的交通管理系统；②交通信息服务系统；③车辆控制系统；④车辆调度系统；⑤公共交通系统等。它应具有信息收集，快速处理，优化决策，大型可视化系统等功能。

4. 土木工程中计算机仿真系统

计算机仿真系统将进一步把可视化技术、虚拟现实技术、CAD集成化技术、网络技术有机地结合起来，使仿真系统更逼真、更精确、自动化程度更高、更便于普及和应用，将在防灾减灾、工程设计、结构实验、结构分析、工程鉴定、工程施工、室内装修、房地产业等领域发挥越来越大的作用。

六、土木工程的可持续发展

土木工程的发展要合理利用自然资源，注重既有土木工程设施的再利用，实现“可持续发展是在不牺牲后代并满足其需要能力的条件下，满足当前的需要”。

合理利用自然资源，则要在土木工程的建设、使用和维护过程中，土木工程师主动做到节能节地，并最大限度地发挥既有土木工程设施的作用。

比如，人们可以充分利用建筑绿化，在夏季有效降低灰砖墙表面温度，从而减少空调的使用量；可以使用节能保温型的多孔砖或复合墙体作为墙体材料，达到冬季保温隔热的作用；还可以利用太阳能、地下热能等新能源，减少不可再生资源用量的减少。

另外，对既有建筑的再利用也是可持续发展的重要手段之一。这方面，上海已经取得不少成功的经验：大量不用的厂房，很多已经转变为展览厅、办公楼、艺术家工作室等。这样的改造再利用，既符合现代使用的要求，又节约了能源，避免了浪费，不失为一种有效的办法。

开发利用再生资源和绿色资源，实现可持续发展，世界上每年拆除的废旧混凝土，工程建设产生的废旧混凝土等均会产生巨量的建筑垃圾。我国每年的施工建设产生的建筑垃圾达

4000万吨，产生的废混凝土就有1360万吨，清运处理工作量大，环境污染严重。此外，我国是20年来世界水泥生产的第一大国，而这本身是一项高耗资源、高耗能、污染环境的行业。与其他材料相比，钢材和再生混凝土较为符合绿色建材的标准，应当大力发展这样的绿色建材。

第三节　典型案例——世博会中国馆

随着经济和社会的发展，概念性建筑愈来愈频繁地出现在生活中。在2010年亮相的世博会中国馆（见图10.7)，由国家馆、地区馆和港澳台馆三个部分组成。国家馆高63m，架空层高33m，架空平台高9m，上部最大边长为138m×138m，下部四个立柱外边距离70.2m，总建筑面积约为2.7万平方米。地区馆高13m，建筑面积约4.5万平方米，港澳台馆建筑面积约$3000m^2$。

(a) 世博会主题馆

(b) 分析软件进行模拟分析

图10-7　世博会中国馆

国家馆的建筑面积为$105879m^2$，钢结构重2.3万吨。场地西侧、北侧和东侧为地上两层高的地区馆，其南侧为中华广场。

国家馆结构体系为钢框架-剪力墙结构体系，以四个混凝土核心筒作为主要的抗侧力及竖向承载体系，核心筒结构标高为68m。每个核心筒截面为18.6m×18.6m，相邻核心筒外边距约70m，内边距33m；屋顶边长为138m×138m。在34m以下，仅存在16根劲性钢柱，即每个核心筒的四个角部设置截面为箱形（800×800）的劲性钢柱，劲性钢柱从底板起始长达60m，与屋顶桁架顶高度相同。从33.75m起，采用20根巨型钢斜撑支撑起整个大悬挑的钢屋盖。巨型钢斜撑底部与核心筒内的劲性柱连接，中间通过楼层钢梁与核心筒连接，顶部通过钢桁架与核心筒连接，锚固于劲性钢柱上。为提供巨型钢斜撑底部的结构水平刚度，在33.15m处设置了劲性楼层（楼板内含钢梁)。33m劲性楼层，20道巨型钢斜撑及楼层与屋顶桁架层共同构成了整个钢屋盖的主要受力体系，提供了各楼层的承载支托。

小　　结

本章主要讲述了土木工程防灾减灾及计算机在土木工程中的应用，介绍了土木工程发展前景，让学生对土木工程的发展方向有了一定认识。

能力训练题

一、多选题

1. 世界发生的地震主要集中在两个地带（　　）。

A. 环太平洋地带　　B. 阿尔卑斯山地带　　C. 喜马拉雅-地中海地带　　D. 西伯利亚地带

2. 地震震害的严重程度往往与房屋的（　　）有直接关系。

A. 轮廓　　B. 体型　　C. 结构计算　　D. 结构体系

3. 最常发生的工程灾害有（　　）。

A. 地质灾害　　B. 地震　　C. 风灾　　D. 虫灾

4. 龙卷风的移动速度通常超过（　　）。

A. 200km/h　　B. 300km/h　　C. 180km/h　　D. 350km/h

5. 抗风设计和抗震设计同等重要的建筑工程为（　　）。

A. 多层以上的建筑　　B. 大跨结构　　C. 输电塔　　D. 渡槽

6. 暴雨可能引发的地质灾害有（　　）。

A. 泥石流　　B. 滑坡　　C. 沙土液化　　D. 岩崩

7. 工程结构抗灾涉及的领域有（　　）。

A. 灾害材料学　　B. 灾害检测学　　C. 灾害修复　　D. 灾害加固

8. 下列情况需要结构加固的是（　　）。

A. 上部结构开裂　　B. 桥梁柱弯曲延性降低

C. 结构整体强度降低　　D. 屋面板开裂

二、判断题

1. 火灾对土木工程的影响是对所用工程材料和工程结构承载能力的影响。（　）
2. 抗震设防应按照“小震不坏，中震可修，大震可倒”的原则设计土木工程，合理的使用建设资金。（　）
3. 我国对地震的重视始于1976年的唐山地震。（　）
4. 工程系统抗震研究随着结构抗震理论和实践的完善发展越来越迅速。（　）
5. 强暴雨是由台风和龙卷风引发的次灾害。（　）
6. 强度足够大的风才会造成严重后果。（　）
7. 在粗砂中容易发生沙土液化。（　）
8. 结构检测报告一般包括材料强度鉴定和承载能力验算。（　）
9. 在新梁与原梁相交处对原有梁要做抗剪承载力验算。（　）
10. 目前我国在结构加固工程中有的用钢材有的用复合材料。（　）

三、简答题

1. 为何要进行地下空间的开发与利用，试举例说明。
2. 土木工程的发展前景如何。

能力拓展训练

通过网络或其他手段统计已建成或在建的有代表性的土木工程建筑物或构筑物。

附录　土木工程专业介绍

1. 土木介绍

所谓的大土木是指一切和水、土、文化有关的基础建设的计划、建造和维修。现在一般的土木工作项目包括：道路、水务、渠务、防洪工程及交通等。过去曾经将一切非军事用途的民用工程项目，归类入本类，但随着工程科学日益广阔，不少原来属于土木工程范围的内容都已经独立成科。目前，从狭义定义上来说，土木工程就等于 civil engineering，即建筑工程（或称结构工程）这个小范围。

2. 土木工程专业介绍

业务培养目标：本专业培养掌握各类土木工程学科的基本理论和基本知识，能在房屋建筑、地下建筑（含矿井建筑）、道路、隧道、桥梁建筑、水电站、港口及近海结构与设施、给水排水和地基处理等领域从事规划、设计、施工、管理和研究工作的高级工程技术人才。

业务培养要求：本专业学生主要学习工程力学、岩土工程、结构工程、市政工程、给水排水工程和水利工程学科的基本理论和知识，受到工程制图、工程测量、计算机应用、专业实验、结构设计及施工实践等方面的基本训练，以及具备从事建筑工程、交通土建工程、水利水电工程、港口工程、海岸工程和给水排水工程的规划、设计、施工、管理及相关研究工作的能力。

毕业生应获得以下几方面的知识和能力。

① 具有较扎实的自然科学基础，较好的人文社会科学基础和外语语言综合能力。

② 掌握工程力学、流体力学、岩土力学、工程地质学和工程制图的基本理论与基本知识。

③ 掌握建筑材料、结构计算、构件设计、地基处理、给水排水工程和计算机应用方面的基本知识、原理、方法与技能，初步具有从事土建结构工程的设计与研究工作的能力。

④ 掌握建筑机械、电工学、工程测量、施工技术与施工组织、工程监测、工程概预算以及工程招标等方面的基本知识、基本技能，初步具有从事工程施工、管理和研究工作的能力。

⑤ 熟悉各类土木工程的建设方针、政策和法规。

⑥ 了解土木工程各主干学科的理论前沿和发展动态。

⑦ 掌握文献检索和资料查询的基本方法，具有一定的科学研究和实际工作能力。

主干课程如下：

主干学科：力学、土木工程、水利工程。

主要课程：工程力学、流体力学、岩土力学、地基与基础、工程地质学、工程水文学、工程制图、计算机应用、建筑材料、混凝土结构、钢结构、工程结构、给水排水工程、施工技术与管理。

主要实践性教学环节：包括工程制图、认识实习、测量实习、工程地质实习、专业实习或生产实习、结构课程设计、毕业设计或毕业论文等，一般安排 40 周左右。

主要专业实验：材料力学实验、建筑材料实验、结构试验、土质试验等。

修业年限：四年。

授予学位：工学学士。

相近专业：建筑工程技术、建筑学、城市规划、土木工程、建筑环境与设备工程、给排水工程、道路桥梁与渡河工程。

3. 就业方向分析

随着城市建设和公路建设的不断升温，土木工程专业的就业形势近年持续走高。找到一份工作，对大多数毕业生来讲并非是难事，然而土木工程专业的就业前景与国家政策及经济发展方向密切相关，其行业薪酬水平近年来更是呈现出管理高于技术的倾向，而从技术转向管理，也成为诸多土木工程专业毕业生职业生涯中不可避免的瓶颈。如何在大学阶段就为前途做好准备，找到正确的职业发展方向呢?

土木工程专业大体可分为道路与桥梁工程、建筑工程两个不同的方向，在职业生涯中，这两个方向的职位既有大体上的统一性，又有细节上的具体区别。总体来说，土木工程专业的主要就业方向有以下几种。

(1) 工程技术方向

代表职位：施工员、建筑工程师、结构工程师、技术经理、项目经理等。

代表行业：建筑施工企业、房地产开发企业、路桥施工企业等。

就业前景：就像看到身边的高楼大厦正在不断地拔地而起、一条条宽阔平坦的大道向四面八方不断延伸一样，土木建筑行业对工程技术人才的需求也随之不断增长。2004 年进入各个人才市场招聘工程技术人员的企业共涉及 100 多个行业，其中在很多城市的人才市场上，房屋和土木工程建筑业的人才需求量已经跃居第一位。随着经济发展和路网改造、城市基础设施建设工作的不断深入，土建工程技术人员在当前和今后一段时期内需求量还将不断上升。再加上路桥和城市基础设施的更新换代，只要人才市场上没有出现过度饱和的状况，可以说土木工程技术人员一直有着不错的就业前景。

典型职业通路：施工员/技术员—工程师/工长、标段负责人—技术经理—项目经理/总工程师。

年薪参考：施工员/技术员 1.5 万～2.5 万元；工长 2.5 万～4 万元；技术质量管理经理 4.5 万～7 万元；项目经理 5 万～10 万元。

专家建议：随着我国执业资格认证制度的不断完善，土建行业工程技术人员不但需要精通专业知识和技术，还需要取得必要的执业资格证书。工程技术人员的相关执业资格认证主要有全国一、二级注册建筑师，全国注册土木工程师，全国一、二级注册结构工程师等。需要注意的是，这些执业资格认证均需要一定年限的相关工作经验才能报考，因此土木工程专业的毕业生即使走上工作岗位后也要注意知识结构的更新，尽早报考以取得相关的执业资格。想要从事工程技术工作的大学生，在实习中可选择建筑工地上的测量、建材、土工及路桥标段的路基、路面、小桥涵的施工、测量工作。

(2) 设计、规划及预算方向

代表职位：项目设计师、结构审核、城市规划师、预算员、预算工程师等。

代表行业：工程勘察设计单位、房地产开发企业、交通或市政工程类机关职能部门、工程造价咨询机构等。

就业前景：各种勘察设计院对工程设计人员的需求近年来持续增长，城市规划作为一种新兴职业，随着城市建设的不断深入，也需要更多的现代化设计规划人才。随着咨询业的兴起，工程预决算等建筑行业的咨询服务人员也成为土建业内新的就业增长点。

典型职业通路：预算员—预算工程师—高级咨询师。

年薪参考：预算员 1.5 万～3 万元；预算工程师 2.5 万～6 万元；城市规划师 4 万～7 万元；建筑设计师 4 万～10 万元；总建筑设计师 25 万元以上。

专家建议：此类职位所需要的不仅要精通专业知识，更要求有足够的大局观和工作经验。一般情况下来说，其薪酬与工作经验成正比。以建筑设计师为例，现代建筑还要求环保和可持续发展，这些都需要建筑设计师拥有扎实的功底以及广博的阅历，同时善于学习，并在实践中去体会。目前，市场上对建筑设计人才大多要求 5 年以上的工作经验，具有一级注册建筑师资质，并担任过大型住宅或建设工程开发的设计。此类职位也需要取得相应的执业资格证书，如建筑工程师需要通过国家组织的注册建筑师的职业资格考试拿到《注册建筑师资格证书》才能上岗，预算工程师需要取得注册造价师或预算工程师资格。另外，从事此类职业还需要全方面地加强自身修养，如需要熟悉电脑操作和维护，能熟练运用 CAD 绘制各种工程图以及用 P3 编制施工生产计划等，有的职位如建筑设计师还需要对人类学、美学、史学，以及不同时代不同国家的建筑精华有深刻的认知，并且要能融会贯通，锻造出自己的设计风格。这些都需要从学生时代开始积累自己的文化底蕴。实习时应尽量选取一些相关的单位和工作，如房地产估价、工程预算、工程制图等。

(3) 质量监督及工程监理方向

代表职位：监理工程师。

代表行业：建筑、路桥监理公司、工程质量检测监督部门。

就业前景：工程监理是近年来新兴的一个职业，随着我国对建筑、路桥施工质量监管的日益规范，监理行业自诞生以来就面临着空前的发展机遇，并且随着国家工程监理制度的日益完善有着更加广阔的发展空间。

典型职业通路：监理员—资料员—项目直接负责人—专业监理工程师—总监理工程师。

年薪参考：现场监理员 1.8 万～2.5 万元；项目直接负责人 2.5 万～4 万元；专业监理工程师 3 万～5 万元；总监理工程师 4 万～8 万元。

专家建议：监理行业是一个新兴行业，因此也是一个与执业资格制度结合得相当紧密的行业，其职位的晋升与个人资质的取得密切相关。一般来说，监理员需要取得省监理员上岗证，项目直接负责人需要取得省监理工程师或监理员上岗证，工作经验丰富、有较强的工作能力。专业监理工程师需要取得省监理工程师上岗证，总监理工程师需要取得国家注册监理工程师职业资格证。土木工程专业的大学生想要进入这个行业，在校期间就可以参加省公路系统、建筑系统举办的监理培训班，通过考试后取得监理员上岗证，此后随工作经验的增加考取相应级别的执业资格证书。在实习期间，可选择与路桥、建筑方向等与自己所学方向相一致的监理公司，从事现场监理、测量、资料管理等工作。

(4) 工程检修方向

代表职位：轨道交通及铁路工务部门工程师，一般是建设单位内部的工程技术人员。

代表行业：轨道交通，铁路工务段（处）。

就业前景：十一五规划全国路网 10 万公里，许多大中城市兴起修建地铁交通，这些轨道建筑都需要大量技术人员来检测和维修。

典型职业通路：技术员—助理工程师—工程师—高级工程师。

年薪参考：技术员 1.5 万～4 万，助理工程师 1.5 万～4 万，工程师 4 万～7 万，高级工程师 5 万～10 万。

(5) 公务员、教学及科研方向

代表职位：公务员、教师。

代表行业：交通、市政管理部门、大中专院校、科研及设计单位。

就业前景：公务员制度改革为普通大学毕业生打开了进入机关工作的大门，路桥、建筑行业的飞速发展带来的巨大人才需要使得土木工程专业师资力量的需求随之增长，但需要注意的是，这些行业的竞争一般较为激烈，需要求职者具有较高的专业水平和综合素质。

年薪参考：高校教师 2.5 万～4.5 万元；中等专业学校教师 1.8 万～3 万元；普通公务员 2 万～3.5 万元。

专家建议：想要从事此类行业，一方面在校期间要学好专业课，使自己具有较高的专业水平，另一方向特别要注意理论知识的学习和个人综合素质的培养，使自己具备较高的普通话、外语、计算机水平和较好的应变能力。

参 考 文 献

[1] 荆万魁编著．工程建设概论．北京：地质出版社，1993.
[2] 钱仲侯编著．高速铁路概论．北京：中国铁道出版社，1994.
[3] 徐吉谦，过秀成编．交通工程基础．南京：东南大学出版社，1994.
[4] 丁大均，蒋永生编．土木工程总论．北京：中国建筑工业出版社，1997.
[5] 施仲衡主编．地下铁道设计与施工．西安：陕西科学技术出版社，1997.
[6] 吴湘兴等编．建筑地基基础．广州：华南理工大学出版社，1997.
[7] 杨兆开主编．智能运输系统概论．北京：人民交通出版社，2003.
[8] 郑刚主编．基础工程．北京：中国建材工业出版社，2000.
[9] 赵方冉主编．土木建筑工程材料．北京：中国建材工业出版社，1999.
[10] 郑晓燕，胡白香主编．新编土木工程概论．北京：中国建材工业出版社，2007.
[11] 叶志明，江见鲸主编．土木工程概论．北京：高等教育出版社，2004.
[12] 陈学军主编．土木工程概论．北京：机械工业出版社，2006.
[13] 阎兴华，黄新主编．土木工程概论．北京：人民交通出版社，2005.
[14] 姜晨光主编．土木工程概论．北京：化学工业出版社，2010.
[15] 刘瑛主编．土木工程概论．北京：化学工业出版社，2005.